# 맞춤화장품학

김한석 지음

청구문화사

# 머리말

우리나라는 첨단산업의 발전과 선진국 진입으로 풍요로운 삶을 살고 있으나 고령화와 더불어 복잡하고 치열한 경쟁 속에서 스트레스 지수는 더욱 높아가고 있다. 이러한 가운데 사람들은 건강의 중요성에 대해서는 말할 것도 없고 스트레스 해소와 아름다움을 추구하고자 하는 열망은 더욱 강해지고 있다. 그러한 측면에서 과거에는 사치품으로 여기던 자동차나 핸드폰은 생활필수품으로 되었으며 향장품, 즉 향수나 화장품도 동서양 남녀노소를 막론하고 이미 생활필수품으로 바뀐 지 오래다.

한편 화장품 소비 증가와 화장품 산업의 발전으로 약사법에서 규제하였던 화장품은 새로이 화장품법으로 분리, 제정되었으며, 화장품의 종류도 일반 화장품의 범주를 넘어 기능성화장품, 맞춤형화장품 등 세분화와 전문화되고 있다. 또한 우리나라 화장품은 품질과 효능의 수직 상승으로 나날이 수출이 증가하고 있고, 기대하는 인기 수출품목 중 하나로 자리 잡았으며 우리나라 화장품에 대한 인식도 세계적인 수준에 이르게 되었다. 이러한 일련의 현상들은 우리나라 화장품 산업의 발전을 입증하고 있는 것이다.

화장품은 정밀화학의 범주를 벗어나 피부과학, 생리학, 화학, 생물학, 심리학, 미용학 등 여러 학문과도 밀접한 관련이 있다. 이는 여러 가지 화학성분을 인체에 적용하기 때문에 안전성을 기반으로 유효성, 기호성 등이 수반되는 융복합 학문임을 의미하는 것이다. 그러므로 화장품 산업에 종사하는 종사자는 물론 화장품을 전문적으로 사용하는 피부미용, 헤어미용, 메이크업, 네일 등 전문 미용사들 역시 이러한 학문을 모두 다루고 이해해야만 하는 것이다.

본 저자는 지난 30여 년간 미용 관련 학과 교수로 재직하면서 당시에는 불모지나 다름없던 학생들을 위한 교재개발에 전념하여 미용과학 I (피부과학 편), 미용과학 II(모발과학 편), 미용생화학을 이미 저술한 바 있다. 화장품을 피부와 모발에 이용하여 미용 효과를 창출하기 때문에 미용학적 측면에서 접근하여 이해를 돕고자 각고의 노력을 기울여 저술한 것이다.

의사가 환자를 치료하고자 할 때에는 환자의 가족력, 질환 등에 대하여 정확하게 진단하고 올바르고 빠른 치료를 위하여 의료 기법과 동시에 의약품을 처방한다. 이와 마찬가지로 미용사도 소비자의 미적 욕구를 만족시키기 위하여 소비자의 피부와 모발 등을 정확하게 분석하고 미용 기법과 사용해야 할 화장품에 대한 전문지식이 있어야 하며 또한 화장품 개발자들도 미용에 대한 전문지식이 있어야 소비자를 만족시키는 고기능성 화장품을 개발하는 데 도움이 될 것이라 생각한다. 최근 우리나라에서 맞춤형화장품 조제관리사 제도를 도입한 이유도 이러한 목적이 있다 할 것이다.

이에 따라 본 저자는 기존에 출판한 저서들을 기반으로 가급적이면 많은 예시 처방을 통하여 화장품이나 미용을 공부하는 학생, 미용사, 화장품 연구 및 개발자 등 화장품에 관심이 있는 사람들에게 맞춤화장품의 이해에 도움이 될 수 있도록 내용을 구성하였다.

원고정리에 최선을 다하였으나 정리를 끝내고 나면 늘 아쉬움이 남는다. 이러한 점들은 앞으로 지속적으로 수정 및 보완할 것을 다짐하며, 부디 이 작은 책자가 이 분야를 전공하는 학생과 관련 산업에 종사하는 전문가들에게 작은 도움이라도 되어주길 소망해 본다.

끝으로 본 저서의 출판을 맡아 수고하신 청구문화사 이상태 사장님과 임직원들, 특히 편집을 맡아 애써주신 남희정님께 감사드리며 어느새 성장하여 집필에 도움을 준 내 사랑하는 딸에게도 깊은 고마움을 표한다.

2022년 새싹이 움트는 새봄

김 한 석

# 목 차

## 제 3장 스킨케어 화장품(Skin Care Cosmetics)

## 제 4장 메이크업 화장품(Make-up Cosmetics)

## 제 5장 모발 화장품(Hair Care Cosmetics)



## 제 6장 방향 화장품과 아로마 오일

## 제 7장 화장품의 안전성과 유용성

# 제 1장
# 맞춤화장품학 개론

01 서 론

02 화장품의 정의와 사용목적

03 화장품 원료와 그 작용

04 화장품의 분류

05 화장품의 품질 특성

06 화장품 연구 분야와 기술 개발 방향

# 01 서론

인체를 구성하는 각 부위의 기관이나 조직의 위치와 형태 등 인체의 구조를 연구하는 학문을 인체해부학(human anatomy)이라 한다. 인체를 구성하고 있는 세포와 조직 그리고 각 부위의 기능과 그에 수반되는 물리, 화학적 요소의 여러 가지 반응과정에 대하여 연구하는 학문을 인체생리학(human physiology)이라 한다. 복잡하고 다양한 기능을 가진 인체를 이해하기 위해서는 인체해부학과 인체생리학은 불가분의 관계를 가지고 있기 때문에 연구가 동시에 이루어져야 한다. 생화학(biochemistry)은 인체뿐만 아니라 모든 생물의 생명현상을 화학적으로 해석하고, 그 본질을 분자 수준으로 이해하려고 하는 학문이다. 즉 생물체를 구성하는 물질의 화학적 성질을 명백히 하고, 이러한 물질의 생체 내에서 화학적 변화를 관찰하며 이러한 물질의 화학적 변화와 생명현상이 어떠한 관계가 있는 지를 연구하는 것이다.

사람은 생명을 유지하고 활동하며 번식하기 위해 필요한 물질을 외부에서 끊임없이 도입하여 체내에서 분해한 후 인체의 구성 물질로 이용하며, 다른 한편으로는 생명현상을 경영하기 위한 에너지를 생성하고 이 과정에서 생성된 노폐물과 과잉물질을 체외로 배출한다. 이와 같이 인체의 외부로부터 필요한 물질을 가져오는 것을 '영양(nutrition)'이라 하고, 이때의 물질을 '영양소(nutrient)'라 한다. 즉 영양소는 식품으로부터 얻어지는 물질로 사람의 신체유지, 성장 및 조직의 재생에 이용되는 물질을 말한다. 영양학은 생물이 받아들인 영양소가 어떻게 대사되고, 변화되며 생명현상을 영유하는지에 대하여 연구하는 분야이다.

인체의 복잡한 구조와 생리적 기능 중에서 주로 피부와 피부의 부속기관, 즉 모발 및 손톱과 발톱 등을 분리하여 연구하고, 이를 바탕으로 사람의 미적 아름다움과 건강을 유지, 창출하기 위한 새로운 실용학문을 미용과학(beauty science)이라 한다. 다시 말하면 사람의 피부와 피부 부속기관의 해부학적 구조와 각 부분의 생리적인 기능 그리고 이에 관련된 세포학, 조직학, 발생학 등을 토대로 그에 수반되는 물리, 화학적 요소 및 과정을 이해하고 연구함으로써 사람의 아름다움과 건강을 유지하기 위한 분야이다.

약용화장품을 의미하는 cosmeceutical은 화장품(cosmetic)과 의약품(pharmaceutical)을 합한 합성어로 단순한 화장품에 전문적인 의학적 치료기능을 합친 제품을 말하며, 미용생화학(cosmeceutical biochemistry)은 피부와 피부 부속기관의 해부학적, 생리학적 생명현상을 분자수준에서 이해하고, 피부와 모발 건강에 밀접하게 영향을 미칠 뿐만 아니라 비만과 식이요법 등을 포함한 미용학적 측면에서의 영양학 그리고 화장품의 구성 성분을 이해하기 위한 분야로 정의하였다.

최근 사람은 건강하고 여유로운 삶의 요구와 더불어 아름다워지고자 하는 소망이 높아지는데 화장품(cosmetics)을 이용하고 있다. 화장품은 단순한 미용의 개념에서 고기능성, 다기능성의 소재개발과 노화예방과 피부재생 그리고 미백 등의 삶의 질을 추구하는 소비자의 욕구와 가치 변화에 이용되고 있다. 따라서 본 화장품학(cosmeticology)은 인체해부생리학, 미용과학, 미용생화학을 바탕으로 피부미용(skin care), 헤어미용(hair care), 메이크업(make-up) 그리고 네일 아트(nail art)에 이용되는 화장품의 소재와 그 특성 및 제형의 이해와 연구 그리고 효율적인 활용능력을 배양할 목적으로 저술하였다. 본 저서에서 기술한 화장품별 모든 처방은 예시처방이고, 예시 처방의 화장품 원료와 함량 그리고 제조과정을 통하여 화장품을 이해하고 응용할 수 있도록 구성하였다.

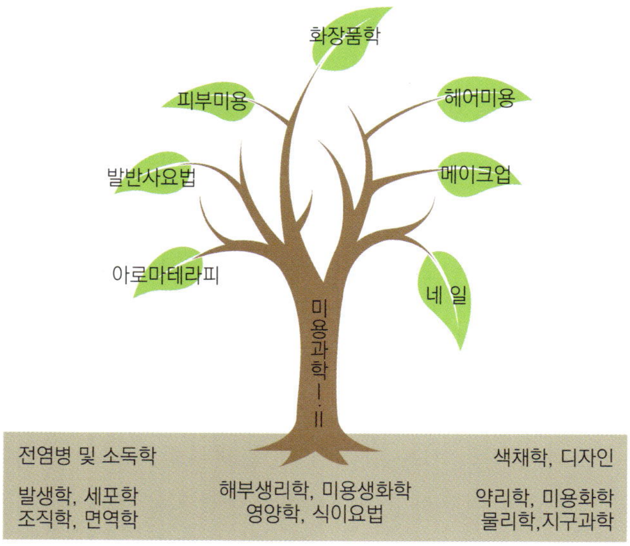


◆ **그림 1-1. 화장품학의 유기적인 관계**

02

# 화장품의 정의와 사용목적

## 1. 화장품의 정의

우리나라 화장품법에 의하면 화장품은 인체에 대한 작용과 사용목적, 유효성, 원료의 출처, 내용물의 혼합과 소분 등 여러 가지로 화장품을 정의하고 있다.

화장품이란 '인체를 청결, 미화하여 매력을 더하고 용모를 밝게 변화시키거나 피부, 모발의 건강을 유지 또는 증진하기 위하여 인체에 바르고 문지르거나 뿌리는 등 이와 유사한 방법으로 사용되는 물품으로서 인체에 대한 작용이 경미한 것을 말한다. 다만 약사법 제1조 4호의 의약품에 해당하는 물품은 제외한다.'라고 정의하고 있다.

기능성화장품은 '가. 피부의 미백에 도움을 주는 제품, 나. 피부의 주름개선에 도움을 주는 제품, 다. 피부를 곱게 태워주거나 자외선으로부터 피부를 보호하는 데에 도움을 주는 제품, 라. 모발의 색상 변화·제거 또는 영양공급에 도움을 주는 제품, 마. 피부나 모발의 기능 약화로 인한 건조함, 갈라짐, 빠짐, 각질화 등을 방지하거나 개선하는 데에 도움을 주는 제품에 해당하는 화장품으로서 총리령에 의하여 정한 화장품을 말한다.'라고 규정하고 있다. 그 시행규칙 제2조에 의한 보다 세부적인 기능성화장품의 범위는 표 1-1과 같다.

◆ 표 1-1. 기능성화장품의 범위

| 사용 목적 | 기능성화장품의 범위 |
|---|---|
| 미백 | 1. 피부에 멜라닌색소가 침착하는 것을 방지하여 기미, 주근깨 등의 생성을 억제함으로써 피부의 미백에 도움을 주는 기능을 가진 화장품<br>2. 피부에 침착된 멜라닌색소의 색을 엷게 하여 피부의 미백에 도움을 주는 기능을 가진 화장품 |
| 주름 개선 | 3. 피부에 탄력을 주어 피부의 주름을 완화 또는 개선하는 기능을 가진 화장품 |
| 썬탠 및<br>자외선 보호 | 4. 강한 햇볕을 방지하며 피부를 곱게 태워주는 기능을 가진 화장품<br>5. 자외선을 차단 또는 산란시켜 자외선으로부터 피부를 보호하는 기능을 가진 화장품 |

| | |
|---|---|
| **염색, 탈색** | 6. 모발의 색상을 변화 [탈염, 탈색을 포함한다]시키는 기능을 가진 화장품<br>다만, 일시적으로 모발의 색상을 변화시키는 제품은 제외한다 |
| **제모** | 7. 체모를 제거하는 기능을 가진 화장품<br>다만, 물리적으로 체모를 제거하는 제품은 제외한다. |
| **탈모** | 8. 탈모 증상의 완화에 도움을 주는 화장품<br>다만, 코팅 등 물리적으로 모발을 굵게 보이게 하는 제품은 제외한다. |
| **여드름** | 9. 여드름성 피부를 완화하는데 도움을 주는 화장품<br>다만, 인체세정용 제품류로 한정한다. |
| **아토피** | 10. 피부장벽의 기능을 회복하여 가려움 등의 개선에 도움을 주는 화장품 |
| **튼살** | 11. 튼살로 인한 붉은 선을 엷게 하는데 도움을 주는 화장품 |

## 1) 천연화장품

천연화장품은 '동식물 및 그 유래 원료 등을 함유한 화장품으로서 식품의약품안전처장이 정하는 기준에 맞는 화장품', 유기농화장품이란 '유기농 원료, 동식물 및 그 유래 원료 등을 함유한 화장품으로서 식품의약품안전처장이 정하는 기준에 맞는 화장품'을 말한다. 특히 천연화장품은 중량기준으로 천연원료의 함량이 전체 제품에서 95% 이상으로 구성되어야하고, 유기농 화장품은 유기농 원료의 함량이 전체 제품에서 10% 이상이어야 하며, 유기농 원료의 함량을 포함한 천연원료의 함량이 전체 제품에서 95% 이상으로 구성되어야 한다. 그러나 동물 유래 화장품은 광우병 발병 등으로 안전성이 우려되어 식물유래 화장품 소재로 대체되고 있다. 또한 천연화장품은 부작용이 적고 친환경적이며 이미지가 좋은 장점이 있는 반면 유효성분이 일정하지 않고 저장이 곤란하며 대량생산이 어려운 단점이 있다.

◆ **표 1-2. 천연화장품의 장·단점**

| 장 점 | 단 점 |
|---|---|
| • 부작용이 적음<br>• 온화하고 지속적인 작용<br>• 보조성분으로 난용성 성분이 역용성 성분으로 전환되는 경우가 있음<br>• 유효성분과 보조성분의 상반된 작용가능<br>• 천연유래로 이미지 좋음<br>• 생분해성이 높고 친환경적임 | • 유효성분의 함량이 일정하지 않음<br>• 유효성분 또는 생리활성작용이 입증되지 않는 것이 있음<br>• 제조 시간이 비용 초래<br>• 유사품이나 위조품이 있음<br>• 장기간 저장이 곤란함<br>• 대량 생산이 어려움 |

## 2) 맞춤형화장품

맞춤형화장품은 '가. 제조 또는 수입된 화장품의 내용물에 다른 화장품의 내용물이나 식품의약품안전처장이 정하는 원료를 추가하여 혼합한 화장품, 나. 제조 또는 수입된 화장품의 내용물을 소분한 화장품. 다만, 고형 비누 등 총리령으로 정하는 화장품의 내용물을 단순 소분한 화장품은 제외 한다'고 정의하고 있다. 그러나 화장품의 원료와 원료를 혼합하여 제조한 화장품은 맞춤형화장품이 아닌 화장품 제조에 해당한다.

◆ **표 1-3. 맞춤형화장품의 범위**

| 구 분 | 맞춤형화장품 | | |
|---|---|---|---|
| 혼 합 |  내용물<br>(벌크제품) | + |  내용물<br>(벌크제품) |
| |  내용물<br>(벌크제품) | + |  특정 성분<br>(단일 원료 또는 혼합 원료) |
| 소 분 |  내용물<br>(벌크제품) | ÷ | 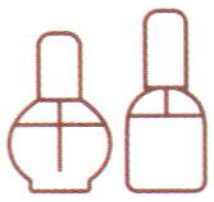 소분 |

# 2. 화장품의 사용 목적

화장품은 미적욕구를 충족시키는 신체적, 정신적 활력소이며, 인류 역사와 함께 발전해왔으며 향후에도 지속적으로 발전이 가능한 분야이다. 과거에는 화장품을 곤충이나 유해동물로부터 신체를 보호하기 위하여 사용하거나 주술 등 종교적인 차원에서 사용하였으나 현대에는 과학 문명의 발달에 따라 신체를 청결하게 하고 노화를 방지하며 미화를 목적으로 사용하고 있다. 다양하게 정의된 화장품은 남녀노소를 불문하고 현대사회의 필수품이 되었고, 고기능성, 다기능성으로 보다 세분화와 전문화되었다.

최근 건강하고 여유로운 삶이 요구되고 있는 가운데 아름다워지고자 하는 소망과 함께 화장품의 유효성과 사용상 편리성 등이 요구되고 있다. 그러나 화장품은 의약품과 구분되지만 미용의 유효성, 기능성이 강조된 기능성 화장품을 이용함으로써 미용 산업은 한층 더 발전하고 있다. 즉 화장품은 미용 산업에 있어서 중요한 자리를 차지하며, 별도의 학문영역을 차지하기 때문에 미용산업과 동반성장이 요구된다. 화장품의 사용목적에 따른 유효성, 기능성은 미용 효과와 밀접한 관계를 가지고 있기 때문이다. 따라서 광의적인 차원에서 화장품산업은 미용산업과 불가분의 관계이다.

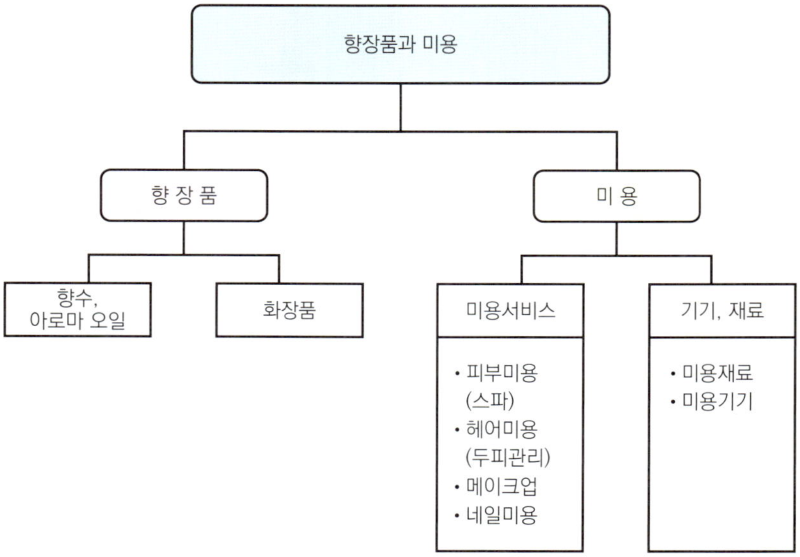


◆ **그림 1-2. 넓은 의미로써 미용 산업의 영역**

향장품은 향수와 화장품의 총칭을 의미하지만 최근에는 화장품으로 통일하여 명명한다. 미용은 피부미용, 헤어미용, 메이크업, 네일미용을 포함하고 있으며 미용은 향장품과 미용기술을 활용하여 소비자의 미적 욕구를 충족시키고 있기 때문에 향장품은 미용과 밀접한 관계이다.

미용사는 화장품에 대한 충분한 지식이 있을 때 미용효과를 극대화할 수 있다. 따라서 미용사들도 화장품에 대한 전문지식이 요구되고 있는 것이다. 화장품은 약사법 제2조

제4항의 의약품에 해당하는 물품과는 구분된다. 즉, 의약품은 질병을 치료하거나 진단 등의 목적으로 사용하는 것이고, 화장품은 의약품에 해당하지 않는다. 의약외품은 방취 화장품, 염모제와 같이 인체에 대한 작용이 있더라도 작용이 완화하고, 질병의 치료 또는 예방에 사용하지 않고, 신체의 구조, 기능에 영향을 미치는 것과 같은 사용목적을 겸하지 않은 것으로 정의된다. 본 서는 '화장품'과 '의약외품'의 양자에 대하여 기술하고, 특히 양자의 구별을 필요로 하지 않을 때는 편의상 '화장품'으로 명명한다.

◆ **표 1-4. 의약품, 의약외품, 화장품의 구분**

| 구 분 | 의약품 | 의약외품 | 화장품 |
|---|---|---|---|
| **사용대상** | 환자 | 정상인 | 정상인 |
| **사용기간** | 치료기간 | 특정기간 | 불특정 장기간 |
| **사용목적** | 치료 및 진단 | 미화, 위생 | 청결, 미화 |
| **사용범위** | 질환부위 | 특정부위 | 전신 |
| **부작용 허용 여부** | 일정 감수 | 불허 | 불허 |

몇 가지 측면에서 화장품은 의약품과 구분된다. 의약품은 사용대상이 환자이고, 화장품과 의약외품은 정상인을 상대로 사용하는 물품이다. 이러한 물품 중 퍼머넌트웨이브제, 염모제, 탈색제, 제모제 등은 의약외품에 해당한다. 사용기간도 의약품이나 의약외품은 일정기간으로 한정되나 화장품은 특정하게 기간이 한정되지 않고 장기간 사용한다. 사용부위나 사용목적도 의약품이나 의약외품은 특정부위로 한정하지만 화장품은 한정되지 않고, 의약품은 부작용을 일부 감수하여야 하나 화장품이나 의약외품은 부작용이 허용되지 않고 안전성이 최우선이다.

고령화 사회로의 진입과 경제수준의 향상으로 피부노화 지연과 미적욕구에 대한 수요가 증가됨에 따라 화장품의 효능, 효과에 대한 기능성 제품에 대한 선호도가 증가하고 있다. 즉 화장품에 대한 개념이 청결, 보습, 미화에서 노화지연, 세포재생 등으로 변화되고 있다.

기능성화장품은 국내·외에서도 유사한 경향을 보이고 있다. 심지어 의약품 개념을 도입한 화장품, 즉 코스메슈티컬(cosmeceutical)의 수요가 증가하고 있다. 코스메슈티컬은 화장품(cosmetic)과 의약품(pharmaceutical)의 합성어로 의학적으로 검증된 성분을 함유한 기능성화장품을 의미한다. 주로 화장품에 치료의 목적을 접목하여 의학적으로 검증된 치료 목적의 화장품이며, 피부재생, 미백, 여드름, 항노화 등에 효과가 있는 기능성을 강조한 화장품이다.

코스메슈티컬은 안전성을 우선시하는 일반화장품에 비하여 안정성 이외에도 유효성, 기능성에 초점을 두고 있다. 화장품은 첨단과학의 발전으로 인하여 신체를 청결, 미화할 목적이외에도 자외선, 활성산소종 등에 의한 피부와 모발을 보호하여 노화를 지연시키고 아름다운 삶을 영위하기 위한 목적으로 사용한다.

최근 맞춤형화장품은 개인의 피부타입이나 선호도에 맞춰 매장에서 즉석으로 재료를 혼합하거나 소분한 화장품을 말한다. 개인의 취향과 개성을 중시하는 소비자들의 요구가 날로 세밀해짐에 따라 최첨단 기술을 활용한 제품의 세분화, 전문화 등으로 소비자의 요구에 부응하기 위하여 생겨난 것이다. 특히 개별 소비자의 피부 특성에 맞추어 매장에서 화장품을 만들 수 있게 되는 것으로 국내화장품은 물론이고 외국에서도 관심을 갖고 맞춤형화장품에 대한 연구개발이 활발하다. 따라서 본 저서는 단순히 화장품제조기술자보다는 미용사들이 화장품에 대한 전문지식, 즉 화장품의 원료 및 제형의 특성과 제조기술을 습득하여 맞춤형화장품을 조재할 수 있는 능력을 배양하고, 미용기술과 접목하여 미용효과에 대한 소비자의 만족도를 극대화할 수 있는 능력을 기르는데 초점을 맞추고자 한다.

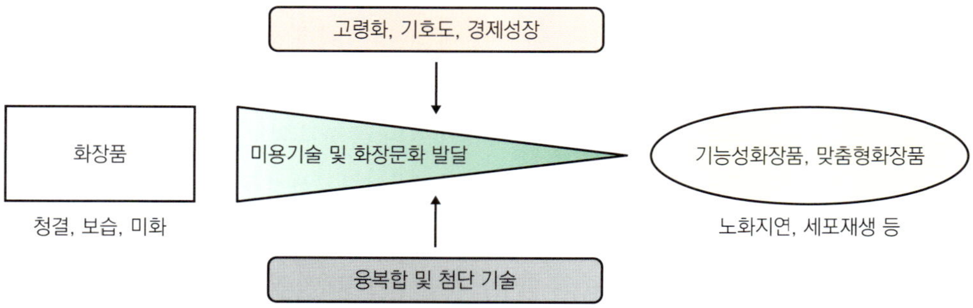


◆ 그림 1-3. 화장품 개념의 변화

## 03

# 화장품 원료와 그 작용

화장품 원료는 화장품원료기준집(장원기), 대한민국 화장품성분사전(Korea Cosmetic Ingredient Dictionary, KCID) 그리고 국제화장품성분사전(International Cosmetic Ingredient Dictionary, ICID)에 등재되어 있다. 그러나 화장품원료집에 등재되었다고 하더라도 반드시 화장품 원료로 사용할 수 있는 것은 아니다.

화장품 원료는 국가별 화장품관련법에 의하여 허용된 원료를 사용할 수 있다. 화장품을 제조하는데 사용되는 원료는 크게 2가지, 즉 주요 원료인 기재와 활성성분을 포함한 첨가제이다. 기재란 화장품의 기본 베이스가 되는 원료로 대부분의 화장품을 차지한다. 첨가제는 화장품의 기재에 여러 보충작용을 하는 첨가제에 해당된다. 화장품의 대부분 원료는 각각의 역할이 다르기 때문에 여러 가지 종류의 원료를 배합하여 제조한다. 화장품의 원료는 사용목적과 사용량에 따라 표 1-5와 같이 분류하였다.

◆ **표 1-5. 화장품 원료의 분류**

| 분 류 | | 기 능 | 원 료 |
|---|---|---|---|
| **주요 기제** | 기질 | 화장품의 주요 기질 및 제형 성분 | 화장수, 유액, 크림, 파운데이션, 립스틱 등 제형의 주요 구성 성분 |
| | 계면활성제 | 가용화, 유화, 분산 | 가용화제, 유화제, 분산제 |
| **첨가제** | 기능효과제 (상품성) | 세정과 보습, 점도, 색소, 방향 등의 기능효과를 부여하는 성분 | 세정제, 에몰리언트제, 보습제, 점증제, 색소, 향료, 자외선차단제 등 |
| | 안정화제 | 품질을 유지하기 위한 성분 | 금속이온봉쇄제, 방부살균제, 산화방지제 등 |
| | 생리활성제 및 화학적 특성 | 미백과 세포재생, 항염증 등의 온화한 약리효과를 부여하는 성분 | 미백제, 세포재생제, 항염증제 등 |

## 1. 화장품의 주요 기재(주원료)

### 1) 정제수(purified water)

정제수는 화장품의 기제로서 피부의 보습뿐만 아니라 화장품의 구성성분으로서 중요한 역할을 한다. 즉 물에 녹는 수용성 물질을 녹이는 용매이고 유용성 원료와 가용화, 유화 그리고 분산시키는데 중요한 역할을 한다.

### 2) 변성알코올(Specially Denatured alcohol, SD alcohol)

화장품에 사용되는 알코올은 변성알코올(SD alcohol)을 사용한다. 화장품의 주요 기재로 사용되는 변성알코올은 에탄올에 메탄올이나 부탄올 등을 첨가하여 특별히 변성시킨 에탄올이다. 알코올은 좋은 용매이고, 살균력과 소독효과 그리고 휘발성이 좋아서 화장품의 원료로 사용된다.

### 3) 유성성분(oil ingredients)

화장품의 형상이나 액상을 구성하기 위한 성분으로, 수분이나 유화성분과의 배합에 의해서 제품의 적당한 제형이나 경도에 기여한다. 유성성분으로는 식물성유지, 동물성유지, 라놀린, 왁스류, 파라핀류, 지방산류, 에스테르류 및 고급알코올 등 종류가 다양하다.

### 4) 에몰리엔트제(emollient)

피지는 땀과 피지막을 형성하여 피부를 유연하게 하고, 보습을 유지시켜준다. 피지의 기능을 보완해주는 화장품 성분이 에몰리엔트제이다. 즉 에몰리엔트제는 피부를 유연하게하고 수분 증발을 방지하여 각질층의 수분을 보유하는 역할을 하는 중요한 성분 중 하나이다.

### 5) 유화제(emulsifying agents)

유분과 수분을 상호 분산시킴으로써 가용화(solubilization), 유화(emulsion), 분산(dispersion) 등 유화 작용을 한다. 유화제를 사용함으로 유분의 엷은 막을 만들어 화장품의 감촉에 영향을 주기도하고, 친수성 성분과 친유성 성분을 균일하고 섬세하게 혼합할 수 있도록 한다.

### 6) 유화 안정제(emulsion stabilizers)

친유성 성분과 친수성 성분을 유화시키는 유화제의 보조적인 역할을 하거나, 균일하게 유화된 것을 유지시키고 에멀션의 효과를 높인다.

## 2. 첨가제

### 1) 보습제(humectants)

정상피부의 각질층에는 10-20%의 수분이 함유되어 있어서 탄력이나 유연성을 유지한다. 보습제는 촉촉한 피부를 유지시키고, 화장품 자체에 수분을 유지시킬 목적으로 사용한다.

### 2) 점증제(thickening agents)

화장품의 점도(viscosity)나 경도(hardness)를 조절하는 성분이다. 화장품의 사용감을 개선하고 피막을 형성하기 위한 목적으로 사용한다.

### 3) 세정제(detergents)

피부에 부착되어 있는 오염물질, 피지, 탈락되어야 할 각질층, 화장품의 유분 등 피부와 모발의 이물질을 세정해서 제거하기 위하여 필요한 성분이다.

### 4) 수렴제(astringents)

수렴제는 피부에 자극적이고 수축시켜서 모공을 작게 하는 등으로 피부를 조이는 느낌을 유발하는 성분이다.

### 5) 보존제(preservatives)

보존제로는 방부제(preservation), 살균제(germicide), 항균제(antimicrobial)가 있다. 방부제는 화장품의 외부로부터 오염, 우발적 혼입으로 인한 미생물의 증식에 의해서 생기는 상품의 변질, 향의 변화, 곰팡이의 발생 등을 방지하여 화장품의 사용이 끝날 때까지 품질 유지를 위한 성분이다. 살균제는 화장품의 보존성을 높이는 목적으로 사용하는 경우와 피부 등 체표면의 살균을 목적으로 첨가하는 경우가 있다. 살균제는 균이나 곰팡이의 균을 죽이고 그 번식을 방지하기 위해서 필요하다. 따라서 일부의 화장품을 제외하고 대부분의 화장품에 사용된다. 항균제는 살균제와 마찬가지로 피부상의 미생물을 억제시킨다.

### 6) 피막형성제(film formers)

피부, 모발, 손톱 등에 보호막을 형성하여 외부의 자극으로부터 보호하거나 수분의 증발을 방어하는 목적으로 사용한다.

### 7) 착색제(colorants)

착색은 피부의 색을 연출하여 용모를 변화시킬 목적과 화장품의 이미지를 높이기 위하여 화장품 자체에 색을 부여할 목적으로 사용한다. 전자에 해당하는 주요 성분은 안료이고, 전자 및 후자 양쪽에 사용되는 성분으로는 식물계의 천연 착색료나 유기합성 색소 등이 있다.

### 8) 산화방지제(antioxidants)

산화방지제는 화장품의 품질을 유지하기 위해서 사용한다. 화장품의 유성성분에 공기 중의 산소와 접촉하여 산화되어 과산화지질을 생성한다. 이러한 산화현상을 방지하는 목적으로 첨가되는 것이 산화방지제이다. 화장품에는 여러 종류의 원료를 혼합하기 때문에 산화방지제만으로는 충분히 효과를 발휘할 수 없다. 따라서 산화방지제의 작용을 보조하기 위하여 금속이온 봉쇄제, 자외선흡수제, 방부제를 병용한다.

### 9) pH조정제(pH adjusters) 또는 완충제(buffering agents)

건강한 피부의 pH에 가깝도록 pH를 조절하거나, 사용목적에 따라 화장품의 기능을 발휘시키기 위해서 첨가하는 경우, 화장품을 안정시켜서 품질을 유지하기 위해서 배합되는 경우 등 폭넓은 목적으로 이용되는 성분이다. 완충제라고도 하는데, 이는 제품의 pH를 일정하게 유지하기 위한 안정제로 사용되는 한편, 피부나 모발의 pH를 조정하는 목적으로 사용된다.

### 10) 금속이온봉쇄제(sequestering agents) 또는 킬레이트제(chelating agents)

금속이온이 유성 원료의 산화를 촉진하여 변취, 변색의 원인이 되고, 계면활성제의 기능 등 다른 성분의 작용을 저해한다. 화장수 등에서 침전이 생겨서 불투명한 상품으로 변화시킬 수 있다. 이러한 금속이온의 불활성화를 목적으로 사용되는 것이 금속이온봉쇄제이다.

## 11) 착향제(fragrance ingredients)

착향제는 화장품의 다른 특이한 냄새를 없애주는 효과가 있고, 소비자의 기호도를 만족시켜 주는 역할을 한다. 화장품의 향료성분은 향수처럼 신체부위에 직접 착향하기 위한 것과 화장품 자체에 착향을 목적으로 한 것이 있다. 화장품에 사용되는 향료는 천연향료, 합성향료, 조합향료이며, 천연향료와 합성향료는 조합향료를 제조하는데 사용된다.

## 12) 체취방지제(deodorant agents)

신체에서 발생하는 악취를 감소시키기 위하여 사용되는 성분으로 방향효과로 냄새를 차폐한다.

## 13) 각질연화제(corneocyte desquamating agents), 각질제거제 (exfoliants)

각질연화제는 각질층의 각화작용으로 각질층이 단단해짐을 방지하고, 부드럽게 하기 위해서 사용되는 성분이다. 각질제거제는 피부표면의 각질세포를 제거하는데 사용하는 성분이다.

## 14) 미백제(whitening agents)

자외선 등에 의한 멜라닌(melanin) 색소의 비정상적인 생성을 억제시키거나 이미 생성된 멜라닌을 옅게 하여 피부 미백에 도움을 주는 성분이다.

## 15) 항염증제(anti inflammatory)

의약부외품에 효과가 인정되는 농도를 배합하고 있는 경우에 사용되는 성분이다. 항염증제는 피부가 외부환경의 자극이나 피부 국소의 약한 염증을 방지하기 위한 성분이다.

## 16) 자외선차단제(sunscreen agents)

자외선차단제는 자외선을 흡수하거나 반사, 산란시켜서 자외선으로부터 피부와 화장품 자체를 보호하기 위하여 사용된 성분이다. 자외선흡수제(ultraviolet absorbents)는 자외선(파장 약 290-400㎚)을 흡수함으로써 자외선에 의한 피부의 홍반, 흑화, 노화 등 피부에의 영향을 감소시켜 피부를 보호하거나 화장품 자체를 보호하는 성분이다. 자외선 반사나 산란은 주로 무기안료를 사용하며, 메이크업 화장품과 자외선 차단 제품에 이용한다.

### 17) 혈행촉진(blood flow stimulants), 혈관확장(vasodilators), 혈류증가(blood flow increase)

모세혈관을 확장 및 혈액순환을 촉진키고, 세포에 영양보급을 통해 건강한 피부를 유지하기 위한 성분으로 주로 기능성 화장품의 유효성분으로 사용되어진다.

### 18) 세포재생성분(cell activate agents)

자외선이나 산화 등으로 인하여 손상을 입은 피부 세포를 회복시키거나, 피부세포의 활성화, 개선하는 성분이다.

### 19) 감미제(flavoring agents)

화장품의 맛을 증진시키는 성분으로 보통 립스틱류에 사용되는 성분이다.

### 20) 결합제(binders)

혼합된 고체 화장품 원료를 결합시키기 위하여 사용하는 성분으로 메이크업 화장품에 사용된다.

### 21) 속눈썹 컨디셔닝제(eyelash conditioning agents)

속눈썹의 광택을 향상시키고 속눈썹 모발을 코팅하는데 도움을 주는 성분이다.

### 22) 안티케이킹제(anticaking agents)

고체 입자의 응집을 방지하여 덩어리나 결합성의 케익이 되지 않도록 하기 위하여 사용되는 성분으로써 메이크업 화장품에 이용된다.

### 23) 네일 컨디셔닝제(nail conditioning agents)

네일 컨디셔닝제는 손톱의 특성을 향상시키는데 사용되는 성분이다.

### 24) 모발 고정제(hair fixatives)

모발 고정제는 모발을 고정시키거나 스타일을 유지시키기 위하여 사용되는 성분이다.

### 25) 산화제(oxidizing agents)

산화제는 모발의 케라틴을 산화 반응시켜서 화학적 성질을 변화시키는 성분이다. 퍼머넌트웨이브제 2제 및 탈색제 등에 이용된다.

### 26) 환원제(reducing agents)

환원제는 모발의 케라틴에 수소첨가 반응하여 화학적 성질을 변화시키는 성분이다. 퍼머넌트웨이브제 1제에 이용된다.

### 27) 염모제(hair colorants)

모발의 색상을 변화시켜 헤어스타일을 연출하는데 이용되는 성분이다.

### 28) 퍼머넌트웨이브용제/헤어스트레이트용제(hair waving/hair straightening agents)

모발의 영구적인 형태학적 구조변화가 용이하도록 케라틴을 수정, 교정하는데 사용하는 성분이다.

### 29) 헤어컨디셔닝제(hair conditioning agents)

헤어컨디셔닝제는 모발의 외형과 느낌을 개선하고, 유연성과 스타일을 증대하며 윤택 및 광택 부여, 모발의 질감 개선 등 모발에 특별한 효과를 부여하는 성분이다.

# 04 화장품의 분류

화장품은 약사법에에서 규정하고 있는 의약외품과 구분된다. 그러나 본 저서는 주로 미용에 이용되는 의약외품을 화장품으로 포함하여 분류하였다. 화장품은 사용 부위, 사용 목적 드는 제품의 구성 성분 및 제형 등 여러 가지로 분류된다. 본 저서는 표 1-6과 같이 미용측면에서 얼굴 피부와 바디, 모발과 두피, 네일 등 사용부위에 따라 스킨케어 화장품, 메이크업 화장품, 모발 화장품, 방향 화장품으로 분류하였다.

스킨케어 화장품은 그 사용 목적에 따라 세안비누, 폼클렌징, 클렌징크림 등의 세안제, 피부정돈 및 보습의 화장수 등, 피부 재생 및 노화예방의 팩, 마스크 그리고 주름개선, 미백, 자외선으로부터 피부 보호 등의 기능성화장품으로 분류한다.

바디 화장품은 주로 얼굴 외의 전신, 즉 신체에 사용되는 화장품으로 썬 스크린, 썬탠 화장품, 제한, 방취 화장품, 불필요한 털을 탈색 또는 제모하는 제품, 비누, 핸드케어, 목욕용 화장품 등도 광의적으로 스킨케어 화장품으로 분류하였다.

메이크업 화장품은 베이스 메이크업, 포인트 메이크업으로 분류하고, 네일 화장품을 포함시켰다. 메이크업 화장품은 용모의 마무리 화장품으로 얼굴에 주로 사용한다. 즉 메이크업베이스, 파우더, 파운데이션 등이 베이스메이크업 화장품, 립스틱, 립라이너, 마스카라, 아이라이너 등의 포인트메이크업 화장품, 그 외에 네일 화장품은 피부의 부속기관인 손톱과 발톱을 보호하고 미화할 목적으로 베이스코트, 언더코트, 네일폴리시, 네일에나멜, 네일리무버 등이다.

모발 화장품은 모발과 두피의 세정, 트리트먼트, 정발을 위한 화장품과 모발을 화학적으로 처리하여 웨이브 형성과 색상을 부여하여 헤어스타일을 디자인하는 퍼머넌트웨이브제 및 염모제, 그 외에 두피용 화장품인 육모제나 두피용 트리먼트제가 있다.

방향 화장품은 대부분 향수이고, 아로마 오일을 포함시켜 분류한다.

◆ 표 1-6. 화장품의 분류

| 분 류 | | 사용 목적 | 주요 제품 |
|---|---|---|---|
| 스킨 케어 화장품 | 기초 | 세안 및 청결, 피부에 유·수분 공급, 피부 정돈, 수렴 및 탄력 증진, 피부 보호 및 건강, 피부 거칠음 방지, 미백, 주름개선 등 | 세안 비누, 폼클렌징, 클렌징 크림, 화장수, 토너, 미용액, 팩, 유액, 크림(영양, 마사지 등), 기능성 제품 |
| | 바디 | 유·수분 공급, 목욕 후 상쾌함, 세정, 채취 억제, 제모 | 비누, 입욕제, 바디오일, 바디클렌저, 데오도란트, 제모왁스, 제모크림 |
| 메이크업 화장품 | | 색조 효과로 매력 증진, 피부보호 및 건조 방지, 피부의 결점 은폐, 메이크업 효과 지속, 입술과 눈 주위의 보호, 윤곽 등 색조 효과, 손톱과 발톱의 유분과 수분 공급, 보호, 광택, 에나멜 | 볼연지, 파우더, 메이크업 베이스, 파운데이션, 립스틱, 립글로스, 립라이너, 아이새도우, 아이라이너, 마스카라, 아이브로우 펜슬, 볼연지, 기타 눈화장용, 베이스 코트, 언더 코트, 네일폴리시, 네일에나멜, 네일트리트먼트, 리무버, 기타 매니큐어용 제품류 |
| 모발 화장품 | | 모발 및 두피 세정과 건강 유지, 모발의 거칠어짐, 갈라짐 방지 및 부드럽고 윤기 부여, 정진기 방지, 셋팅 효과, 모발의 웨이브 등 디자인, 모발의 염색과 탈색 | 샴푸, 린스, 헤어트리트먼트, 헤어무스, 리키드, 포마드, 퍼머넌트웨이브 로션1제, 2제. 염모제, 탈색제, 육모제, 헤어토닉, 스컬프트리트먼트제 |
| 방향 화장품 | | 좋은 향으로 효과를 나타내고, 아로마 오일을 이용하여 스킨 케어와 두피 관리에 활용한다. | 향수, 오데코롱 등 방향 제품과 에센셜 오일 |
| 영유아용 제품류 (만 3세이하) | | 영유아의 신체와 두피, 모발을 청결하게 한다. 영유아의 피부 건조와 거칠음을 방지한다. 영유아의 피부를 건강하게 유지한다. | 영유아용 샴푸, 린스, 영유아용 로션, 크림, 영유아용 오일, 인체 세정용 * 어린이용 제품류는 없음 |

05

# 화장품의 품질 특성

화장품은 3세 이하의 영유아부터 남녀노소를 막론하고 모두 일상생활에서 사용하는 필수품이다. 화장품은 소비자가 안심하고 만족하게 장기간 사용할 수 있는 품질이 확보되어야 한다. 화장품의 품질은 우전 안전하여야 하고, 안정성이 유지되어야 하며 유효성과 사용성이 확보되어야 만이 소비자들의 선호도가 높다. 화장품은 인체에 사용하기 때문에 피부의 자극이나 알레르기, 가려움증, 홍반 등 부작용과 독성이 없어야 한다. 이를 화장품의 안전성(safety)이라 하며, 화장품의 안전성은 무엇보다도 중요하다.

또한 화장품은 서로 섞이지 않는 친수성과 친유성의 화학물질이 다양하게 공존하기 때문에 열역학적으로 매우 불안정하지만 친수성과 친유성이 분리되지 않아야 하고, 장기간 외부환경에 노출된 상태로 사용함으로써 미생물 등의 오염으로 내용물의 변질이나 냄새 그리고 색깔이 변하지 않는 상태로 유지되어야 한다. 이를 화장품의 안정성이라 하고, 사용하는 기간 동안 안정성이 유지되어야 한다.

화장품은 피부의 보습력과 탄력성을 유지하고 피부의 주름 개선과 미백 등 여러 가지 목적으로 화장품을 사용한다. 화장품의 사용목적에 따른 화장품의 효능을 화장품의 유효성이라 하고, 유효성이 우수한 화장품일수록 소비자들의 선호도가 높다.

마지막으로 화장품은 사용하였을 때 피부의 촉촉함이나 상쾌함 그리고 메이크업 화장품의 효과뿐만 아니라 개인이 선호하는 색깔, 향, 크기, 디자인, 편리성 등이 우수하여야 한다. 이를 화장품의 사용성이라 하고, 개인취향에 따른 사용성이 우수하여야 한다. 화장품의 품질은 안전성, 안정성, 유효성, 사용성이 필수적으로 요구되고 있고 있기 때문에 이를 화장품의 4대 품질 특성이라 한다.

◆ 표 1-7. 화장품의 4대 품질 특성

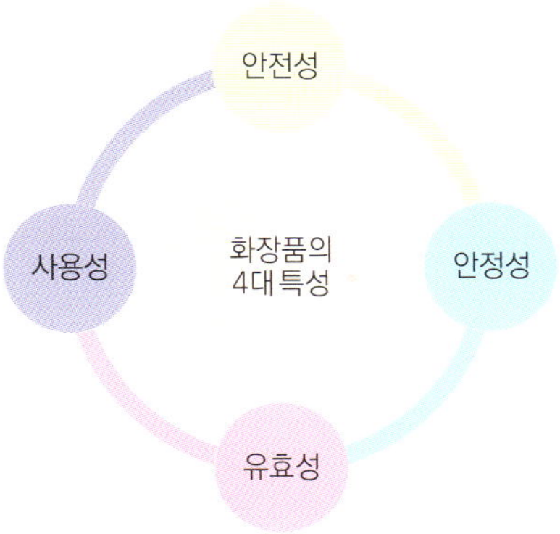


| | 품질 특성 |
|---|---|
| 안전성 | • 피부 자극이나 알레르기나 홍반 등 부작용이 없을 것<br>• 경구 독성과 이물질 혼입이 없을 것 |
| 안정성 | • 친수성과 친유성 성분이 분리되지 않을 것<br>• 미생물이 오염되지 않을 것<br>• 내용물의 변질이나 냄새, 색깔이 변하지 않을 것 |
| 유효성 | • 세정, 보습 효과가 있을 것<br>• 미백, 주름개선, 자외선방어 효과 가 있을 것<br>• 메이크업이 들뜨지 않는 등 메이크업 효과가 우수할 것 |
| 사용성 | • 화장품의 색깔, 향, 디자인 등 사용자의 기호도가 우수할 것<br>• 크기나 중량 등 휴대의 편리성이 있을 것 |

# 06

# 화장품 연구 분야와 기술개발 방향

화장품 산업은 사회와 문화의 발달과 더불어 성장하는 산업이다. 화장품은 피부과학, 생화학, 생물학, 생리학, 약리학 등의 기초과학과 응용기술이 복합적으로 적용되는 분야로써 다품종, 소량생산의 전형적인 정밀화학공업의 한 분야이다. 따라서 화장품 산업은 기술 집약적이고 고부가가치의 산업이다.

화장품 산업은 화장품에 사용되는 원료 산업, 화장품을 제조 및 판매하는 제조업 및 판매업, 화장품 용기의 디자인 및 용기를 제작하는 산업, 화장품을 응용하는 미용, 에스테틱 등의 서비스산업 등으로 구분할 수 있다. 화장품의 사용효과는 화장품이 가지는 기능과 화장품의 사용방법에 의하여 결정되기 때문에 미용기술과 상관관계가 깊다고 할 것이다.

화장품의 연구 분야는 화장품의 소재, 제형, 평가 및 정보로 분류할 수 있다.

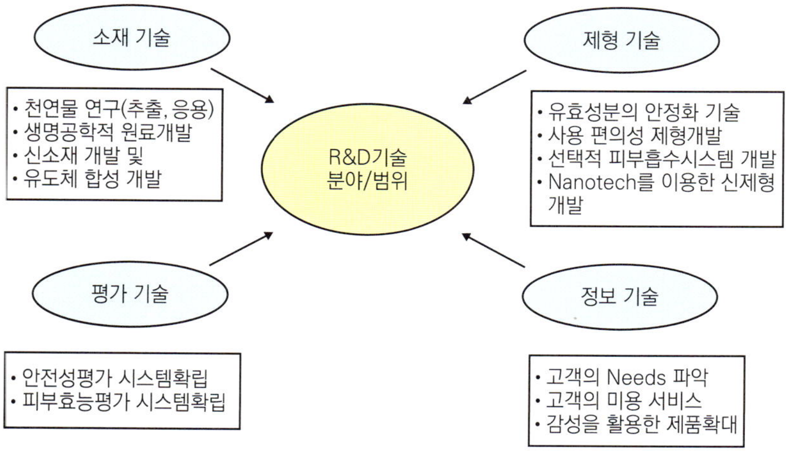


◆ **그림 1-4. 화장품 연구 분야**

화장품 연구는 일반화장품보다는 기능성화장품 개발에 관심이 높아지고 있다. 기능성화장품은 무엇보다도 피부 내에서 생리적인 효능이 뛰어난 원료의 개발이 선행되어야 한다. 그러나 기능성 원료는 효능이 뛰어난 반면에 안정성이 취약하거나 피부부작용의 우려가 있고, 피부흡수가 낮은 단점으로 인하여 실제로 화장품에 적용하기가 어렵기 때문에 제한적으로 사용되고 있다.

향후 기능성화장품의 주된 관심 분야는 4가지 분야로 요약할 수 있다. 첫째는 피부 보습, 피부노화의 지연에 관한 연구, 활성산소종과 자외선 등으로부터 피부 보호, 주름 방지, 미백 등 기능성 소재 개발이다. 둘째는 화장품의 유효 성분에 대한 안정화와 제형개발로 피부 내의 효율적인 전달 시스템 개발이다. 셋째는 기능성화장품의 평가시스템, 즉 안전성 평가와 피부효능평가 시스템이 확립이 필요하다. 넷째는 소비자의 요구에 부응한 미용서비스의 극대화할 수 있어야 한다.

◆ **표 1-8. 화장품 기술 개발 방향**

**향후 화장품 기술 개발 방향**

**고객의 Needs에 따른 요구제품**

| 고객지향 | 개발 내용 |
|---|---|
| 개성화 | · 개인의 피부특성에 맞는 맞춤형 화장품<br>· 일회용 및 재조합이 가능한 제품<br>· 주문형 화장품 |
| 특성화 | · 효능의 차별화<br>– 여드름 관리, 잔주름 방지, 기미 감소<br>– 스킨케어+메이크업 화장품<br>– 슬리밍, shape-up강화용 바디제품<br>· 사용방법 및 미용법의 차별화<br>· 새로운 형태의 제품 : 패치타입 제품 |
| 단순화 | · 두 가지 이상의 기능을 갖는 제품<br>(다기능) ex) 육모샴푸 등<br>· 화장시간 절약형 화장품(스피디)<br>ex) 퍼머+염색동시 시술제품 |
| 세분화 | · 피부타입별 세분화 제품<br>· 계절별, 나이별, 취향에 따른 세분화 제품 |

**기술항목별 기술 개발방향**

| 기술 항목 | 기술 개발방향 |
|---|---|
| 피부과학 | · 피부 노화억제 및 잔주름 예방<br>· 멜라닌 색소생성 억제<br>· 탈모의 원인 규명 및 육모 연구 |
| 소재개발 | · 천연물로부터 유효성분의 추출<br>· 생명공학기법을 이용한 원료개발<br>· 신소재 개발 및 유도체 합성 |
| 제형개발 | · 선택적 피부 흡수시스템 개발<br>· 유효 성분의 안정화기술 개발<br>· 사용이 편리한 제형 개발<br>· 계면활성제-free 제형 개발 |
| 평가기술 개발 | · 안전성 평가시스템 확립<br>· 피부 효능 평가시스템 확립 |
| 정보기술 개발 | · 미용에 대한 고객서비스 확대<br>· 감성공학을 위한 제품의 확대 |

향후 화장품 기술 개발의 방향은 소비자의 개성, 화장품 효능을 차별화시킨 특성화, 두 가지 이상의 기능 등 제품의 단순화와 성별, 계절별, 연령에 따른 세분화가 요구된다. 이를 충족시키기 위한 화장품의 기술 개발이 필요하다. 즉 피부노화 억제 및 잔주름을 예방하고 멜라닌의 생성을 억제하는 등 기능성화장품이 개발되어야 한다. 또한 화장품의 신소재 개발과 제형개발이 절실히 요구된다. 천연물로부터 유효성분의 추출과 신소재 및 유도체 합성 그리고 선택적 경피흡수시스템 및 유효성분의 안정화 기술 등이 확보되어야 한다. 그리고 유용성에 대한 평가기술이 개발되어야 하고, 미용에 대한 효율적인 활용방법과 소비자의 확대를 위한 연구가 지속되어야 한다.

# 제 2장
# 화장품 원료와 제형

01 서 론

02 수용성 원료

03 유용성 원료

04 색 소(color materials)

05 계면활성제(Surfactant)

06 첨가제

07 화장품 제조와 생산

08 화장품의 전성분 표시제와
화장품성분사전 활용

# 01 서론

화장품의 원료는 세계적으로 10,000여 종이 알려져 있으나 세계 각국마다 화장품 관련 법에 의하여 허용된 원료를 사용한다. 화장품은 피지막의 기능을 보완한 것으로 수분과 유분의 적절한 조합이라 할 수 있다. 즉 친수성 성분에 친유성 성분을 분산시키거나 친유성 성분에 친수성 성분을 분산시킨 것이다. 따라서 화장품은 수용성 성분과 유용성 성분의 상호 간에 균일하게 분산시킨 것이다. 이를 가용화, 유화, 분산이라 칭한다. 화장품의 구성 성분을 크게 분류하면 주성분인 기재 성분과 특정 목적으로 사용되는 첨가제로 구분할 수 있다. 화장품의 기재는 물에 용해되는 수용성 원료, 기름(oil)에 용해되는 유용성 원료, 이들을 상호간에 균일하게 분산시키는 계면활성제이다. 그 외에 화장품을 안정화시키고 기능성을 부여하는 등의 첨가제는 금속이온봉쇄제, 방부제, 산화방지제, pH 조절제, 향료, 생리활성성분 등이 있다.

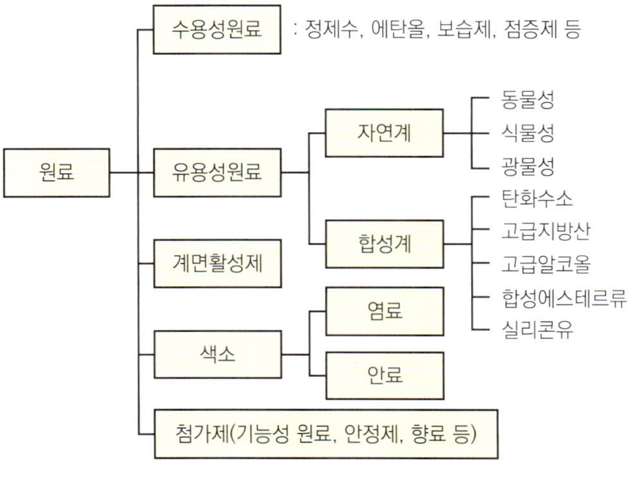


◆ **그림 2-1. 화장품 원료의 분류**

즉, 화장품의 수용성 원료는 정제수, 알코올, 보습제, 점증제 등의 친수성 성분이고, 유용성 원료는 유지류, 왁스류, 탄화수소화합물, 고급지방산, 고급알코올, 에스테르류 등의 친유성 성분이다. 그리고 수용성 원료와 유용성 원료를 가용화, 유화, 분산 그리고 세정 등의 목적으로 사용되는 계면활성제이고, 그 외에 첨가제는 자외선 차단제, 산화방지제, 금속이온봉쇄제, 염료와 안료의 색소, 동식물의 추출물 등의 생리활성물질 그리고 향료를 들 수 있다. 대부분의 첨가제는 미용효과보다는 화장품 자체의 특성을 유지하기 위하여 사용하고, 자외선차단제나 생리활성물질 등의 첨가제는 미용효과, 즉 유용성과 기능성을 목적으로 사용한다.

화장품은 화장품법에 의하여 허가된 원료만을 사용하도록 되어 있고, 전 성분을 표시하여야 한다. 미허가된 새로운 원료를 화장품에 적용할 경우 화장품법에 의하여 허가를 득한 후 사용하여야 한다. 화장품 원료를 선택할 경우 고려해야 할 사항은 화장품법에 의하여 허가된 원료를 바탕으로 각 원료의 ① 안전성 ② 안정성 ③ 유용성 ④ 원료 고유의 품질 특성 변화와 냄새가 적은 원료를 들 수 있다. 즉, 피부의 부작용이 없어야 하고, 사용한 원료의 사용 목적에 따른 기능이 우수하여야 한다. 그리고 유분과 수분의 혼합, 미생물과 산소로 인한 부패 등이 발생하지 않아야 하기 때문에 안정성이 양호하여야 하며 소비자의 기호에 맞는 향취를 제공하기 위하여 원료 고유의 냄새가 없거나 적으며 품질이 일정한 원료를 사용한다. 본 저서는 화장품성분사전에 수록된 화장품 원료 중 일부에 대하여 설명하였다.

# 02
# 수용성 원료

## 1. 정제수(purified water)

화장품은 정제수를 사용한다. 정제수는 화장품의 기제로서 피부의 보습뿐만 아니라 화장품의 구성 성분으로서 중요하다. 즉 물에 녹는 수용성 물질을 녹이는 용매이고 유용성 원료와 가용화, 유화 그리고 분산시키는데 중요한 역할을 한다.

일반적으로 물은 여러 가지 물질을 잘 녹이는 용매이다. 지하수 등 물에는 여러 가지 고체입자, 미생물과 기체 등이 함유되어 있다. 물속에 칼슘이온($Ca^{2+}$), 마그네슘이온($Mg^{2+}$) 등 금속이온이 다량 함유된 물을 경수라 하고, 금속이온과 그 염이 제거된 물을 연수라 한다. 정제수는 이온교환수지 등으로 걸러내어 물속에 함유된 금속염 등 불순물과 미생물을 제거한 물이다. 화장품은 물속에 함유된 금속염 등 불순물과 미생물이 화장품의 안정성과 미용 효과에 악영향을 미치기 때문에 정제수를 화장품의 원료로 사용한다.

## 2. SD 알코올(Specially Denatured alcohol, SD alcohol)

보통 알코올이라고 하는 것은 에탄올(ethanol, ethyl alcohol)을 일컫는다. 그러나 일반적으로 알코올은 탄화수소화합물의 수소 원자를 수산기(-OH)로 치환된 화합물을 총칭하여 알코올이라 한다.

알코올은 탄소 수에 의하여 분류하는데, 탄소 수가 적은 알코올을 저급알코올(탄소 수 6개 이하), 탄소 수가 많은 알코올을 고급알코올이라 한다. 즉, 저급알코올은 메탄올(methanol, methyl alcohol), 에탄올 등이 있으며, 물에 쉽게 용해되는 휘발성 액체이다. 고급알코올은 물에 용해되기 어려운 고체이고 지용성이며, 탄소 수가 많아질수록 융점(녹는점)이나 비등점(끓는점)이 높아진다.

알코올은 치환된 수산기의 수에 따라서 1가 알코올, 2가 알코올, 3가 알코올 등으로 분류하고, 2개 이상의 수산기가 치환된 알코올을 다가알코올 혹은 폴리올(polyol)이라 한다. 그 한 예로 에탄올은 1가 알코올이고, 글리세롤(glycerol)은 3가 알코올인 다가알코올이며 글리세린(glycerin)이라고도 명명한다.

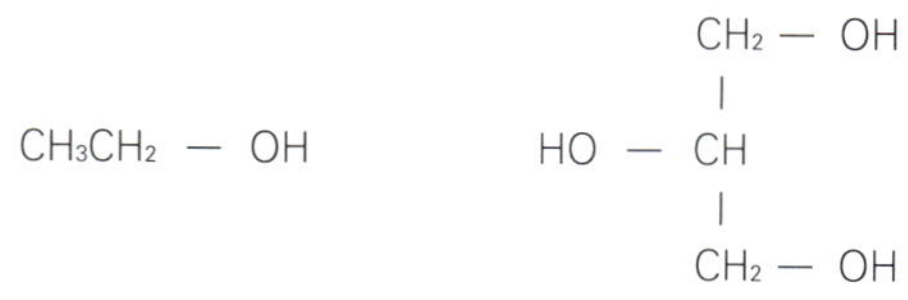


에탄올 글리세롤

◆ 그림 2-2. 에탄올과 글리세롤의 화학구조식

화장품에 사용되는 알코올은 변성알코올(SD alcohol)을 사용한다. 변성알코올은 술을 만드는 데 사용되는 에탄올과 구분하기 위하여 에탄올에 변성제, 즉 메탄올이나 부탄올, 페놀 등을 첨가하여 특별히 변성시킨 에탄올을 말한다. 화장품에 SD 알코올을 사용하는 이유는 향료 등 물에 녹지 않는 물질을 녹이는 용매이고, 살균력에 의한 소독 효과가 있으며 휘발성이 좋아서 피부의 청량감과 수렴 효과를 부여하기 때문이다. 일반적으로 SD 알코올은 화장수, 아스트린젠트, 향수, 헤어토닉 등에 이용한다. 그러나 민감한 피부 등에는 SD 알코올을 사용하지 않은 무알코올(alcohol free) 화장품도 있다.

## 3. 보습제(humectant)

건강하고 아름다운 피부를 유지하는 데에는 피부의 보습이 중요하다. 즉 표피와 진피의 수분 보유 능력에 따라 건강하고 탄력성의 피부를 유지할 수 있다. 건강한 피부는 표피의 각질층에 10~20%의 수분이 함유되어 있다. 각질세포의 천연보습인자(natural moisturizing factor, NMF)에 의한 흡습력과 각질층의 세포간 지질 및 피지막에 의하여 각질층의 수분이 유지된다. 또한 진피층에 존재하는 뮤코다당류의 고분자물질에 의하여 흡습성이 있기 때문에 피부가 촉촉하고 탄력성의 피부를 유지할 수 있다. 그러나 외부환경과 내적 건강 상태, 즉 천연보습인자와 세포간 지질의 손실에 의하여 각질층의 수분함량이 10% 이하로 감소하면 피부의 탄력이 떨어지고 주름이 형성되는 등 미용학적 측면에서 여러 가지 부작용이 유발된다. 따라서 이러한 피부의 부작용을 예방하고 피부를 보호하기 위하여 화장품을 이용한다.

화장품의 보습제는 피부에 보습력을 부여하고, 화장품 자체에 수분을 유지하기 위하여 보습제를 이용하고, 정균작용이나 향료 보유제 및 유화안정제로서의 역할을 한다. 따라서 보습제는 수용성으로서 화장품의 중요한 구성 성분 중 하나이다. 화장품에 주로 사용되는 보습제는 천연보습인자(NMF)나 뮤코다당류(mucopolysaccharides), 다가알코올(polyhydric alcohol, polyol) 등이 있다. 천연보습인자는 아미노산, 피롤리돈카르복시산(pyrrolidon carboxylic acid, PCA), 젖산, 요소 등이 있다. 뮤코다당류는 히알루론산(hyaluronic acid), 황산콘드로이틴(chondroitin sulfate), 헤파린(heparin) 등이 있다. 다가알코올은 글리세롤(glycerol), 프로필렌글리콜, 부틸렌글리콜, 폴리에틸렌글리콜, 솔비톨 등이 있다. 이와 같은 보습제는 흡습력을 높이기 위하여 각각의 염, 즉 젖산염, 피롤리돈카르복시산염(PCA-Na), 히알루론산염을 사용한다.

화장품에 사용되는 보습제가 갖추어야 할 조건은 ① 피부와 화장품에 수분 보유, ② 사용 감촉과 피부와의 친화성 우수, ③ 적절한 흡습력과 지속성, ④ 외부 환경의 변화에도 일정한 흡습력 유지, ⑤ 저휘발성, ⑥ 화장품의 다른 구성 성분과 혼용성, 안정성 우수, ⑦ 낮은 응고점, ⑧ 무색, 무취, 무미 등이다.

◆ **표 2-1. 화장품에 이용되는 보습제**

| 분 류 | 종 류 | 특 성 |
|---|---|---|
| 천연보습인자 (NMF) | 아미노산 | - NMF 성분 중 가장 많음(40%)<br>- 단백질의 주성분임<br>- 종류가 다양함. 특성에 따라 보습제 등 여러 가지 목적으로 사용 |
| | 피롤리돈카르복시산과 그 염(PCA-Na) | - 각질층에 다량 함유된 유기산<br>- 대두, 야채류 등 식물에 함유<br>- 보습력이 우수하여 기초화장품, 모발화장품 등 다양하게 활용됨 |
| | 젖산과 그 염 등 | - 각질층에 다량 함유<br>- 보습력이 우수함 |
| 뮤코다당류 (muco-polysaccharide) | 히알루론산과 그 염 | - 닭의 벼슬에서 추출<br>- 미생물에 의하여 다량 생산<br>- 보습력이 우수하여 다양한 화장품의 보습제로 활용 |
| | 황산콘드로이틴산과 그 염 등 | - 포유동물과 어류의 연골에서 추출<br>- 보습력이 우수함 |

| | | |
|---|---|---|
| 다가알콜<br>(pclyol) | 글리세롤(glycerol) | - 글리세린(glycerin)이라고도 명명됨<br>- 비누화 반응 중 부산물로 얻어지는 3가 알코올임<br>- 보습력이 우수함<br>- 가장 많이 사용되고 있는 보습제 중 하나임 |
| | 프로필렌글리콜(PG) | - 사용감이 좋은 보습제<br>- 친수성으로 용해보조제로 사용됨<br>- 미생물번식억제로 방부효과 |
| | 부틸렌글리콜(BG) | - 아세트알데히드의 축합반응으로 합성<br>- 흡습력이 우수하고 안전성 양호 |
| | 솔비톨 등 | - 포도당을 환원시켜 합성<br>- 친수성으로 보습효과가 높음 |

## 4. 점증제(thickening agent)와 피막제(film formers)

점증제는 화장품의 점도를 조절함으로써 사용감을 증가시켜주고, 유화입자나 분말이 분리되는 것을 억제하여 안정성을 유지할 목적으로 이용한다. 점증제는 주로 수용성 고분자가 이용된다.

화장품에 이용하는 점증제는 천연 고분자, 합성 고분자, 반합성 고분자로 분류한다. 천연 고분자는 식물계로부터 얻을 수 있는 퀸스씨드검(quince seed gum), 카라기난(carrageenan), 카라야검(karaya gum), 구아검(guar gum), 펙틴(pectin), 전분(starch) 등이 있고, 미생물을 이용하여 얻을 수 있는 잔탄검(xanthan gum), 덱스트란(dextran) 등이 있으며 동물계에서는 젤라틴(gelatin), 카제인(casein) 등이 있다.

광물성 점증제는 벤토나이트(bentonite), 마그네슘알루미늄실리게이트(magnesium aluminium silicate) 등이 있으며 비수용성이고 무기계 점증제이다. 합성 고분자는 화학적으로 합성한 점증제로 폴리비닐알코올, 폴리비닐피롤리돈, 카르복시비닐폴리머 등이 있으며 반합성 고분자는 천연 고분자에 작용기를 치환하여 얻을 수 있다. 반합성 고분자는 메틸셀룰로오스, 에틸셀룰로오스, 하이드록시에틸셀룰로오스 등이 있다. 이는 대부분 유기화합물이다. 그러나 무기화합물의 벤토나이트는 천연의 점토광물로 수분을 흡수하여 점성을 띠기 때문에 점증제로 이용된다.

카라야의 수액을 건조한 카라야검과 합성한 폴리비닐알코올, 폴리비닐피롤리돈은 점증제로도 이용되지만 수분을 건조하면 피막이 형성되기 때문에 피부의 팩제와 모발의 세트제 등으로 이용된다.

◆ 표 2-2. 화장품에 이용되는 점증제

| 분 류 | | 종 류 |
|---|---|---|
| 천연 점증제 | 식물성 | 퀸스씨드검(quince seed gum), 카라기난(carrageenan), 카라야검(karaya gum), 구아검(guar gum), 펙틴(pectin), 전분(starch) 등 |
| | 동물성 | 젤라틴(gelatin), 콜라겐(collagen) 등 |
| | 미생물 | 잔탄검(xanthan gum), 덱스트란(dextran) 등 |
| | 광물성 | 벤토나이트(bentonite), 마그네슘알루미늄실리게이트 |
| 합성 점증제 | 비닐계 | 폴리비닐알코올(polyvinylalcohol), 폴리비닐피롤리돈(polyvinylpyrrolidone), 카르복시비닐폴리머(carboxyvinylpolymer, Carbomer) 등 |
| | 기 타 | 폴리에틸렌옥사이드(polyethyleneoxide) 등 |
| 반합성 점증제 | 셀룰로오스계 | 셀룰로오스검(카르복시메틸셀룰로오스-Na), 에틸셀룰로오스, 하이드록시에틸셀룰로오스 등 |
| | 전분계 | 수용성 전분, 카르복시메틸전분 등 |
| | 알긴산계 | 알긴산염 등 |
| | 기 타 | 다당류 유도체 등 |

03

# 유용성 원료

피부 표면의 피지막은 피지의 유분과 땀의 수분으로 구성되어 있고, 피부를 보호한다. 피지는 각질층의 수분 손실을 억제하고 수분을 일정하게 유지시키며 유연성을 부여한다. 피지의 구성 성분은 대부분 중성지질이 차지하고, 왁스, 고급지방산, 스쿠알렌, 콜레스테롤 등이다. 그러나 나이가 들어감에 따라 피지 분비가 감소하는 등으로 피부 상태의 변화가 유발된다. 따라서 화장품의 유용성 원료는 친유성 성분으로 피지의 기능을 보완해 줄 목적으로 사용한다. 즉, 피부의 수분 손실을 억제하고 피부의 유연성과 사용감촉을 향상시키는 등의 역할을 한다.

화장품의 유용성 원료는 피부의 트러블을 유발하지 않도록 피지와 세포간 지질 등 생리적으로 존재하는 물질에 유사한 성분이 많다. 천연물에서 추출하거나 광물을 정제하여 얻을 수 있고, 대량 생산과 품질을 높이기 위하여 화학적으로 합성하여 이용한다. 화장품에 사용하는 유용성 원료를 화학적 구조와 특성에 따라 유지류, 왁스류, 탄화수소화합물, 고급지방산, 고급알코올, 에스테르류, 세라마이드, 실리콘유 등으로 분류된다.

## 1. 유지류(oils and fats)

유지는 천연의 동식물에 존재하며, 1개의 글리세롤과 3개의 고급지방산이 에스테르 결합을 한 중성지질(triglyceride)이 주성분이다. 상온에서 고체인 지방은 피부 친화성이 우수하나 산패 등의 단점이 있다. 지방은 시어 버터(shea butter), 코코아 버터(cocoa butter), 우지(beef tallow), 돈지(pork lard) 등이 있다. 유지 중 상온에서 고체인 것을 지방(fat)이라 하고, 유동성의 액상을 오일(oil)이라 한다. 오일은 천연오일과 합성오일로 분류한다. 천연오일은 추출 및 정제원에 따라 동물성, 식물성, 광물성이 있다. 동물성 오일은 피부 친화적이고 흡수력이 우수한 장점이 있으나 고유한 냄새를 제거하여야 하는 단점이 있다.

화장품 원료로 사용되는 동물성 오일은 심해 상어의 간에서 추출하는 스쿠알렌(squalene), 밍크의 피하지방에서 추출하는 밍크오일(mink oil), 신선한 난황에서 추출한 난황유(egg yolk oil), 거북의 등껍질에서 추출하는 터틀오일(turtle oil) 등이 있다.

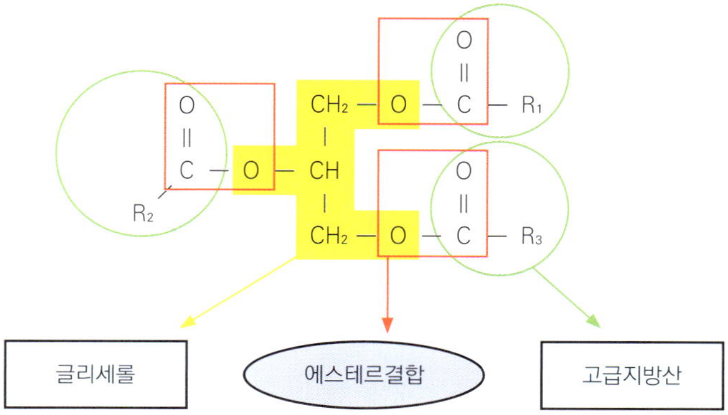


◆ 그림 2-3. 유지의 화학구조식

식물성 오일은 식물의 열매나 잎에서 추출하며, 냄새가 좋은 편이나 피부흡수가 어렵고 부패하기 쉽다. 식물성 오일은 동백유(camellia oil), 로즈힙 오일(rosehip oil), 마카다미아너트유(macadamianut oil), 맥아유(wheat germ oil), 미강유(rice brain oil), 살구씨유(apricot oil), 아몬드유(almond oil), 아보카도유(avocado oil), 야자유(coconut oil), 올리브유(olive oil), 피마자유(castor oil) 등이 있다. 이러한 동물성 오일과 식물성 오일은 불포화지방산이 다량 함유되어 있어서 산패되기 쉽다. 따라서 산패를 막기 위하여 불포화이중결합에 수소첨가 반응하여 포화지방산을 화장품 원료로 사용한다. 그 한 예로는 피마자유(castor oil)나 스쿠알렌(squalene)을 수소첨가 반응한 경화피마자유(hydrogenated castor oil)나 스쿠알란(squalane)을 화장품 원료로 사용한다.

광물성 오일은 석유 등 광물에서 추출하며, 포화 탄화수소 화합물이기 때문에 산패나 변질되지 않는 장점이 있다. 광물성 오일은 유동파라핀(liquid paraffine), 바셀린(vaseline) 등이 있다. 유동파라핀을 미네랄 오일(mineral oil), 바셀린을 페트롤라튬(petrolatum)이라고도 하며, 기초 화장품과 메이크업 화장품의 원료로 널리 사용된다. 합성오일은 대표적으로 실리콘 오일(silicone oil)을 이용한다. 실리콘은 실록산 결합(-Si-O-Si-)을 갖는 유기 규소화합물의 총칭이다. 실리콘오일은 시클로메티콘(cyclomethicone), 디메티콘(dimethicone), 시클로펜타실록세인(cyclopentasiloxane) 등이 있다. 실리콘 오일은 발수성이 우수하여 화장품이 피부에서 들뜨지 않게 하고, 가벼운 사용감을 부여한다. 합성오일은 대량생산이 가능하고 천연오일에 비하여 냄새가 나거나 산패하지 않은 장점이 있다. 합성오일은 천연오일에 비하여 끈적임이 적고 퍼짐성이 우수하기 때문에 화장품의 사용감을 개선하는데 사용한다. 기초 화장품, 메이크업 화장품, 모발 화장품 등 다양하게 이용된다.

◆ **표 2-3. 화장품에 이용되는 유지**

| 분 류 | | 종 류 | 특 성 |
|---|---|---|---|
| 천연 유지 | 지방 | 시어버터(shea butter), 코코아버터(cocoabutter), 우지(beef tallow), 돈지(pork lard) 등 | - 피부 친화성이 우수<br>- 쉽게 산패됨<br>- 특이한 냄새의 제거가 필요함<br>- 사용감이 무거움 |
| | 동물성 오일 | 밍크오일(mink oil), 난황유(egg yolk oil), 터틀오일(turtle oil), 스쿠알렌(squalene; 화학적구조상 탄화수소화합물이지만 오일로 분류함) 등 | - 동물의 장기나 피하조직에서 추출 및 정제<br>- 피부친화성이 우수하고, 흡수 빠름<br>- 불포화지방산의 함유로 산패되기 쉬움<br>- 특이한 냄새의 제거가 필요함<br>- 비타민 A, D, E의 함유량이 많아서 영양 크림, 노화 제품에 사용 |
| | 식물성 오일 | 로즈힙 오일(rose hip oil), 마카다미아 너트유(macadamia nut oil), 맥아유(wheat germ oil), 미강유(rice brain oil), 살구씨유(apricot oil), 아몬드유(almond oil), 아보카도유(avocado oil), 야자유(coconut oil), 올리브유(olive oil), 피마자유(castor oil) 등 | - 식물의 열매, 씨앗, 잎에서 추출<br>- 피부의 친화성은 우수하나 흡수가 느림<br>- 불포화지방산의 함유로 산패되기 쉬움<br>- 냄새가 좋은 편임<br>- 사용감이 무거움<br>- 기초 화장품 등 널리 사용 |
| | 광물성 오일 | 유동파라핀(liquid paraffin, LP), 바셀린(vaseline) 등 | - 석유 등 광물에서 추출 및 정제<br>- 무색, 투명한 액체<br>- 산패되지 않음<br>- 유성감 강하고 막을 형성, 피부생리장애<br>- 기초 화장품, 메이크업 화장품, 모발 화장품에 이용 |
| 합성 오일 | | 실리콘오일(silicone oil) | - 실록산 결합으로 유기 규소의 고분자 화합물<br>- 보통 디메티콘(dimethicone)을 의미<br>- 분자량에 따라 점도 다양화<br>- 발수성이 높고, 끈적거림 없이 사용감촉 우수, 펴발림성(spreadability)이 우수함<br>- 광택, 콘디셔닝, 무독성, 무자극성<br>- 피부와 모발에 퍼짐성 우수<br>- 기초 화장품, 메이크업 화장품, 모발 화장품 |

## 2. 고급지방산(higher fatty acids)

지방산의 화학식은 R-COOH이고, R은 알킬기(alkyl group)를 의미한다. R이 C-C 단일결합으로 포화된 탄화수소화합물이면 포화지방산(saturated fatty acid), 이중결합(C=C)이나 삼중결합(C≡C)으로 불포화된 탄화수소 화합물이면 불포화지방산(unsaturated fatty acid)이라 한다. 고급지방산은 천연의 유지 및 밀납 등 에스테르 화합물에 함유되어 있기 때문에 비누화 반응에 의하여 얻는다.

동식물의 유지에 함유된 지방산은 직쇄상의 지방산이 많고, 짝수개의 탄소수이다. 알킬기의 탄소수에 따라서 고급지방산의 종류가 다양하다. 화장품 원료로 사용되는 포화지방산은 라우릭애씨드(lauric acid), 미리스틱애씨드(myristic acid), 팔미틱애씨드(palmitic acid), 스테아릭애씨드(stearic acid) 등으로 상온에서 고체이다. 불포화지방산은 팔미트올레익애씨드(palmitoleic acid), 올레익애씨드(oleic acid), 리놀레익애씨드(linoleic acid), 리놀레닉애씨드(linolenic acid) 등으로 상온에서 대부분 액체이다. 고급지방산은 유지와 밀납 등에 혼합해서 화장품 원료로 사용되고, 유화안정제로 사용된다.

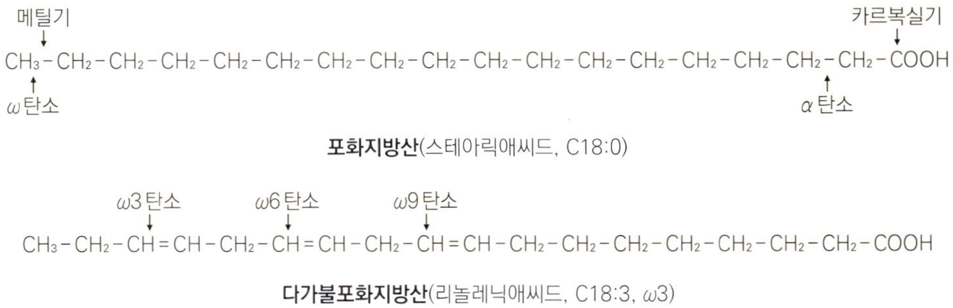


◆ 그림 2-4. 고급지방산의 화학구조식

◆ 표 2-4. 화장품 원료로 사용되는 고급지방산의 종류 그 특성

| 분 류 | | 탄소수:불포화수 | 융점(℃) | 특성 및 용도 |
|---|---|---|---|---|
| 포화 지방산 | 라우릭애씨드 (lauric acid) | 12:0 | 44.2 | - 야자유, 팜유의 비누화 반응으로 얻음<br>- 수용성 우수<br>- 거품상태 양호<br>- 비누, 세안제 등에 사용 |
| | 미리스틱애씨드 (myristic acid) | 14:0 | 53.9 | - 팜유의 비누화 반응으로 얻음<br>- 거품성질 및 세정력 우수<br>- 세안류 등에 사용 |
| | 팔미틱애씨드 (palmitic acid) | 16:0 | 63.1 | - 팜유의 비누화 반응으로 얻음<br>- 로션, 크림, 세안제 등 사용 |
| | 스테아릭애씨드 (stearic acid) | 18:0 | 76.5 | - 우지의 비누화 반응에서 얻음<br>- 대두유, 면실유 등을 수소 첨가 반응으로 얻음<br>- 로션, 크림, 염모제 등에 사용 |
| 불포화 지방산 | 올레익애씨드 (oleic acid) | 18:1($\Delta^{9}$) | 13.4 | - 올리브유, 동백류의 비누화 반응으로 얻음<br>- 로션, 크림 등에 사용 |
| | 리놀레익애씨드 (linoleic acid) | 18:2($\Delta^{9,12}$) | -5.0 | - 대두유, 해바라기씨유 등 비누화 반응으로 얻음<br>- 피부, 모발 컨디셔닝제, 향료 등 |
| | 리놀레닉애씨드 (linolenic acid) | 18:2($\Delta^{9,12,15}$) | -11.0 | - 피부, 모발 컨디셔닝제, 향료 등 |

※ 델타의 위 첨자의 수는 카르복시산기의 탄소를 1번으로 하여 나타낸 탄소의 위치를 나타낸다. 즉 $\Delta^{9}$는 9번째 탄소에 불포화이중결합이 있다는 의미이다.

## 3. 고급알코올(higher alcohols)

화장품에 이용하고 있는 고급알코올은 왁스류를 비누화 반응에 의하여 얻어진다. 알코올의 화학식은 R-OH이고, R의 탄소수가 1~3개인 경우 저급알코올이라 하고 수용성이다. 그러나 R의 탄소수가 6 이상을 고급알코올이라 하고, 탄소수가 증가할수록 친유성이다. 고급알코올은 유용성 원료이고, 유화안정제, 유화안정보조제로 이용된다. 고급알코올은 라우릴알코올(lauryl alcohol), 미리스틸알코올(myristyl alcohol), 세틸알코올(cetyl alcohol), 스테아릴알코올(stearyl alcohol), 세토스테아릴알코올(cetostearyl alcohol), 베헤닐알코올(behenyl alcohol) 등이 있다.

◆ 표 2-5. 고급알코올의 융점과 특성

| 종 류 | 융점(℃) | 특성 및 용도 |
|---|---|---|
| 라우릴 알코올<br>(lauryl alcohol) | 24 | - 야자유를 환원하여 얻음<br>- 계면활성제의 원료로 사용<br>- 세정제품의 점증제, 기포안정제로 사용 |
| 미리스틸 알코올<br>(myristyl alcohol) | 37.6 | - 에멀젼의 유화안정제<br>- 크림 등 점증제 |
| 세틸 알코올<br>(cetyl alcohol) | 49.8 | - 경납이나 고래유의 분해 알코올<br>- 유화보조제, 유화안정제, 유연제<br>- 크림, 로션 등에 사용 |
| 스테아릴 알코올<br>(stearyl alcohol) | 58.0 | - 경납이나 고래유의 분해 알코올<br>- 세틸알코올과 동일 목적으로 사용<br>- 세틸알코올에 비하여 점도가 높음<br>- 크림, 로션 등에 사용 |

## 4. 왁스류(wax easters)

왁스류는 고급지방산과 고급알코올의 에스테르 화합물이고, 대부분 고체이다. 그러나 고급알코올과 고급지방산의 종류에 따라 반고체인 경우도 있다. 화장품에 이용하는 왁스는 석유, 광물, 동물, 식물에서 정제 및 추출하여 얻을 수 있다. 왁스 중 파라핀 왁스(paraffin wax), 마이크로크리스탈린 왁스(microcrystalline wax) 등은 석유를 정제하여 얻을 수 있고, 오조케라이트(ozokerite), 세레신(ceresin) 등은 광물에서 얻을 수 있다. 동물에서 얻을 수 있는 왁스는 밀납(bees wax), 경랍(spermaceti), 라놀린(lanolin) 등이고, 식물에서는 카르나우바 왁스(carnauba wax), 칸델릴라 왁스(candellila wax), 재팬 왁스(Japan wax) 등이 있다. 왁스류는 기초 화장품이나 메이크업 화장품에 주로 이용하고, 광택부여, 포마드와 입술연지의 고형화제 및 사용감촉을 향상시킬 목적 이외에 제모제 등으로 사용한다.

◆ 표 2-6. 화장품 원료로 이용되는 왁스

| 분 류 | 종 류 | 특성 및 용도 |
|---|---|---|
| 석유 | 파라핀 왁스(paraffin wax), 마이크로크리스탈린 왁스(microcrystalline wax) | - 고체상태의 탄화수소화합물<br>- 다른 오일과 잘 섞임<br>- 크림, 립스틱 등에 사용 |

| 광물성 | 오조케라이트(ozokerite),<br>세레신(ceresin) | – 입술연지, 포마드의 고형화제<br>– 결합제, 유화안정제, 점증제(비수용성) |
|---|---|---|
| 동물성 | 밀납(bees wax), 경랍(spermaceti),<br>라놀린(lanolin) | – 피부친화성, 부착성이 우수<br>– 크림, 파운데이션, 입술연지, 볼연지 등 사용 |
| 식물성 | 카르나우바 왁스(carnauba wax), 칸델릴라 왁스(candellila wax), 재팬 왁스(Japan wax), 호호바 오일(jojoba oil) | – 광택부여, 내온성<br>– 립스틱 등 스틱상의 메이크업 화장품에 이용<br>– 신체의 털을 제거하는 제모제에 이용<br>– 호호바오일:식물성 오일로 액체이나 화학구조상 왁스로 분류함<br>• 산화에 대한 안정성 우수<br>• 피부에 대한 친화력과 사용 감촉이 좋음<br>• 로션, 크림, 입술연지 등 다양하게 이용됨 |

## 5. 에스테르류(esters)

일반적으로 에스테르는 산과 알코올을 에스테르화 반응에 의하여 얻는다. 지방산의 종류와 알코올의 종류에 따라 에스테르 화합물은 매우 다양하다. 화장품의 원료로 사용되는 대표적인 에스테르 중 하나는 미리스틴산 이소프로필(isopropyl myristate, IPM)이다. 미리스틴산 이소프로필은 고급지방산인 미리스틴산과 저급알코올인 이소프로필 알코올을 에스테르화 반응에 의하여 합성한 에스테르화합물이다. 미리틴산 이소프로필은 색소와 향료의 용매, 에몰리언트제로 사용된다. 그 외에 에스테르류로는 미리틴산 2-옥틸도데실(2-octyldodecyl myristate) 등이 있으며 광물성 오일에 비하여 유분감이 낮고 수분의 증발을 억제하며 사용감촉을 향상시킨다.

## 6. 동, 식물 추출물(extracts)

화장품은 피부를 보호하고 건강하게 유지하기 위하여 동물과 식물추출물을 화장품 원료로 사용한다. 동물과 식물 추출물은 화장품의 유용성 등 효능을 높이기 위하여 첨가하여 화장품을 제조한다. 그러나 동물 추출물은 전염병과 동물보호 등의 이유로 사용이 감소하고 있고, 안전한 식물 추출물이나 미생물에 의하여 얻어진 화장품 원료의 사용이 증가하고 있다. 일반적으로 식물 추출물은 생리활성 성분을 함유한 식물을 물, 에탄올, 프로필알코올(propyl alcohol), 부틸렌글리콜(buthylene glycol) 등의 용매로 추출한다. 또한 추출물은 여러 가지 화학물질이 혼합되어 있기 때문에 특수한 물질만 분리하여 이용되는 경우도 있다.

동물 추출물은 로얄젤리 추출물(royal jelly extract), 태반 추출물(placenta extact) 등이 있고, 식물 추출물은 감초, 계피, 금잔화, 녹차, 당귀, 마늘, 살구씨, 상백피, 생강, 솔잎, 인삼, 알로에, 위치하젤, 유칼립투스, 율무 등의 많은 식물에서 추출한다. 화장품 원료로 이용되고 있는 식물 추출물이 많지만 일부 식물추출물과 성분의 특성을 소개한다.

◆ **표 2-7. 식물 추출물과 특성**

| 추출물 | 추출원 | 특 성 |
|---|---|---|
| 감초 추출물 | 감초 뿌리 | 소염, 상처 치유, 항알레르기 |
| 계피 추출물 | 계피나무 껍질 | 미백, 항알레르기, 항염증 |
| 금잔화 추출물 | 금잔화 꽃 | 세정, 소염, 상처 치유, 세포재생 |
| 녹차 추출물 | 녹차 잎 | 항산화, 냄새 제거 |
| 당귀 추출물 | 당귀 뿌리 | 보습, 혈행 촉진, 아토피 개선 |
| 라벤더 추출물 | 라벤더 꽃 | 수렴, 살균, 항균 |
| 마늘 추출물 | 마늘 | 혈행 촉진, 항산화, 항균, 항알레르기 |
| 살구씨 추출물 | 살구씨 | 보습, 유연, 진정, 항균 |
| 상백피 추출물 | 뽕나무 껍질 | 미백, 항균, 여드름 개선 |
| 생강 추출물 | 생강 뿌리 | 혈행 촉진, 탈모 예방 |
| 속새 추출물 | 속새 줄기 | 항염증, 항알레르기 |
| 솔잎 추출물 | 솔잎 | 살균, 피부염, 피지분비조절 |
| 알로에 추출물 | 알로에 잎 | 보습, 미백, 자외선 차단, 상처 치유, 항알레르기 |
| 인삼 추출물 | 인삼 뿌리 | 세포 재생, 혈액순환 촉진, 모세혈관 확장, 탈모 예방 |
| 위치하젤 추출물 | 하마멜리스 나무껍질 | 살균, 소독, 수렴, 항산화, 여드름 개선, 진정 |
| 카모마일 추출물 | 카모마일의 꽃 | 소염, 살균, 진정, 수렴, 항알레르기 |
| 멘톨 | 박하 | 방부, 살균, 통증과 가려움증 완화, 상쾌한 느낌 부여 |
| 알란토인 | 밀의 배아 등 | 소염, 진정, 항염증, 항알레르기 |
| 감마오리자놀 | 쌀겨 | 혈액 순환, 미백, 재생 |
| 이노시톨 | 곡류 등 | 탈모 예방, 피부질환 예방 |

## 7. 비타민류(vitamins)

비타민은 미량으로 사람의 대사와 생리기능을 조절하는 유기 화합물이다. 비타민은 인체의 세포대사에 촉매작용을 하기 때문에 생명 유지에 필수불가결한 영양소이다. 뿐만 아니라 비타민은 인체에서 생화학적으로나 생리적으로 기능이 다양하다. 비타민은 효소의 구성과 생리활성에 필수적인 요소로서 화장품 원료에 이용되고 있다. 비타민은 크게 2가지, 즉 지용성 비타민과 수용성 비타민으로 분류된다. 비타민 A, D, E, K는 친유성이기 때문에 지용성 비타민으로 분류되고, 물에 용해되는 비타민 B군($B_1$, $B_2$, $B_6$, $B_{12}$, 니아신, 판토텐산, 엽산, 비오틴)과 C는 수용성 비타민으로 분류된다. 그러나 비타민은 공기 중의 산소나 열에 약하기 때문에 주로 고급지방산과 에스테르화반응에 의한 비타민 유도체를 화장품 원료로 이용한다. 주로 화장품 원료로 사용되는 비타민류는 비타민 A 팔미테이트(vitamin A palmitate), 비타민 C 팔미테이트(vitamin C palmitate), 비타민 E 팔미테이트(vitamin E palmitate), 디-판테놀(D-panthenol), 바이오틴(biotin) 등이 있다. 또한 비타민은 아니지만 비타민과 유사한 작용을 하는 코엔자임 $Q_{10}$(coenzyme $Q_{10}$) 등을 사용한다.

◆ **표 2-8. 화장품 원료로 사용되는 비타민 유도체**

| 종 류 | 화학적 특성 | 생리활성 |
|---|---|---|
| 비타민 A 팔미테이트<br>(vitamin A palmitate) | 비타민 A와 팔미틴산의 에스테르 화합물, 비타민 A는 지용성이고, 공기 중에 불안정 | 표피 세포의 성장과 분화, 피지 분비 억제, 항산화 작용 |
| 비타민 C 팔디테이트<br>(vitamin C palmitate) | 비타민 C와 팔미틴산의 에스테르 화합물, 비타민 C는 수용성이고, 열에 약함 | 항산화 작용, 콜라겐 합성, 노화 예방 및 미백 작용 |
| 비타민 E 팔미테이트<br>(vitamin E palmitate) | 비타민 E와 팔미틴산의 에스테르 화합물, 비타민 E는 지용성이고 토코페롤이라고도 하며 산화되기 쉬움 | 세포막 보호, 항산화제, 항노화 |
| 디-판테놀<br>(D-panthenol) | 비타민 $B_5$의 전구체로 판토테닐 알코올이라고도 함 | 세포 증식, 보습, 진정 작용으로 민감성 화장품에 사용 |
| 바이오틴(biotin) | 비타민 H라고도 함 | 세포 성장 인자의 일종 |
| 코엔자임 $Q_{10}$<br>(co-enzyme $Q_{10}$) | 유비퀴놀/유비퀴논의 지용성 화합물, 비타민이 아닌 조효소 | 항산화 작용, 세포막 보호 |

## 04

# 색 소(Color Material)

화장품 원료로 사용하는 색소는 피부를 미화시키고 매력을 증진시키기 위하여 피부의 색을 연출시킬 목적과 화장품의 상품가치를 높이기 위하여 화장품 자체의 색을 연출할 목적으로 사용한다. 피부의 착색과 은폐 그리고 자외선을 방어할 목적으로 사용되는 색소는 안료이고, 화장품 자체의 상품가치를 높이려는 시각적 효과를 위하여 사용하는 색소는 염료 및 천연색소 등이다.

◆ **표 2-9. 유기색소와 무기색소의 비교**

| 비교 우위 | 특 성 |
|---|---|
| 유기색소 〉 무기색소 | 발색 범위, 선명도, 착색력, 내약품성, 흡유성 |
| 무기색소 〉 유기색소 | 내광성, 내열성, 내용제성, 은폐력 |

화장품의 색소는 안전성이 우선시되기 때문에 화장품법에 의하여 허가된 색소만을 사용할 수 있다. 화장품 원료로 사용하는 색소는 일반적으로 인위적으로 합성한 색소는 유기색소이고, 자연에서 채취한 색소는 무기색소로 구분된다. 일반적으로 유기색소와 무기색소를 비교하면 색의 발색 범위와 선명도, 착색력, 내약품성, 흡유성 등은 유기색소가 우세하고, 내광성, 내열성, 내용제성, 은폐력 등은 무기색소가 우세하다.

◆ **표 2-10. 화장품용 색소의 분류**

| 분 류 | | | 특성 및 종류 | 사용된 제품 |
|---|---|---|---|---|
| 안료<br>(pigment) | 무기안료 | 체질안료 | - 희석 등 색조 조정, 광택, 부착성, 전연성<br>- 마이카(mica), 견운모(sericite), 카올린(kaolin), 탈크(tlac) 등 | - 메이크업 화장품 |
| 안료<br>(pigment) | 무기안료 | 착색안료 | - 색조 조정<br>- 감청, 군청, 벤가라, 황산화철, 흑산화철, 산화크롬, 카본블랙 등 | - 메이크업 화장품 |
| 안료<br>(pigment) | 무기안료 | 백색안료 | - 색조 및 은폐력 조정<br>- 이산화티탄($TiO_2$), 산화아연(ZnO) | - 메이크업 화장품 |
| 안료<br>(pigment) | 무기안료 | 진주광택 | - 운모티탄 | - 메이크업 화장품 |
| 안료<br>(pigment) | 유기안료 | | - 착색력, 내광성 양호<br>- 물이나 오일 등 용매에 불용<br>- 아조(azo)계, 인디고(indigo)계 등<br>ex) D&C R#30, D&C R#36 | - 입술연지, 볼연지 등의 메이크업 화장품 |
| 안료<br>(pigment) | 레이크<br>(lake) | | - 색상이 우수함<br>- 산, 알칼리에 내성이 약함<br>- 수용성 염료(적색201호 등)를 칼슘 등으로 염으로 변화시킨 불용성의 안료와 수용성 염료(적색230호, 황색5호 등)를 황산알루미늄 등으로 불용성화하여 알루미나에 흡착한 안료 | - 입술연지, 볼연지, 네일 에나멜 |
| 염료<br>(dye) | | | - 물 혹은 오일에 용해되는 색소<br>- 화장품 자체의 시각적 효과 부여<br>- 아조계, 잔탄계, 안트라퀴논계 등<br>ex) FD&C Y#6(수용성), FD&C Y#4(유용성) | - 수용성은 화장수, 샴푸<br>- 유용성은 모발 제품 |
| 천연색소<br>(natural color) | | | - 착색력, 내광성, 내약품성이 약함<br>- 카로티노이드계, 플라보노이드계, 퀴논계 등 | - 유액, 크림 등 기초 화장품<br>- 입술연지, 볼연지, 립스틱 등 메이크업 화장품 |
| 그분자 분체<br>(polymer powder) | | | - 퍼짐성 우수<br>- 폴리에틸렌 파우더(polyethylene powder), 폴리메틸메타아크릴레이트(polymethylmethacrylate), 나일론 파우더(nylon powder) | - 메이크업 화장품 |

본 저서는 물이나 기름 그리고 유기용매에 녹지 않는 안료와 용해되는 염료 그리고 합성여부에 따라 천연색소와 고분자 분체로 분류하였다.

## 1. 무기안료(inorganic pigment)

안료는 물이나 기름 그리고 유기용매에 녹지 않는 무기물이다. 안료는 무기안료, 유기안료, 레이크 3가지로 분류할 수 있다. 무기안료는 내광, 내열성이 우수하지만 유기안료에 비하여 선명도가 약하다. 무기안료는 체질안료(extender pigment), 착색안료(coloring pigment), 백색안료(white pigment), 진주광택안료(pearlescent pigment)가 있다.

체질안료는 광택과 부착성, 희석제로서의 색조 조정에 기여하고, 마이카(mica), 견운모(sericite), 카올린(kaolin), 탈크(tlac) 등이 있다. 착색안료는 발색과 색조를 조정하며 벤가라, 황산화철, 흑산화철, 산화크롬이 있고, 벤가라는 적색, 황산화철은 황색, 흑산화철은 흑색, 산화크롬은 노랑색을 띤다. 군청(ultramarine)은 청색, 카본블랙은 흑색의 착색안료이다. 백색안료는 색조 조정과 은폐 목적으로 사용하며, 이산화티탄($TiO_2$), 산화아연(ZnO) 등이 있다. 진주광택안료는 광택을 부여하며, 운모티탄 등이 있다.

## 2. 유기안료(organic pigment)

유기안료는 물, 기름, 유기용매에 녹지 않는 고체 분말, 즉 아조계 안료, 인디고계 안료 등이 있다. 유기안료는 착색력이 우수하고 색상이 보다 선명하다. 메이크업 화장품은 유기안료와 무기안료를 적절한 비율로 사용한다. 립스틱, 볼연지, 마스카라 등의 메이크업 화장품에 사용한다.

## 3. 레이크(lake)

레이크는 물에 용해되는 염료를 무기물을 이용하여 염으로 변화시킨 불용성의 색소이다. 레이크는 2가지의 불용성 염이 있다. 하나는 수용성 염료(적색201호 등)에 칼슘 등을 이용하여 염으로 변화시킨 불용성의 레이크 안료이다. 또 하나는 수용성 염료(적색230호, 황색5호 등)에 황산알루미늄 등을 이용하여 불용성의 알루미나에 흡착한 염료레이크이다. 색소인 레이크는 무기안료와 유기안료의 중간 정도 색상을 발색한다. 보통 레이크는 화학적으로 염이기 때문에 산, 알칼리에 약하다.

## 4. 염료(dye)

염료는 물 또는 오일, 알코올 등의 용매에 용해되고 화장품의 기제 중에 용해상태로 존재하여 채색을 부여할 수 있는 물질이다. 물에 가용성인 것을 수용성 염료, 오일이나 알코올 등에 가용성인 것을 유용성 염료이다. 수용성 염료는 친수기가 포함되어 있다. 화장품에 사용하는 유기염료는 FD&C(Food Drug&Cosmetic), D&C(Drug&Cosmetic)로 표기된 유기합성색소이고, 화장품법에 의하여 허용된 색소이어야 한다. 유기염료는 주로 화장품 자체의 상품가치를 높이기 위하여 시각적인 효과를 높이기 위하여 사용한다. 유기염료는 아조형 염료(azo dye), 락톤형 염료(lactone dye), 안트라퀴논형 염료(anthraquinone dye) 등이 있다. 수용성 유기염료는 화장수, 샴푸 등에 이용되고, 유용성 염료는 헤어오일 등 모발 화장품에 이용한다.

## 5. 천연색소

천연색소는 동식물과 미생물로부터 유래된 색소를 말한다. 그러나 화장품에는 천연색소를 사용하는 경우는 그다지 많지 않다. 그 이유는 천연색소의 경우 합성색소에 비하여 착색력이나 내광성, 내약품성이 떨어질 뿐만 아니라 공급량의 불안정성 때문이다. 천연색소 중 황색과 등적색은 당근, 토마토, 새우 등에 존재하는 카로티노이드계의 색소이고, 황색과 적자색은 홍화와 포도껍질에 존재하는 플라보노이계나 연지벌레 등에 존재하는 퀴논계의 색소이다. 천연색소 중 당근 등에 함유된 $\beta$-카로텐은 에멀젼, 크림에 이용하고, 홍화의 꽃잎에서 추출한 카르사민은 입술연지나 볼연지에 사용하며 연지벌레에서 얻어지는 코키닐은 입술연지에 사용된다.

## 6. 고분자 분체

고분자 분체는 대부분 합성에 의하여 얻기 때문에 대량생산이 가능한 장점이 있다. 화장품 원료로 사용되는 고분자 분체는 폴리에틸렌 파우더(polyethylene powder), 폴리메틸메타아클레이트(polymethylmethacrylate), 나일론 파우더(nylon powder) 등이다. 대부분의 고분자 분체는 메이크업 화장품에 이용된다.

# 05
# 계면활성제(Surfactant)

## 1. 계면활성제의 특성과 분류

계면활성제는 물질의 계면에 흡착되어 그 계면의 성질을 현저히 변화시키는 성질을 나타내는 물질이다. 계면활성제의 화학적 구조는 한 분자 내에 물과 친화력을 갖는 친수성 작용기(hydrophilic group)인 머리 부분(head)과 기름과 친화성을 갖는 친유성 작용기(hydrophobic group, 소수성)인 꼬리 부분(tail)을 동시에 가지고 있다. 계면활성제는 물과 기름이 섞일 수 있게 돕는 물질인데, 이를 양친매성(amphipathic)이라 한다. 머리 부분은 극성(polar)이고, 꼬리부분은 비극성(nonpolar)의 탄화수소 화합물이다.

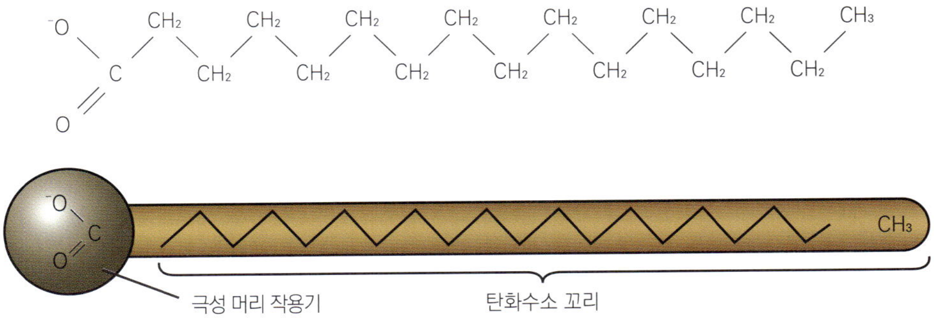


◆ 그림 2-5. 계면활성제의 화학구조식

계면활성제는 친수기와 친유기의 화학적 특성에 따라 가용화, 유화, 분산, 세정, 습윤, 침투, 살균, 대전방지, 유연, 소포 등 여러 가지 작용을 한다. 계면활성제의 여러 가지 작용을 이용하여 사용목적에 따른 화장품을 제조하는데 이용한다.

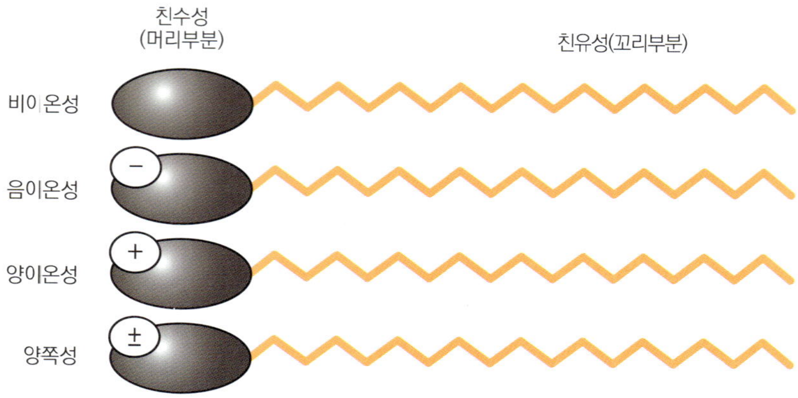


◆ 그림 2-6. 계면활성제의 구조

계면활성제는 수용액 상태에서 머리 부분이 해리되었을 때 이온에 따라 4가지로 분류할 수 있다. 계면활성제를 물에 녹였을 때 머리 부분이 이온으로 해리되지 않으면 비이온성(non-ionic) 계면활성제, 양이온으로 해리되면 양이온성(cationic) 계면활성제, 음이온으로 해리되면 음이온성(anionic) 계면활성제, 양이온과 음이온으로 모두 해리되면 양쪽성(amphoteric) 계면활성제라 한다. 계면활성제는 세정작용, 가용화작용, 유화작용, 분산작용 등 화장품 원료로 널리 활용된다. 일반적으로 계면활성제의 피부자극 정도는 양이온성 > 음이온성 > 양쪽성 > 비이온성 계면활성제의 순이다.

◆ 표 2-11. 계면활성제의 종류와 특성 및 활용

| 분 류 | 종 류 | 특 성 | 활용 제품 |
|---|---|---|---|
| 비이온성 | 폴리소르베이트(polysorbate)형, 소르비탄(sorbitan)형, 폴리옥시에틸렌(polyoxyethy lene, POE)형, 글리세릴모노스테아레이트(glyceryl monostearate, GMS), 폴리글리세릴(polyglyceryl)형 등 | - HLB 값에 따라 용해도, 가용화, 유화, 습윤, 분산 등의 성질이 다름<br>- 피부 자극이 적음 | - 가용화제, 유화제로 활용<br>- 화장수, 크림 등 기초 화장품, 메이크업 화장품에 사용 |
| 양이온성 | 염화트리메틸암모늄(trimethyl ammonium chloride), 염화디스테아릴디모늄(disteary dimonium chloride), 염화알킬트리메틸암모늄(alkyltrimethylammonium chloride), 염화벤잘코늄(benzalkonium chloride) 등 | - 모발의 컨디셔닝, 대전 방지 효과<br>- 살균, 소독 작용<br>- 피부 자극성이 심함 | - 헤어 린스, 헤어 컨디셔닝 제품에 사용 |

| 음이온성 | 소듐라우릴설페이트(sodium lauryl sulfate, SLS), 소듐라우레스설페이트(sodium laureth sulfate, SLES), 암모니움라우릴설페이트 (ammonium lauryl sulfate, ALS), 암모니움 라우레스설페이트(ammonium laureth sulfate, ALES) 등 | - 세정 작용, 기포 작용 우수 | - 비누, 샴푸, 클렌징 폼 등에 사용 |
|---|---|---|---|
| 양쪽성 | 코카미도프로필베타인(cocamidopropyl betaine), 코코암포글리시네이트(cocoam phoglycinate) 등 | - 피부 자극이 적음<br>- 기포 형성, 세정 작용<br>- 살균, 정균 작용<br>- 유연 효과 | - 베이비 샴푸, 저자극 샴푸에 사용 |
| 천연 | 레시틴(lecithin), 사포닌(saponin), 라놀린(lanolin), 콜레스테롤(choesterol) 등 | - 세포막의 구성 성분<br>- 기포 형성<br>- 피부 침투 | - 기초 화장품에 사용 |
| 합성 고분자 | 폴리비닐알코올, 폴리옥시에틸렌, 아크릴 산알킬공중합체, 디메티티콘코폴리올 | - 유화, 분산 작용<br>- 퍼짐성, 막 형성 | - 기초 화장품, 메이크업 화장품에 사용 |

### 1) 비이온성 계면활성제

비이온성 계면활성제는 수용액상태에서 머리 부분이 이온으로 해리되지 않고 카르복시산기 혹은 수산기(R-COOH 혹은 R-OH), 에테르(R-O-R'), 아미드(R-CONH-R'), 에스테르(R-COOR') 화합물의 계면활성제이다. 이 때 친수기의 성질에 따라 물에 용해되는 정도가 다르며, 보통 폴리옥시에틸렌 사슬 혹은 수산기인 두 가지로 분류된다.

즉, 친수성인 옥시에틸렌의 중합도와 치환된 수산기의 수가 많을수록 친수성이다. 그리고 동일한 친수성일 때 친유성의 사실이 짧을수록 수분과의 친화도가 높고, 친유성의 사실이 길수록 수분과의 친화도가 적다. 결국 비온성 계면활성제는 친수성과 친유성의 균형을 HLB(Hydrophillic Lipophillic Balance) 값으로 나타낸다. 즉 HLB는 계면활성제의 성질을 나타내는 척도로 사용된다. 친유성에 가까울수록 0의 HLB, 친수성에 가까울수록 20의 HLB 계면활성제를 사용한다. 따라서 비이온성 계면활성제의 HLB는 0~20을 부여하고, HLB 값에 따라 가용화, 유화, 세정, 소포, 습윤, 침투 등 사용 목적에 맞는 화장품을 제조하는데 중요한 조건 중 하나이다.

◆ 표 2-12. HLB에 따른 계면활성제의 용도

| HLB | 계면활성제의 용도 |
|---|---|
| 1.5 ~ 3 | 소포제 |
| 4 ~ 6 | W/O 유화제 |
| 7 ~ 9 | 분산제 |
| 8 ~ 18 | O/W 유화제 |
| 13 ~ 15 | 세정제 |
| 15 ~ 18 | 가용화제 |

비이온성 계면활성제는 폴리솔베이트(polysorbate) 형, 솔비탄(sorbitan) 형, 폴리옥시에틸렌(polyoxyethylene, POE) 형, 글리세릴모노스테아레이트(glyceryl monostearate, GMS), 폴리글리세릴(polyglyceryl) 형 등이 있다. 비이온성 계면활성제는 피부자극이 적어서 화장수의 가용화제, 유액과 크림의 유화제로 널리 이용된다.

◆ 표 2-13. 화장품 원료로 사용되는 비이온성 계면활성제

| 구 분 | 비이온성 계면활성제 | HLB | 용 도 |
|---|---|---|---|
| 폴리솔베이트 형<br>(polysorbate) | Polysorbate 20 (Tween 20)<br>Polysorbate 40 (Tween 40)<br>Polysorbate 60 (Tween 60)<br>Polysorbate 80 (Tween 80) | 16.7<br>15.6<br>14.9<br>15.0 | 가용화제, O/W 유화제 |
| 솔비탄 형<br>(sorbitan) | Sorbitan laurate (Arlacel 20)<br>Sorbitan palmitate (Arlacel 40)<br>Sorbitan stearate (Arlacel 60)<br>Sorbitan oleate (Arlacel 80)<br>Sorbitan sesquioleate (Arlacel 83) | 8.6<br>6.7<br>4.7<br>4.3<br>3.7 | 분산제<br>W/O 유화제 |
| 폴리옥시에틸렌 형<br>(polyoxyethylene) | Polyoxyethylene(2) oleyl ether<br>→ Oleth-2 | 4.9 | W/O 유화제 |
| | polyoxyethylene(20) nonyl oleyl ether<br>→ Oleth-20 (Brij 98) | 15.3 | 가용화제, O/W 유화제 |
| | Polyoxyethylene(4) lauryl ether<br>→ Laureth-4 | 9.7 | O/W 유화제 |
| | polyoxyethylene(23) lauryl ether<br>→ Laureth-23 (Brij 35) | 16.9 | 가용화제,O/W 유화제 |
| | Polyoxyethylene(9) nonyllphenyl ether<br>→ Nonoxynol-9 (Igepal CO-630) | 13.0 | 세정제 |
| | Polyoxyethylene(12) nonylphenyl ether<br>→ Nonoxynol-12 (ENP-12) | 14.2 | 세정제, 가용화제 |

| | | | |
|---|---|---|---|
| | Polyoxyethylene(8) dilaurate<br>→ PEG-8 dilaurate(Cithrol 4DL) | 10.0 | O/W 유화제 |
| | Polyoxyethylene(8) stearate<br>→ PEG-8 stearate (Myrj 45) | 11.1 | O/W 유화제 |
| | Polyoxyethylene(40) stearate<br>→ PEG-40 stearate (Myrj 52) | 16.9 | 가용화제, O/W 유화제 |
| | Polyoxyethylene(100) stearate<br>→ PEG-100 stearate (Myrj 59) | 18.8 | 가용화제, O/W 유화제 |
| | Polyoxyethylene(10) lanolin<br>→ Laneth-10 | 15.5 | 가용화제 |
| 글리세릴 모노스테아레이트<br>(glyceryl monostearate) | Glycerol + Stearic acid<br>→ Glyceryl stearate | 11.0 | O/W 유화제 |

### 2) 양이온성 계면활성제

양이온 계면활성제는 수용액상태에서 친수기 부분이 양이온으로 해리하며, 주로 화학적 특성상 4급 암모늄염이 화장품원료로 사용된다. 양이온 계면활성제는 역성비누라고도 하며 살균력이 있다. 양이온성 계면활성제는 염화디스테아릴디모늄(distearydimonium chloride), 염화알킬트리메틸암모늄(alkyltrimethylammonium chloride), 염화벤잘코늄(benzalkonium chloride) 등이 있다. 양이온성 계면활성제는 모발에 대한 컨디셔닝효과와 대전방지효과가 있고, 살균, 소독작용이 있어서 린스제, 헤어토닉, 헤어트리트먼트 등에 주로 사용된다.

### 3) 음이온성 계면활성제

음이온 계면활성제는 수용액상태에서 친수기 부분이 음이온으로 해리하며, 카르본산 형, 황산에스테르 형, 술폰산 형, 인산에스테르 형으로 구분할 수 있다. 일반적으로 친수기 부분은 나트륨(Na), 칼륨(K), 트리에탄올아민(triethanolamin) 등과 염의 형태이다. 친유기 부분은 고급지방산, 고급알코올의 알킬기 등 다양하다. 음이온성 계면활성제는 소듐라우릴설페이트(sodium lauryl sulfate, SLS), 소듐라우레스설페이트(sodium laureth sulfate, SLES), 암모니움라우릴설페이트(ammonium lauryl sulfate, ALS), 암모니움라우레스설페이트(ammonium laureth sulfate, ALES) 등이 있다. 음이온 계면활성제는 세정력이 우수하고 기포형성력이 우수하기 때문에 세정제품인 세안용 비누, 샴푸, 클렌징폼 등에 이용된다.

## 4) 양쪽성 계면활성제

양쪽성 계면활성제는 물에 녹였을 때 친수기 부분이 한 분자 내에서 양이온과 음이온으로 동시에 해리한 계면활성제이다. 일반적으로 알칼리성 하에서 음이온으로 해리하고, 산성 하에서는 양이온으로 해리한다. 양쪽성 계면활성제는 양이온성이나 음이온성 계면활성제에 비하여 피부 자극이나 독성이 적다. 양쪽성 계면활성제는 코카미도프로필베타인(cocamidopropyl betaine), 코코암포글리시네이트(cocoamphoglycinate) 등이 있다. 양쪽성 계면활성제는 피부자극이나 독성이 적고, 세정작용, 유연효과, 대전방지효과 등이 있기 때문에 베이비샴푸나 저자극 샴푸와 린스제 등에 활용된다. 또한 살균력과 정균력 등이 있기 때문에 에어로졸 제품에도 이용된다.

## 5) 기타 계면활성제

### (1) 천연 계면활성제(natural surfactants)

천연 계면활성제는 레시틴(lecithin), 사포닌(saponin) 등이 있다. 사포닌은 대두, 수세미 등에 함유되어 있으며 기포성이 좋다. 레시틴은 대두와 난황에 함유되어 있으며, 포스파티딜세린(phosphatidylserine), 포스파티딜에탄올아민(phosphatidylethanolamine), 포스파티딜콜린(phosphatidylcholin) 등 인지질로 구성되어 있다. 레시틴은 하나의 친수성 머리에 두 개의 친유성 꼬리가 결합된 천연 계면활성제 중의 하나이다. 이러한 구조는 동물의 세포막의 구조와 유사하다. 레시틴은 피부흡수력이 우수하고, 독성이 없기 때문에 영양크림 등 기초화장품에 이용된다.

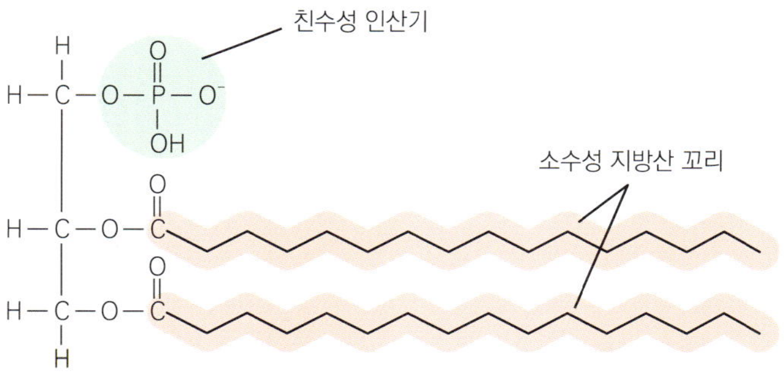


◆ 그림 2-7. 레시틴(lecithin)의 구조

### (2) 고분자 계면활성제

고분자 계면활성제는 화학적으로 합성하기 때문에 친수성이나 알킬기를 다양화할 수 있고, 분자량을 다양화 할 수 있으며 대량생산이 가능한 장점이 있다. 고분자 계면활성제는 폴리비닐알코올, 폴리옥시에틸렌, 아크릴산알킬공중합체, 디메티콘코폴리올 등이다.

## 2. 미셀형성과 임계미셀농도

물에 계면활성제를 용해하였을 때 계면활성제의 친수성의 머리 부분은 물과 섞이게 되고, 친유성의 꼬리 부분은 가능한 물과 접촉을 적게 하려고 한다. 물에 계면활성제를 넣었을 때 육안으로 물의 표면에 기름(계면활성제의 친유성 꼬리 부분)이 떠 있는 상태로 보이는 것을 흡착(adsorption)이라 한다. 계면활성제가 물속에 녹아들어가서 계면활성제의 농도가 증가하면 계면활성제의 친유성 꼬리 부분끼리 서로 모이게 되어 집합체를 형성한다. 이러한 집합체를 미셀(micell)이라 한다. 미셀이 형성될 때 계면활성제의 농도를 임계미셀농도(critical micell concentration, CMC)라 한다.

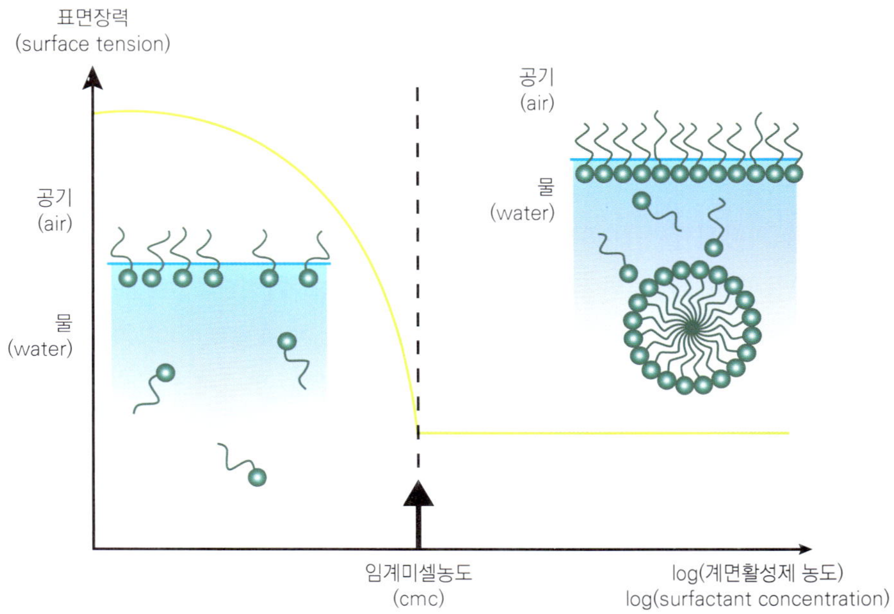


◆ 그림 2-8. 계면활성제의 흡착과 미셀형성

## 3. 가용화(solubilization) 작용과 그 활용

가용화(solubilization)란 물에 녹지 않는 소량의 유성성분 등 난용성 물질을 계면활성제의 미셀을 이용하여 투명하게 용해시키는 것을 말한다. 즉 계면활성제의 수용액은 물에 잘 녹지 않는 오일 등 난용성 물질을 미셀 내부에 용해시킨다.

가용화에 의한 미셀의 크기는 1~10nm로 작아서 빛이 투과하기 때문에 투명하게 보인다. 가용화는 투명하게 보이지만 틴들현상 때문에 일반적인 용액과 쉽게 구별할 수 있다. 가용화는 임계미셀농도(CMC) 이하의 농도에서는 나타나지 않는다.

가용화를 목적으로 사용하는 계면활성제를 가용화제(solubilizer)라 하고, 가용화제에 의한 가용화를 가용화 작용이라 한다. 가용화제는 15~18의 HLB를 이용한다. HLB에 따라 유용성 원료의 가용화 양이 변하기 때문에 최적의 HLB를 이용할 때 가용화 양이 최대가 된다.

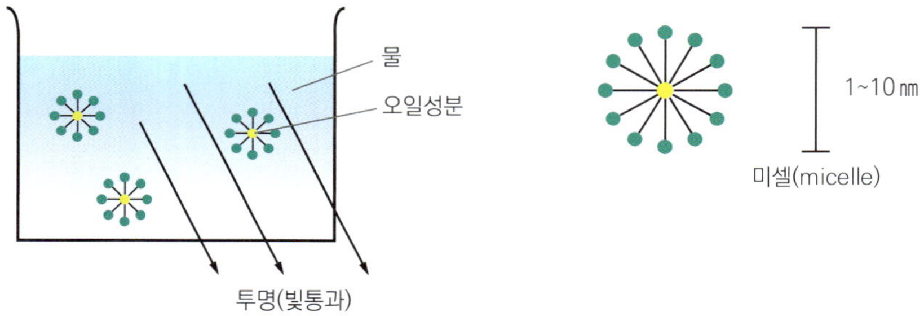


◆ 그림 2-9. 계면활성제의 가용화 상태

가장 적합한 가용화제의 HLB는 가용화하고자 하는 유용성 원료의 구조에 따라 다르다. 소량의 가용화제로 가능한 많은 유용성원료를 가용화하려면 그 유용성 원료에 대한 최적의 HLB 값과 친유성이 큰 가용화제를 이용하는 것이 효율적이다. 가용화에 영향을 미치는 요인은 다양하다. 가용화제와 피가용화제의 종류, 화학구조, 분자량 그리고 가용화할 때의 온도와 농도, pH 등을 고려하여야 한다. 가용화제는 화장수, 에센스, 향수, 헤어토닉 등 투명한 화장품을 제조할 때 이용한다.

## 4. 유화(emulsion) 작용과 그 활용

서로 섞이지 않는 두 용액을 혼합할 때 한쪽 액체가 미셀에 용해되어 다른 액체 속에 균일하게 분산한 상태를 에멀젼(emulsion) 혹은 유액이라 한다. 에멀젼의 미셀을 형성할 때 사용한 계면활성제를 유화제(emulsifier)라 하고, 에멀젼이 형성될 때 유화제의 유화작용이라 한다. 미셀 속에 용해되어 분산되는 물질을 분산질이라 하고, 기질을 분산매라 한다.

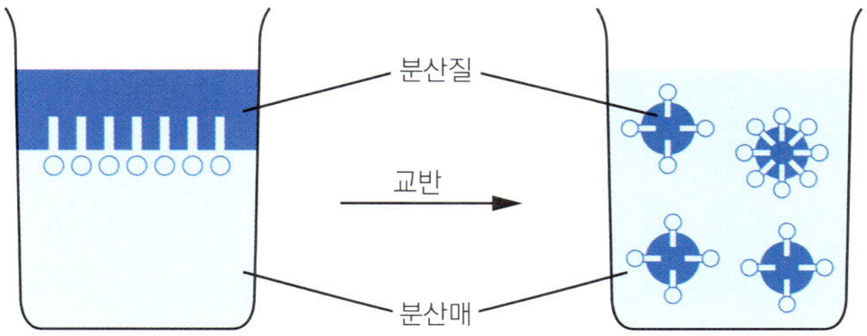


◆ **그림 2-10. 계면활성제의 유화작용**

즉, 물과 기름은 서로 섞이지 않지만 유화제를 이용하여 강하게 교반하면 기름이 물에 분산된 경우를 수중유(O/W type, oil in water)형 유화라 하고, 물이 기름에 분산된 경우를 유중수(W/O type, water in oil)형 유화라 한다. 이때 분산된 미셀의 크기는 보통 1000~10000 nm로 가용화의 미셀에 비하여 훨씬 크기 때문에 빛이 통과하지 못하고 굴절됨으로써 우유 빛의 백탁 혹은 유탁 상태로 된다. 이를 에멀젼 혹은 유액이라 한다. O/W(oil in water)형 유화는 유상이 분산질이고, 수상이 분산매이자 기질이다. W/O(water in oil)형 유화는 수상이 분산질이고, 유상이 분산매이자 기질이다.

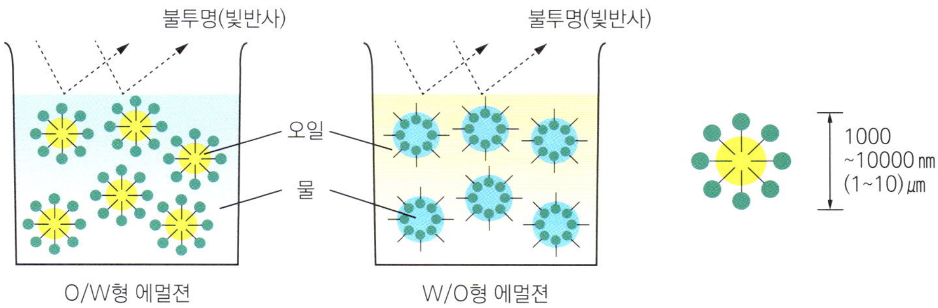


◆ **그림 2-11. 계면활성제의 O/W 형과 W/O 형 유화 상태**

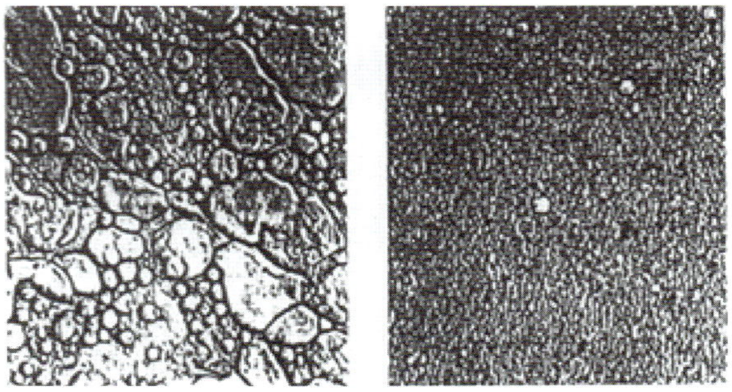

◆ 그림 2-12. 호모믹서에 의한 에멀젼의 분산 상태

O/W형의 에멀젼을 제조할 때 사용하는 유화제는 8~18의 HLB이고, W/O형의 에멀젼을 제조할 때 사용하는 유화제는 4~6의 HLB이다. 유화제는 유액, 크림 등의 기초화장품, 파운데이션, 마스카라 등의 메이크업 화장품 등에 사용된다.

그 외에 W/O/W의 다중유화(multiple emulsion)는 W/O형 유화를 수용성에 다시 유화시키면 얻을 수 있는 에멀젼이다. 다중유화는 생리활성물질이나 영양물질을 안정한 상태로 용해하여 보존할 수 있기 때문에 유용성이 좋은 각종 영양크림, 보습크림 등의 화장품에 이용된다.

그러나 에멀젼은 열역학적으로 불안정한 것으로 장시간 방치해 두면 결국 유화는 파괴, 분리되는 성질이 있다. 화장품에서 유화의 변화는 물리적, 화학적 성질이 변함으로써 사용자들에게 불쾌감을 주기 때문에 안정화시키는 것이 매우 중요하다. 에멀젼의 열역학적 불안정성은 4가지 현상, 즉 합일(coalescence), 파괴(breaking), 응집(flocculation), 크리밍(creaming)의 현상에 의하여 발생한다. O/W형 에멀젼의 경우 합일은 분산질인 유성성분끼리 융합되는 현상이고, 파괴는 융합되고 나서 분산질인 유

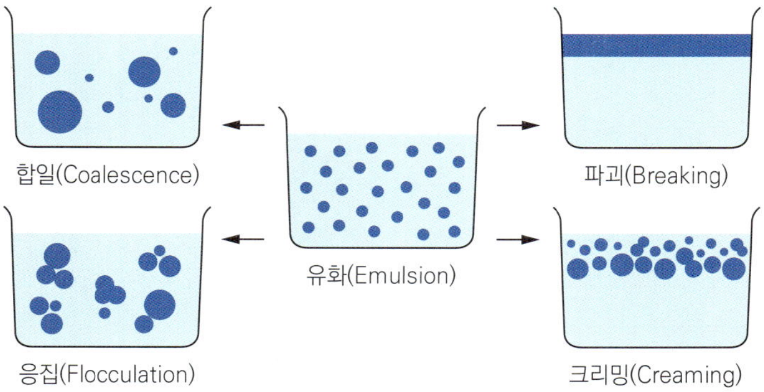


◆ 그림 2-13. 에멀젼의 열역학적 불안정성

성성분과 분산매인 수성성분이 2개의 층으로 분리되는 현상이다. 응집은 분산질인 유성성분의 입자끼리 상호간의 반발력이 없어지고 인력에 의하여 입자끼리 뭉쳐지는 현상이다. 크리밍은 비중의 차이에 의하여 분산질인 유성성분의 입자가 분산매인 수성성분의 위로 부상하는 현상이다.

## 5. 분산(dispersion) 작용과 그 활용

분산은 두 가지의 이상의 물질이 서로 용해되거나 섞이지 않을 때 균일하게 분포된 상태를 말한다. 액체에 고체가 분산된 경우를 현탁액(suspension), 액체에 액체가 분산된 경우를 에멀젼(emulsion), 기체에 액체가 분산된 경우를 에어로졸(aerosol)이라 한다. 분산되는 물질은 분산질, 기질은 분산매라 한다. 현탁액은 분산되는 고체인 색소 안료가 분산질이고, 유성의 액체가 분산매이며 파운데이션 등을 제조할 때 이용된다. 에멀젼은 분산질과 분산매가 모두 액체인 경우이며 크림 등의 제품을 제조할 때 이용한다. 에어졸은 분산질은 액체이고, 분산매는 기체이며 헤어스프레이, 데오드란트 등을 제조할 때 이용한다.

분산매에 분산질을 균일하게 분산시킬 목적으로 계면활성제를 사용한다. 이러한 계면활성제를 분산제(dispersant)라 한다. 분산제는 분산질이 서로 응집되거나 가라앉는 현상을 방지하기 위하여 사용한다. 분산제의 분산작용은 계면활성제의 중요한 기능 중 하나이다. 기초화장품은 분산질과 분산매가 모두 액체인 에멀젼의 제품에 이용하고, 메이크업 화장품은 분산질인 안료 등 불용성의 고체 색소를 유용성의 분산매에 균일하게 분산시킬 때 사용하여 제조한다. 분산제는 기초화장품, 메이크업 화장품, 모발화장품 등 다양하게 이용된다. 분산제를 이용한 대표적인 메이크업 화장품은 립스틱, 콤팩트, 아이쉐도우, 파운데이션, 마스카라, 아이라이너, 네일에나멜 등이 있다.

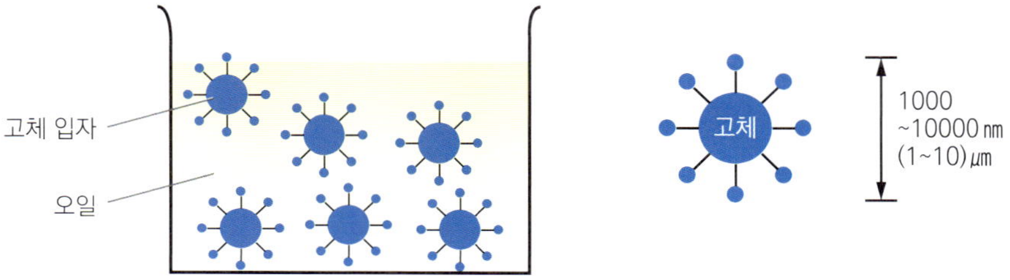


◆ 그림 2-14. 계면활성제의 분산작용에 의한 불용성 고체입자의 분산

06

# 첨가제

## 1. 향료

향료는 화장품 구성성분의 다른 특이한 냄새를 제거하고, 소비자의 기호에 맞는 향취를 제공하여 만족도를 높이기 위하여 화장품의 원료로 첨가하여 사용한다. 화장품에 사용되는 향료는 천연향료, 합성향료, 조합향료이며, 천연향료와 합성향료는 조합향료를 조제하는데 사용된다. 천연향료로는 정유(essential oil), 앱솔루트(absolute), 수지(resinoid), 틴크(tincture), 발삼(balsam), 콘크리트(concrete) 등으로 분류한다. 합성향료로는 테르펜(terpenoids)계 등 약 5,000종류가 있다. 이 중에서 합성향료로 사용되는 것은 500-600종류이다. 조합향료는 천연향료와 합성향료를 혼합하여 조향 또는 조합하여 새로운 향으로 만들어진 향료를 말한다.

## 2. 방부제(preservative)

화장품은 장기간 사용함으로써 미생물에 오염되어 부패되거나 고약한 냄새, 곰팡이의 증식 등으로 화장품의 품질이 변할 수 있다. 방부제(preservative)는 화장품의 부패를 억제하여 장기간 동안 화장품의 품질을 유지할 목적으로 사용한다. 화장품에 사용되는 대표적인 방부제는 이미다졸리디닐유레아(imidazolidinyl urea), 파라옥시안식향산에스테르(p-hydroxybenzoic acid ester)류, 즉 메틸파라벤(methylparaben, MP), 에틸파라벤(ethyl paraben), 프로필파라벤(propylparaben, PP), 페녹시에탄올(phenoxy ethanol), 소르빅애씨드(sorbic acid), 벤조익애씨드(benzoic acid), 살리실릭애씨드(salicylic acid) 등이 있다. 그러나 방부제의 과도한 함량에 따라 문제성 피부가 유발될 수 있기 때문에 안전성을 고려하여 사용하여야 한다.

방부제는 화장품의 부패방지를 위하여 수종의 성분을 조합하여 사용하고 있으나 피부 알레르기 등 안전성 문제를 야기할 수 있기 때문에 「화장품원료지정에 관한 고시」에서 지정한 배합 한도를 준수한다.

## 3. 산화방지제(antioxidant)

화장품의 유용성 원료 중 유지와 왁스류 등은 2개 이상의 불포화 이중결합을 가진 화합물이 많다. 불포화 이중결합은 공기 중의 산소와 접촉하면 산화되기 쉽다. 유지와 왁스 등의 원료가 산화됨으로써 화장품의 품질을 떨어뜨린다. 그 이유는 산패로 인한 냄새나 자극 등 안전성 문제의 원인이기 때문이다. 산화방지제(antioxidant)는 유용성 원료의 산화반응을 억제하는 작용을 한다. 유용성원료의 산화반응을 억제하는 작용을 하는 물질이 산화방지제이다. 화장품에 사용되는 산화방지제는 BHA(butyl hydroxy anisole), BHT(dibutyl hydroxy toluene), 토코페롤(tocopherol, Vit.E) 등이다. BHT, BHA, 토코페롤은 불포화 이중결합이 있는 유성원료를 사용한 화장품에 주로 사용된다. 화장품의 안정성을 위하여 산화방지제와 더불어 금속이온봉쇄제 등을 함께 사용할 때 그 효과가 크다.

## 4. 금속이온봉쇄제(chelating agent)

미량의 금속이온이 화장품에 들어 있으면 유용성 원료의 산화반응을 촉진하여 변색, 변취의 원인이 되고, 계면활성제 등 화장품의 다른 성분의 작용을 저해한다. 특히 화장수 등은 침전물이 생성 되어 불투명한 상태로 변할 수 있고, 화장품의 품질을 저하시킬 수 있다. 이러한 금속의 활성화를 억제시킬 목적으로 사용하는 것이 금속이온봉쇄제이다. 화장품에 이용되는 대표적인 금속이온봉쇄제는 EDTA(ethylen diamine tetraacetic acid)와 EDTA-2Na, EDTA-4Na 등의 그 나트륨염이 주로 이용된다.

## 5. 자외선 흡수제(ultraviolet absorbent)

자외선은 파장에 따라 화학반응을 유발시키기 때문에 피부의 홍반과 노화이외에도 화장품의 내용물이나 용기를 변화시킬 수 있다. 자외선으로부터 화장품 내용물이나 용기의 변색, 퇴색, 변질 및 용기의 약화 등을 보호할 목적으로 자외선 흡수제를 화장품에 첨가하여 사용한다. 화장품에 사용되는 자외선흡수제는 벤조페논유도체(benzophenone derivatives), 파라아미노안식향산유도체(p-aminobenzoic acid derivatives, PABA), 파라메톡시계피산유도체(p-methoxycinnamic acid derivatives), 살리실릭애씨드유도체(salicylic acid derivatives) 등이 있다. 자외선흡수제는 피부의 부작용이나 계의 불안정성 때문에 안전성, 상용성, 자외선 흡수능 등을 고려하여야 한다.

## 07
# 화장품 제조와 생산

화장품은 먼저 시장 조사를 한 후 제품개발 계획을 수립하고, 처방을 설계하여 연구 및 실험을 통해 충분히 검증한 후 제품을 생산한다.

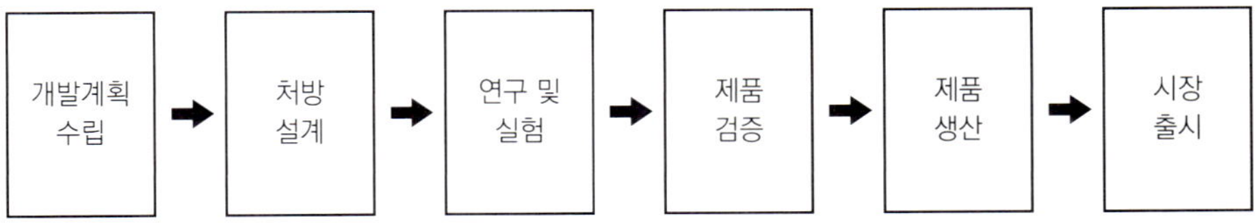


◆ **그림 2-15. 화장품 생산을 위한 연구 및 생산 준비과정**

스킨케어 화장품, 메이크업 화장품, 모발화장품 등은 안전성, 안정성, 유효성, 사용성 등을 고려하여 제품별 처방에 따라 원료를 선정한다. 제조하고자 하는 각 제품에 필요한 원료를 정확하게 평량하고, 각 제품의 특성을 고려하여 제조 조건에 따른 가용화, 유화, 분산 및 혼합 기술을 이용하여 반제품을 제조한다. 그 후 제품별로 성형과 포장을 거쳐 완제품을 제조, 생산한다.

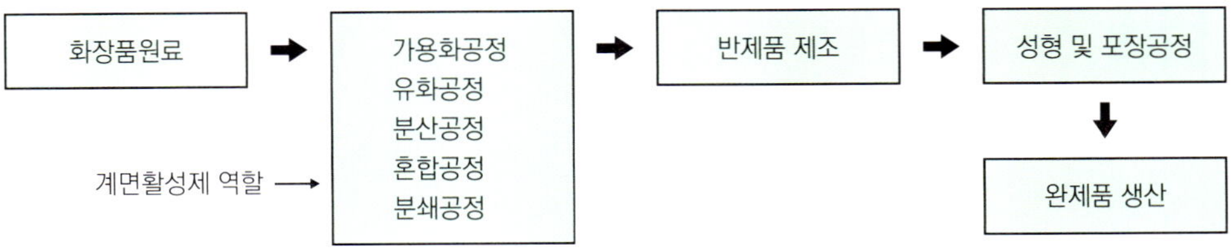


◆ **그림 2-16. 화장품 제조 및 생산**

◆ 표 2-14. 화장품 제조 공정별 사용되는 기계 및 기구

| 공 정 | 기계 및 기구 |
|---|---|
| 가용화 공정 | 용해 탱크, 아지믹서(agi mixer), 모터, 여과 장치 |
| 유화 공정 | 용해 탱크, 열교환기, 호모믹서(homo mixer), 패들믹서(paddle mixer), 모터, 온도 기록계, 압력계, 냉각기, 여과 장치 |
| 분산 공정 | 용해 탱크, 아지믹서, 모터 |
| 혼합 공정 | 혼합기, 믹서, 모터, 여과 장치 |
| 분쇄 공정 | 분쇄기, 믹서, 모터, 여과 장치 |
| 성형 및 포장 공정 | 성형기, 성형천, 자동 충진 설비, 포장기 |

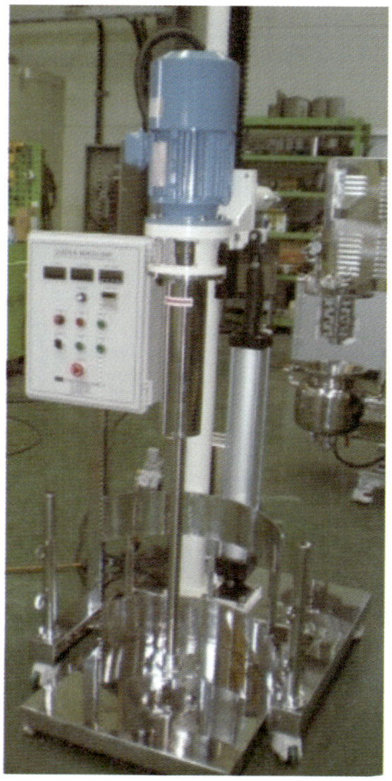

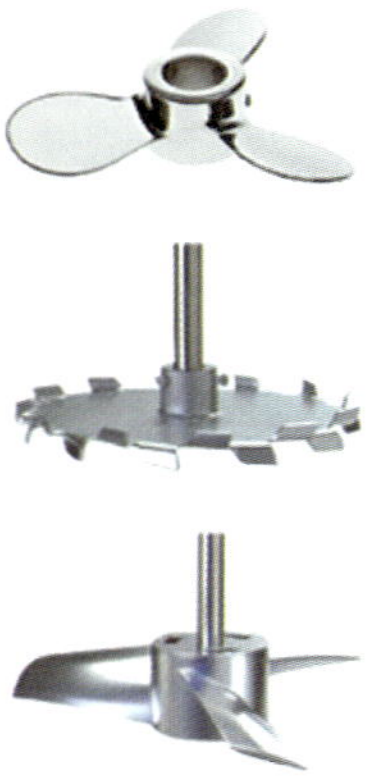

◆ 그림 2-17. 패들 디스퍼

◆ 그림 2-18. 호모믹서

◆ 그림 2-19. 화장품 연구실

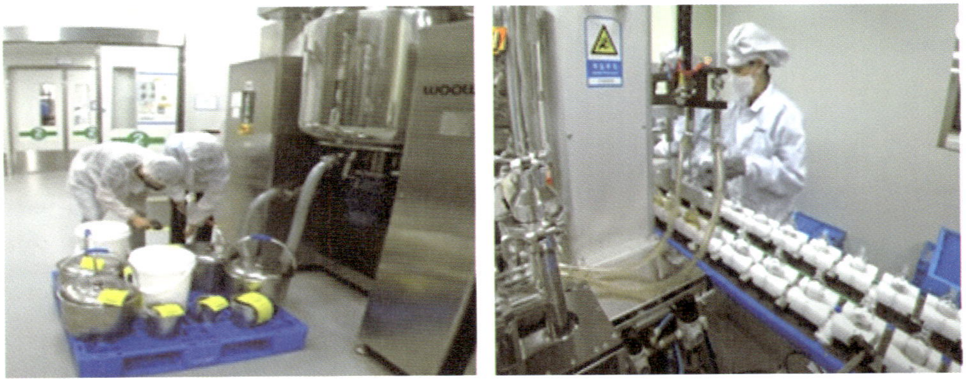

◆ 그림 2-20. 화장품 제조 공장

# 08
# 화장품의 전성분 표시제와 화장품성분사전 활용

## 1. 화장품의 기재사항

우리나라 화장품법 제10조에는 화장품의 기재사항을 규정하고 있다. 즉, 화장품의 1차 포장 또는 2차 포장에는 총리령으로 정하는 바에 따라 다음 각 호의 사항을 기재·표시하여야 한다. 다만, 내용량이 소량인 화장품의 포장 등 총리령으로 정하는 포장에는 화장품의 명칭, 화장품책임판매업자 및 맞춤형화장품판매업자의 상호, 가격, 제조번호와 사용기한 또는 개봉 후 사용기간(개봉 후 사용기간을 기재할 경우에는 제조연월일을 병행 표기하여야 한다. 각 호는 ① 화장품의 명칭, ② 영업자의 상호 및 주소, ③ 해당 화장품 제조에 사용된 모든 성분(인체에 무해한 소량 함유 성분 등 총리령으로 정하는 성분은 제외한다), ④ 내용물의 용량 또는 중량, ⑤ 제조번호, ⑥ 사용기한 또는 개봉 후 사용기간, ⑦ 가격, ⑧ 기능성화장품의 경우 "기능성화장품"이라는 글자 또는 기능성화장품을 나타내는 도안으로서 식품의약품안전처장이 정하는 도안, ⑨ 사용할 때의 주의사항, ⑩ 그 밖에 총리령으로 정하는 사항이다.

◆ 그림 2-21. 화장품의 기재사항

총리령에 의한 기재사항은 화장품법 시행규칙 제19조 제4항 1~8호이다.

■ **화장품법 시행규칙 제19조 (화장품 포장의 기재·표시 등)제④항 제1~8호**

1. 식품의약품안전처장이 정하는 바코드
2. 기능성화장품의 경우 심사받거나 보고한 효능·효과, 용법·용량
3. 성분명을 제품 명칭의 일부로 사용한 경우 그 성분명과 함량(방향용 제품은 제외한다)
4. 인체 세포·조직 배양액이 들어있는 경우 그 함량
5. 화장품에 천연 또는 유기농으로 표시·광고하려는 경우에는 그 원료의 함량
6. 수입화장품인 경우에는 제조국의 명칭(「대외무역법」에 따른 원산지를 표시한 경우에는 제조국의 명칭을 생략할 수 있다), 제조 회사명 및 그 소재지
7. 제2조제8호부터 제11호까지에 해당하는 기능성화장품의 경우에는 "질병의 예방 및 치료를 위한 의약품이 아님"이라는 문구
8. 다음 각 목의 어느 하나에 해당하는 경우 법 제8조제2항에 따라 사용기준이 지정·고시된 원료 중 보존제의 함량
   가. 별표 3 제1호가목에 따른 영·유아용 제품류인 경우
   나. 화장품에 어린이용 제품(만 13세 이하의 어린이를 대상으로 생산된 제품을 말한다. 다만, 가목에 따른 영·유아용 제품류는 제외한다)임을 특정 하여 표시·광고하려는 경우

동법 제2항은 제1항 각 호 외의 부분 본문에도 불구하고 다음 각 호의 사항은 1차 포장에 표시하여야 한다. 다만, 소비자가 화장품의 1차 포장을 제거하고 사용하는 고형비누 등 총리령으로 정하는 화장품의 경우에는 그러하지 아니한다. 각호는 ① 화장품의 명칭, ② 영업자의 상호, ③ 제조번호, ④ 사용기한 또는 개봉 후 사용기간이다.

## 2. 화장품의 전성분 표시

우리나라 화장품 전성분 표시제는 2008.10월 시행되었다. 그 이전에는 화장품의 일부 성분만 기재하였으나 모든 성분을 기재하도록 한 것이다. 화장품 전성분 표시제의 목적은 신속한 부작용의 원인을 규명하고, 소비자 체질, 기호에 맞는 제품을 선택함으로써 소비자의 안전할 권리와 알권리를 확보하는데 있다. 즉, 화장품의 용기와 포장에 화장품의 모든 성분을 표시함으로써 소비자의 체질이나 기호에 맞는 화장품을 선택하기 쉽게 하고, 부작용의 원인을 쉽게 규명하여 신속하게 대처할 목적이다.

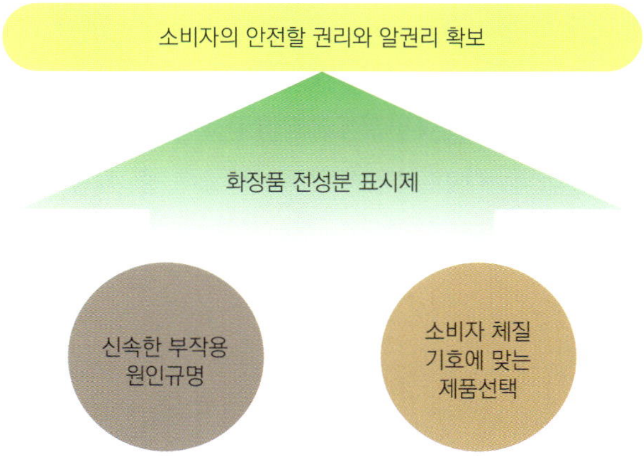


◆ 그림 2-22. 화장품 전성분 표시제의 목적

화장품의 성분 표시 방법은 ① 글자의 크기는 5포인트 이상, ② 화장품 제조에 사용된 함량이 많은 것부터 기재·표시(다만, 1% 이하로 사용된 성분, 착향제 또는 착색제는 순서에 상관없이 기재·표시 가능), ③ 혼합 원료는 혼합된 개별 성분의 명칭을 기재·표시한다.

◆ 그림 2-23. 화장품 전성분 표시 방법

화장품 성분 중 메이크업 화장품류(눈 화장용, 손발톱용), 모발염색용의 호수별 착색제가 다른 경우 '± 또는 +/-'의 표시 다음에 사용된 모든 착색제 성분을 함께 기재·표시 가능하다. 그 예로 립틴트 1호, 립틴트 2호, 립틴트 3호를 들 수 있다. 그리고 착향제는 "향료"로 표시가 가능하다. 다만 착향제의 구성 성분 중 식품의약안전처장이 정하여 고시한 알레르기 유발성분이 있는 경우에는 '향료'로 표시할 수 없고, 해당 성분의 명칭을 기재·표시해야 한다.

제품의 예

립틴트1호 : 성분 A, B, C / 착색제 D
립틴트2호 : 성분 A, B, C / 착색제 E
립틴트3호 : 성분 A, B, C / 착색제 E, G

➡

전성분 표기 시 다음과 같이 기재 가능
A, B, C ± D, E, F, G

예 정제수, 옥틸도데칸올, 트리메칠실록시페닐디메치콘, 부틸렌글라이콜, 에탄올, 소르비탄스테아레이트, 에칠셀룰로오스, 세틸알코올, 폴리소르베이트 60, 폴리글리세릴-2트리이소스테아레이트, 에칠헥실글리세린, 알루미나, 향료, +/- 적색201호, 적색202호, 적색218호, 적색104호의(1), 적색227호, 황색4호, 황색5호

'향료'로 표시할 수 없고, 해당성분의 명칭을 기재·표시해야함

※ 화장품 표시의 예

| | |
|---|---|
| 1안 | A, B, C, D, 향료, 리모넨, 리날룰 |
| 2안 | A, B, C, D, 리모넨, 향료, 리날룰 |
| 3안 | A, B, 리모넨, C, D, 향료, 리날룰(함량 순으로 기재) |

◆ 그림 2-24. 착색제와 향료의 표시 방법

그리고 산성도(pH) 조절 목적으로 사용되는 성분은 그 성분을 표시하는 대신 중화반응에 따른 생성물로 기재·표시할 수 있고, 비누화 반응을 거치는 성분은 비누화반응에 따른 생성물로 기재·표시할 수 있다. 또한 성분을 기재·표시할 경우 영업자의 정당한 이익을 현저히 침해할 우려가 있을 때에는 영업자가 식품의약안전처장에게 그 근거 자료를 제출하여야 하고, 식품의약안전처장이 정당한 이익을 침해할 우려가 있다고 인정하는 경우 '기타 성분'으로 기재·표시할 수 있다.

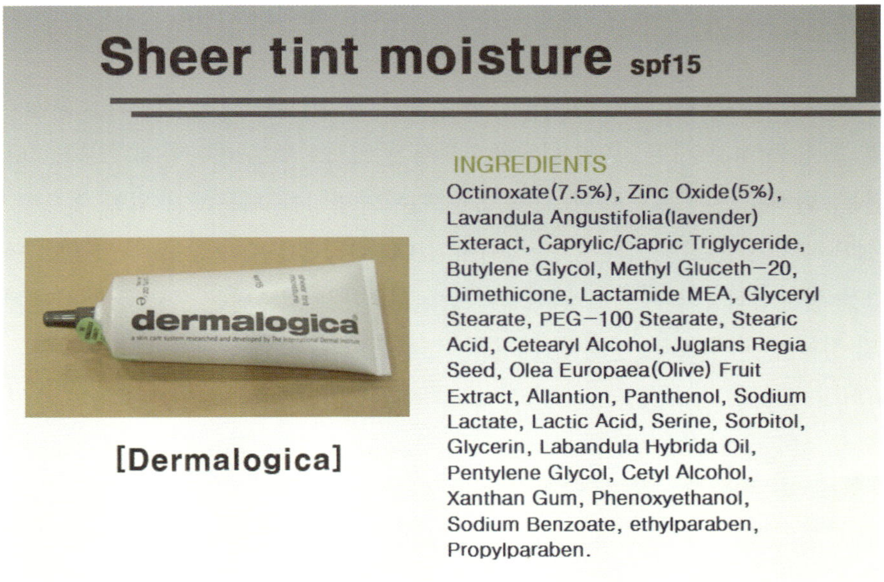


◆ 그림 2-25. 외국 회사 화장품의 전성분 표시의 예

◆ 그림 2-26. 외국 회사 화장품의 전성분 표시의 예

## 3. 화장품의 성분 정보

화장품 원료의 성분에 대한 정보는 식품의약안전처의 고시, (사)대한화장품협회 홈페이지의 '화장품 성분 사전' 혹은 화장품성분사전 웹사이트를 이용할 수 있다. 화장품성분사전은 '화장품 전성분표시'에 사용하는 표준화 명칭을 제공하기 위한 것으로 5000종 이상의 화장품 원료의 성분이 수록되어 있다. 화장품성분사전 웹사이트에서 화장품 성분명을 한글명과 영문명으로 검색이 가능하고, 한글 성분명을 클릭하면 성분에 대한 기원 및 정의, 분자구조식, 시성식, 사용목적, 상품명 등을 파악할 수 있다.

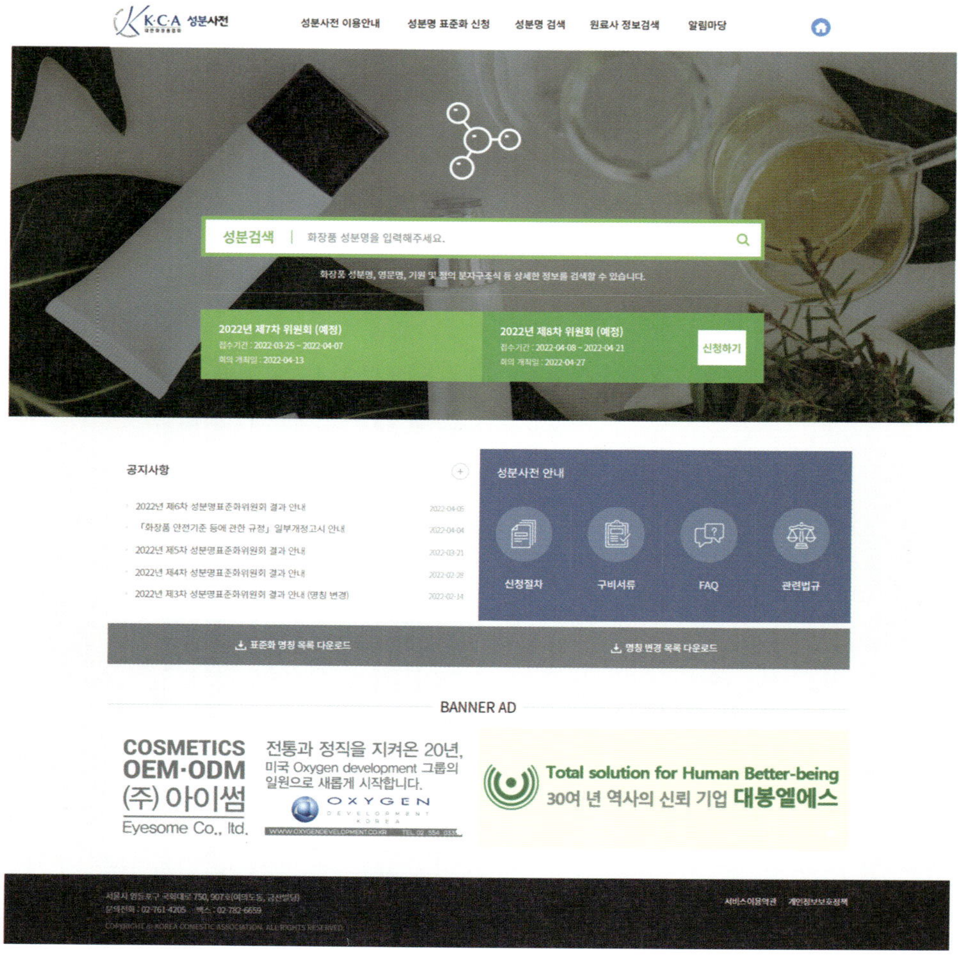


◆ 그림 2-27. 화장품성분사전 웹사이트 메인화면

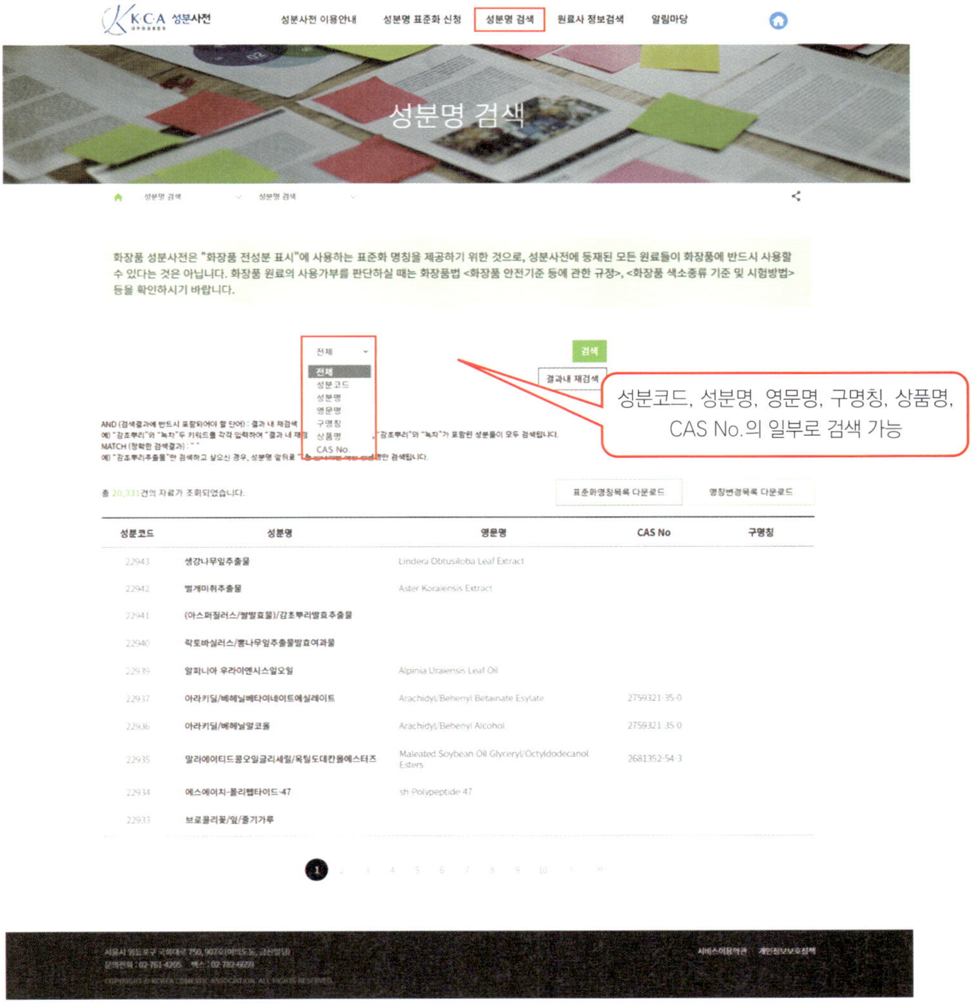


◆ 그림 2-28. 화장품성분사전 웹사이트 성분명 검색

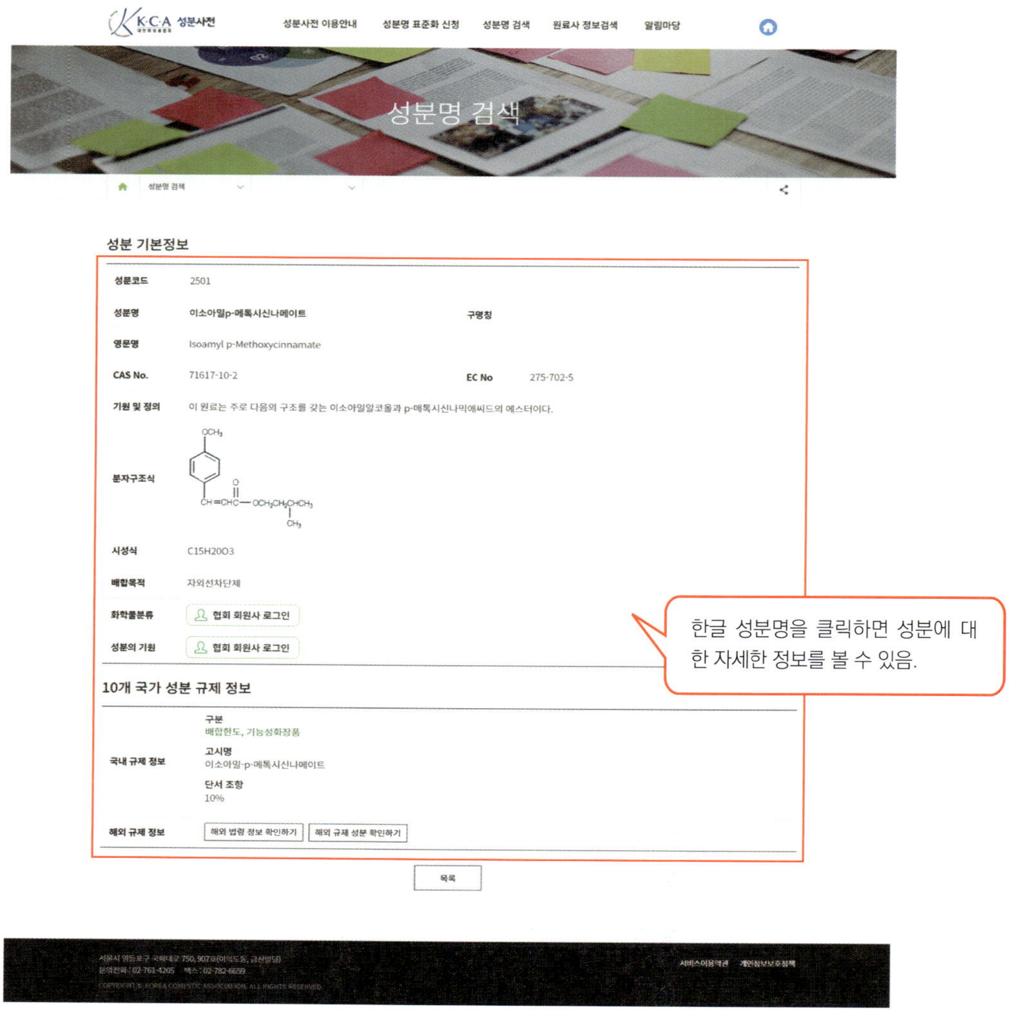


◆ 그림 2-29. 화장품성분사전 웹사이트 성분명 검색 후 한글명 클릭

# 제 3장

# 스킨케어 화장품 (Hair Care Cosmetics)

01 서 론

02 스킨케어 화장품의 사용 목적

03 세정용 화장품 (Cleansing Cosmetics)

04 화장수(Skin toner)

05 유액(Emulsion)

06 크림(Creams)

07 에센스(Essences)

08 젤(Gels)

09 팩(Packs)과 마스크(Masks)

10 기능성 화장품

11 화장품 제조 보고서와 품질평가 보고서

# 01 서론

스킨케어 화장품은 기초 화장품과 바디 화장품 등 피부미용에 사용하는 화장품이다. 일반적으로 기초 화장품은 주로 얼굴 피부에 이용하는 화장품이고, 바디 화장품은 전신에 이용하는 화장품이다. 기초 화장품과 바디 화장품은 사용목적이 다르지만 사람의 피부에 이용하는 측면에서 같다. 따라서 바디 화장품을 본 장에서 기초 화장품과 연계하여 설명하고자 한다. 사람의 얼굴 피부는 건강의 상징이기도 하고, 매력과 아름다움을 대표하기도 한다. 피부는 환경변화에 따라 자외선(UV), 활성산소종(reactive oxygen species, ROS), 황사, 세균 등 물리적, 화학적, 생물학적 요인들로부터 인체를 보호한다.

인체를 보호하는 중요한 기관 중 하나인 피부는 건강, 피부탄력 및 주름 개선 등 아름다움을 유지하기 위하여 표피와 진피의 생리적 기능이 활발해야 한다. 건강한 표피는 각질층의 정상적인 각화과정과 피지막의 형성이다. 이러한 정상적인 각화과정은 피부장벽기능 뿐만 아니라 경피수분손실(transepidermal water loss, TEWL)을 억제하고 피부의 톤과 탄력 등에 영향을 미친다. 정상적인 피지막 형성은 피부의 보습 및 유연성과 약산성의 피부를 유지함으로써 세균증식을 방지하는 등으로 피부를 보호하는 역할을 한다. 진피의 경우는 단백질 섬유와 수분을 보유하는 점액다당류가 있어서 피부의 보습과 탄력성을 유지해 준다.

표피의 각질층은 수분을 보유해주는 천연 보습인자(natural moisturizing factor, NMF)와 수분증발을 억제시키는 피지막과 세포간 지질이 각질세포의 수분함량을 10~20% 유지함으로써 건강피부의 촉촉함과 탄력성을 유지한다. 진피를 구성하는 콜라겐, 엘라스틴 등의 섬유와 콘드로이틴설페이트, 히알루론산 등 점액다당류(mucopolysaccharide)가 있기 때문에 수분의 보유능과 탄력성이 유지된다.

그러나 사람은 나이가 많을수록 피부의 생리적 기능이 저하되어 피지분비가 감소하고, 비정상적인 각화작용(keratinization)에 의하여 피부의 상태는 거칠어지고 주름이 형성된다. 피부상태는 유분과 수분의 함량에 따라 보통피부(normal skin), 건성피부(dry skin), 지성피부(oily skin), 복합성 피부(combination skin)로 구분된다. 보통피부를 건강피부라고도 한다. 건강피부는 피부의 생리적 기능이 가장 활발함으로써 피부가 촉촉하고 부드러우며 탄력성이 유지될 뿐만 아니라 주름이나 색소침착 등 피부의 결점이 없는 상태의 피부를 말한다.

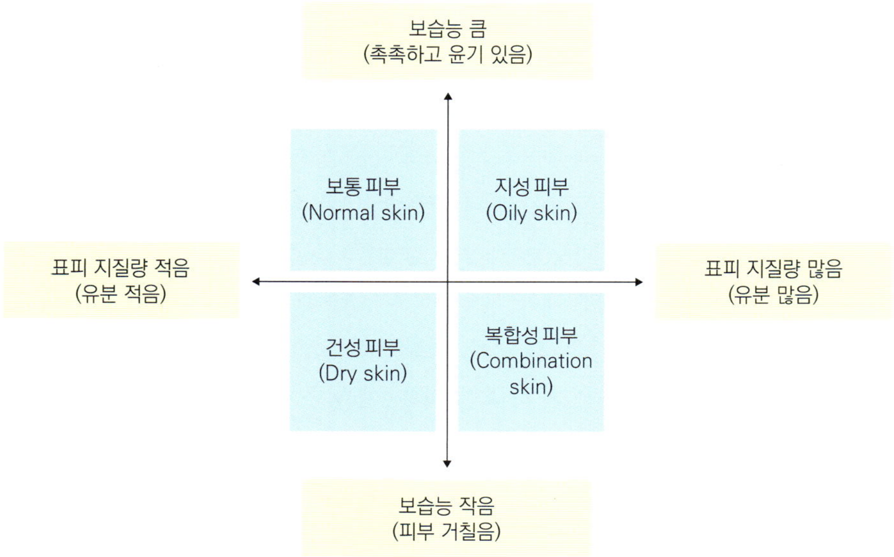


◆ **그림 3-1. 유분과 수분 함량에 따른 피부상태**

건성피부는 피부의 색소침착과 잔주름이 형성되고 탄력이 저하되며 메이크업 화장품이 들뜨기 쉬운 피부다. 그리고 지성피부는 피부가 칙칙하게 보이고, 여드름을 유발하며 메이크업 화장품이 잘 지워지는 특성의 피부이다. 그러나 대부분 얼굴 부위에 따라 피부상태가 다른 복합성 피부이다.

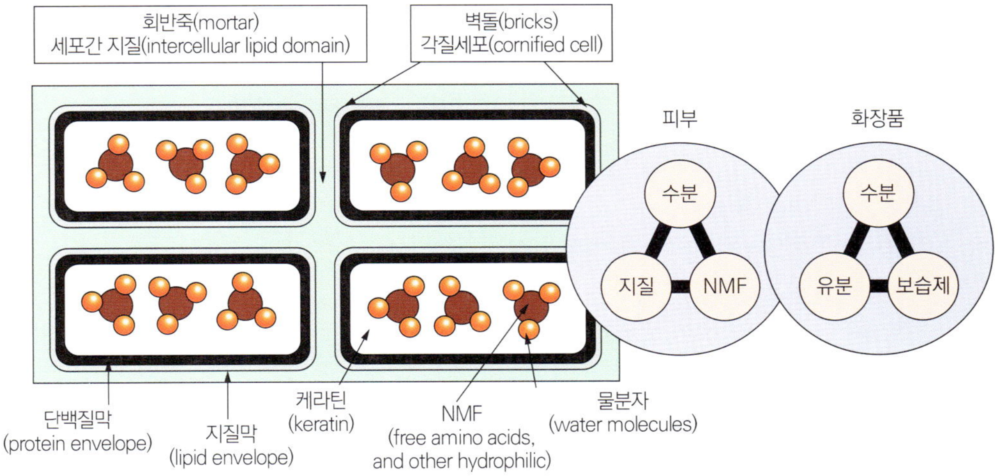


◆ **그림 3-2. 보통피부와 기초화장품**

즉 T 존(T zone) 부위는 피지의 분비량이 많아 지성피부이고, 피부가 얇은 눈 주위나 광대뼈 부의는 피지의 분비가 적어서 잔주름이 형성되는 건성피부이다. 인체의 내, 외적인 여러 가지 요인들에 의하여 피부의 유분과 수분의 균형이 파괴되고, 탄력 저하와 주름 생성, 색소 침착과 여드름 등 문제성 피부가 유발된다. 따라서 스킨케어 화장품은 피부를 청결하게 하고, 피부의 수분과 유분의 균형을 유지함으로써 건강피부를 유지하거나 회복시키기 위한 목적으로 사용한다. 건강하고 아름다운 피부를 유지하고 문제성 피부를 개선하기 위해서는 사용목적에 따라서 적절하게 화장품을 사용함과 동시에 미용기법을 활용함으로써 보다 더 효과적인 개선이 가능하다.

스킨케어 화장품은 피지와 세포간 지질 그리고 천연보습인자의 조성과 유사한 특성을 가진 화장품 원료를 사용한다. 즉, 스킨케어 화장품은 피지와 세포간 지질과 유사한 유용성 원료 그리고 친수성의 천연보습인자와 유사한 보습제를 정제수와 함께 유화시킴으로써 정상적으로 형성되지 않은 피지막의 기능을 대신하고, 보완하기 위하여 사용한 화장품이다. 따라서 스킨케어 화장품의 구성성분은 피지, 세포간 지질, 보습제의 구성성분과 유사한 특성을 가진 원료를 사용한다.

◆ 표 3-1. 피부의 수분 유지 요인과 화장품의 구성성분

| 구 분 | 성 분 | 조성(%) | 화장품 구성성분 |
|---|---|---|---|
| 피지 | 트리글리세라이드 | 42 | 트리글리세라이드 |
| | 디글리세라이드 | 2.2 | 디글리세라이드 |
| | 지방산 | 15 | 지방산 |
| | 왁스에스테르 | 15 | 왁스에스테르 |
| | 스쿠알렌 | 25 | 스쿠알렌 |
| | 콜레스테롤 | 1.4 | 콜레스테롤 |
| | 콜레스테롤에스테르 | 2.0 | 콜레스테롤에스테르 |
| 천연 보습 인자 | 아미노산 | 40 | 프롤린, 글리신, 아르기닌 |
| | 피롤리돈카르복시산(PCA) | 12 | PCA-Na |
| | 젖산 | 12 | 젖산, 글리콜산 |
| | 요소 | 7 | 요소 |
| | $NH_3$, 요산, 크레아틴 | 1.5 | 글루코스아민, 크레아틴 |
| | 구연산 | 0.5 | 구연산 |
| | 무기염: $Na^+$,$K^+$,$Ca^{2+}$ 등 | 18.5 | 당, 유기산, 펩타이드, 기타 |
| | 당류, 유기산, 펩타이드 기타 | 8.5 | |
| 세포 간지질 | 세라마이드 | 50 | 유사세라마이드, |
| | 지방산 | 30 | 리놀에인산, 리놀레닌산 |
| | 콜레스테롤 | 15 | 피토스테롤, 콜레스테롤 |
| | 콜레스테롤에스테르 | 5 | 콜레스테롤에스테르 |

따라서 스킨케어 화장품 중 세정화장품은 피부의 대사와 생리기능을 원활하게 할 목적으로 피부의 청결 및 세정에 사용하고, 피부의 정리정돈 그리고 보습력 등을 부여하기 위하여 화장수와 유액, 크림 등의 기초화장품을 사용한다. 또한 문제성 피부를 개선할 목적으로 피부의 생리활성성분을 함유한 기능성화장품을 이용한다.

그러나 기초화장품의 효과를 최적화시키기 위해서는 피부상태를 정확하게 분석하고, 피부상태에 따른 적절한 미용기법을 이용하여 부작용이 없이 유효한 기능을 가진 생리활성 성분이 함유된 화장품을 사용한다. 화장품을 사용한 후 나타나는 피부 트러블은 화장품 자체의 품질이 원인인 경우도 있지만 적절하지 못한 사용방법에 의하여 나타나는 경우도 있기 때문에 항상 주의하여야 한다.

## 02

# 스킨케어 화장품의 사용 목적

스킨케어 화장품의 사용목적은 5가지로 요약 설명할 수 있다. 첫째는 피부 청결 및 각질 제거를 목적으로 사용한다. 피부는 외부환경에 노출되어 있기 때문에 피지의 산화물과 먼지 등의 오염, 비정상적인 각화 과정에 의하여 누적된 각질, 메이크업의 잔류물을 제거함으로써 세균증식을 억제하고 피부생리 기능을 원활하게 하는 것이다.

둘째는 피부의 각질층에 보습력을 부여할 목적으로 사용한다. 상피조직인 표피와 결합조직인 진피의 보습력에 의하여 피부의 상태는 결정된다. 표피의 경우 피부생리 기능의 저하, 즉 천연보습인자의 손실, 피지 분비의 저하, 세포간지질의 손실로 인하여 각질층의 수분손실을 억제하지 못하기 때문에 피부의 촉촉함과 탄력이 저하된다.

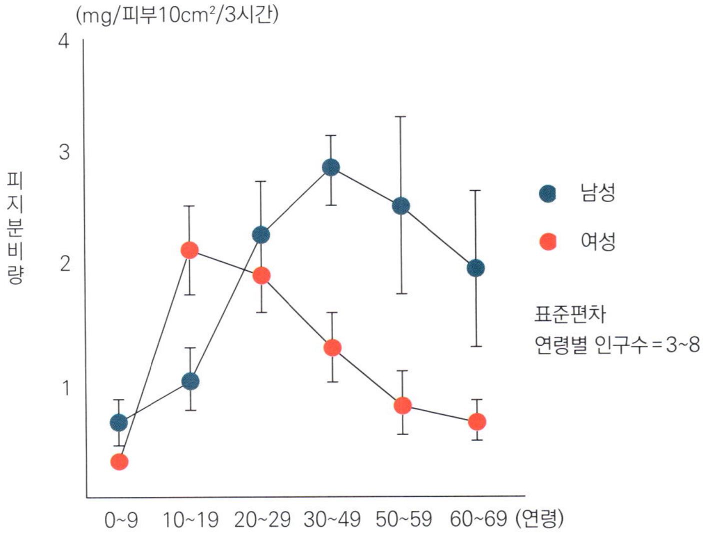


◆ **그림 3-3. 연령에 따른 피지분비량**

진피의 경우 수분함량이 표피에 비하여 훨씬 많다. 그 이유는 진피에는 콜라겐이나 엘라스틴 이외에도 수분 보유 능력이 큰 히알루론산이나 콘드로이틴설페이트 등 점액다당류가 있기 때문이다. 이러한 수분보유능이 큰 천연보습인자나 점액다당류가 피부 보습에 중요하다.

셋째는 피부의 신진대사 활성화로 피부재생을 목적으로 사용한다. 피부노화에 의한 비정상적인 각화과정, 혈액순환장애, 조직의 수축 등으로 신진대사가 원활하지 못한다. 피부에 원활한 영양공급을 위한 혈액순환이 활성화됨으로써 세포의 분열과 성장을 촉진시킨다.

넷째는 유해한 환경으로부터 피부를 보호할 목적으로 사용한다. 피부노화에 직접적인 영향을 미치는 활성산소종이나 자외선 등으로부터 피부를 보호한다. 활성산소종이나 자외선 등은 지질과 단백질 등을 산화시킴으로써 세포와 조직을 파괴하여 피부노화 등 여러 가지 문제성 피부를 유발시킨다. 피부는 자외선의 흡수와 반사, 산란 등으로 자외선을 차단하여 피부를 보호하고, 활성산소종의 산화반응을 억제시키는 토코페롤, 플라보노이드, 비타민 C와 그 유도체 등의 항산화제를 이용하여 피부를 보호한다.

결론적으로 스킨케어 화장품은 피부의 항상성 유지 및 회복을 위하여 피부의 세안, 청결, 보습, 항 건조, 항산화, 세포재생, 자외선 차단 등의 목적으로 사용한다. 또한 기미나 주근깨를 방지하여 미백에 도움을 주는 화장품, 피부의 처짐이나 주름 개선에 도움을 주는 노화 화장품, 여드름 개선에 도움을 주는 여드름 화장품 등 효능효과를 중시하는 기능성화장품을 사용하여 건강하고 아름다운 피부를 유지한다. 최근 기능성 화장품, 천연 화장품, 맞춤형화장품 등은 단순한 미용의 개념에서 진화하여 화장품의 고기능성과 다기능성으로 노화 예방과 삶의 질을 추구하기 위하여 사용한다.

| 서비스 항목 | 기초화장품 활용 |
|---|---|
| 기본 관리<br>(basic care) | 1. Cleansing<br>2. pH 조절<br>3. Skin Lotion<br>4. Massage<br>5. Pack<br>6. 마무리 정리<br>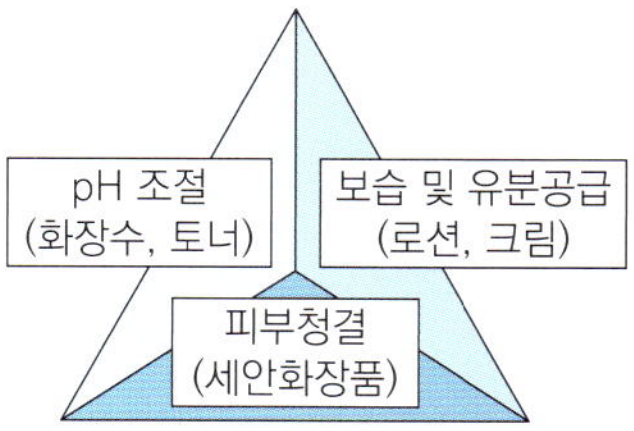 |
| 특수 관리<br>(special care) | 1. Cleansing<br>2. 피부 정리정돈<br>3. Skin Lotion<br>4. Peeling<br>5. 1차 진정 Mask<br>6. Massage (영양크림, oil)<br>7. 2차 영양 Mask<br>8. 마무리 정리<br>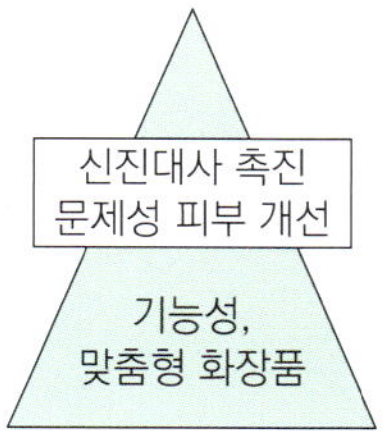 |

◆ 그림 3-4. 스킨케어 화장품의 활용

특히 맞춤형화장품은 소비자의 피부상태를 정확하게 분석하고 파악하여 문제성 피부를 개선하고, 소비자의 기호 등에 맞는 화장품을 조제한 화장품을 말한다. 이는 소비자의 생활 습관(life style), 연령, 사용 방법 등을 고려하여 미용기법을 활용함으로써 안전성을 바탕으로 제조된 화장품을 다시 조제함으로써 소비자의 만족도를 높일 수 있는 화장품이다.

화장품의 구성성분과 제형 그리고 제조능력을 배양함으로써 화장품의 성분과 제형 특성을 파악하고, 피부상태에 따라 조제한 화장품을 적용함으로써 미용 효과를 극대화 할 수 있다. 본 저서는 이러한 관점에서 맞춤형화장품의 조제 능력을 배양하는 능력을 기르는데 목적이 있다.

# 03
# 세정용 화장품(Cleansing Cosmetics)

피지막은 피지선에서 분비되는 피지와 한선에서 분비되는 땀으로 형성되어 피부표면을 약산성의 pH로 조정하여 미생물의 증식을 억제한다. 그리고 경피수분손실(trans epidermal water loss, TEWL)을 억제하는 등 피부상태를 결정짓는 중요한 역할을 한다. 그러나 과잉 분비된 피지는 공기 중의 산소에 의해 산화되고, 땀의 잔류물은 먼지나 세균 등과 함께 피부를 오염시킨다.

이러한 피부의 오염은 피부 생리기능과 신진대사를 방해함으로써 문제성 피부를 유발하기도 한다. 따라서 세안 화장품은 과잉 분비된 피지와 그 산화물, 땀의 잔여물, 먼지, 미생물, 비정상적인 각화과정에 의하여 누적된 각질, 메이크업의 잔류물 등 피부의 각종 오염물질을 제거하여 피부의 생리기능과 신진대사를 원활하게 할 목적으로 이용한다.

일반적으로 세정할 때 사용하는 물이나 제거해야 할 대상물에 따라서 세정 화장품을 선정한다. 세안할 때에 이용하는 물은 칼슘이온($Ca^{2+}$), 마그네슘이온($Mg^{2+}$) 등 중금속 이온의 함량이 적은 연수(soft water)를 사용하는 경우에 별 문제가 없다. 그러나 중금속 이온의 함량이 많은 경수(hard water)일 경우 비누는 물에 불용성의 금속비누를 생성하여 기포 생성력과 세정력이 감소한다.

pH가 중성이기 때문에 중성세제(neutral detergent)라고도 하는 합성세제는 경수를 이용할 때의 단점을 보완한 세정제이다. 합성세제는 탈지력이 강하고 단백질을 변성시켜 피부 자극을 주기 쉽기 때문에 주의하여 사용해야 한다. 피부에 오염된 대상 물질, 즉 수용성과 유용성에 따라서 세정력이 달라질 수 있다. 수용성의 오염 물질은 물에 의하여 쉽게 제거할 수 있으나 메이크업 잔류물 등의 유용성 오염물질은 유용성의 세안제가 함유된 적절한 세안화장품을 선택하여 이용한 후 물로 세안하는 것이 바람직하다. 이를 이중 세안이라 한다. 그리고 모공을 막고 있는 각질 제거 등의 세안에는 딥 클렌징이 보다 더 효과적이다.

보통 알칼리성의 비누를 사용하여 세안할 경우 피부는 일시적으로 pH가 상승하여 알칼리성 피부상태가 된다. 피부 표면이 알칼리성일 경우 모공이 확장되고 각질층이 느슨해지며 세균증식이 용이하다. 따라서 화장수를 도포하여 약산성의 피부로 되돌려주는 것이 바람직하다.

계면활성제에 의한 세정작용은 계면활성제의 침투, 흡착, 유화, 분산 등의 상호 작용으로 이루어진다. 이때 문지르거나 비비는 기계적 조작을 행하면 계면활성제의 효율성이 증가한다. 계면활성제의 농도, 물의 온도, 헹굼 등도 고려하여 보다 효과적인 세안 방법을 고려하여야 한다.

세안할 물의 온도가 10~15℃의 찬물은 가벼운 세정 효과가 있고 혈관을 수축하며 신선감과 긴장감을 준다. 15~21℃의 미지근한 물은 가벼운 세정 효과가 있고 각질 제거가 용이하다. 21~35℃의 따뜻한 물은 세정 및 각질 제거 효과가 크며 혈관을 확장시키고 혈액순환을 돕는다. 35℃ 이상의 뜨거운 물은 세정 및 각질 제거의 효과가 매우 크며 혈관을 확장시키고 혈액순환을 촉진한다. 따라서 세안은 물의 온도 등 여러 가지 요인이 영향을 미치기 때문에 피부의 상태와 제거하여야 할 대상을 고려하여 세안 방법을 선정한다.

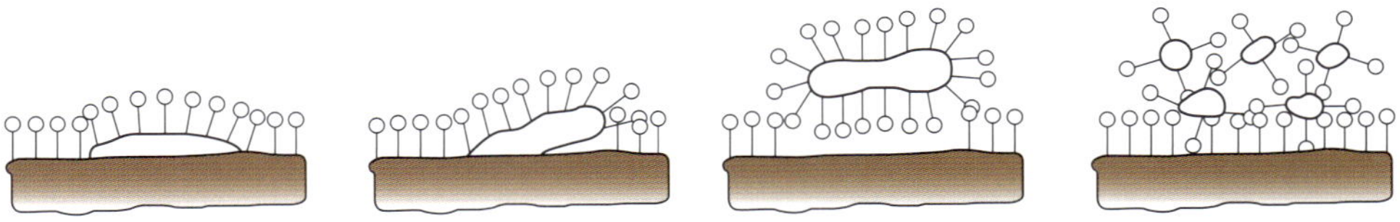


◆ **그림 3-5. 세정작용의 메커니즘**

세안 화장품은 크게 3가지로 분류할 수 있다.

첫째, 계면활성제를 이용하여 씻어내는 타입의 비누, 클렌징 폼, 클렌징 젤, 스크럽제 등이 있고, 이를 계면활성제형 세안 화장품이라 한다.

둘째, 세안제를 닦아내는 타입로 클렌징 크림, 클렌징 로션, 클렌징 워터, 클렌징 젤, 클렌징 오일 등이 있고, 이를 용제형 세안 화장품이라 한다.

셋째, 수용성 고분자를 피부에 도포하여 필오프타입의 클렌징 마스크, 클렌징 팩이 있다. 클렌징 마스크는 모공의 오염물이나 누적된 각질을 제거하는데 유용하다.

## 1. 세정화장품의 원료

세정화장품의 원료는 탄소의 수가 10~12개인 고급지방산과 동식물성 유지, 알칼리제, 계면활성제, 유연제, 보습제와 첨가제 등이다. 세안 화장품은 비누를 포함한 계면활성제는 우수한 기포 생성력과 세정력을 위하여 주요성분으로 사용하고, 세안제에 의한 과도한 탈지력을 방지할 목적으로 유연제와 보습제를 첨가한다. 그리고 사용감과 유효성을 강조하기 위한 생리활성성분과 사용성을 위한 향료, 색소 등을 사용한다.

◆ **표 3-2. 세정화장품의 원료 및 주된 구성성분**

| 원 료 | 세안화장품의 구성 성분 | |
|---|---|---|
| 비누(세정제) | 고급지방산과 유지 | 고급지방산($C_{10}$~$C_{18}$), 동식물성 유지 |
| | 알칼리제 | NaOH, KOH, 트리에탄올아민 |
| 계면활성제 | 아미노산계 계면활성제, 아실메틸타우린, POE알킬에테르인산염, 글리세롤지방산에스테르, POE글리세롤지방산에스테르 등 | |
| 유연제 | 고급지방산, 고급알코올, 호호바유, 올리브유, 야자유, 팜유 등 | |
| 보습제 | 글리세롤, 프로필렌글리콜, 1,3-부틸렌글리콜, 솔비톨, 폴리에틸렌글리콜(300, 1500) | |
| 첨가제 및 활성성분 | 금속이온봉쇄제 | EDTA와 그 염 |
| | 방부제 | 파라벤류(MP, EP, PP 등) |
| | 산화방지제 | BHA, BHT, Vit E. |
| | 스크럽제 | 나일론분말, 폴리에틸렌분말 등 |
| | 수용성고분자 | 아크릴산소다, 알긴산소다, 양이온성폴리머 |
| | 활성성분 | 글리틸친산염, 유황, 트리클로로칼빈 |
| | 색소, 향료 등 | |

## 2. 세정화장품의 종류와 처방

### 1) 비누(soap)

비누는 2가지 방법으로 제조한다. 하나는 유지를 알칼리로 비누화 반응(saponification)에 의하여 비누를 제조할 수 있고, 또 하나는 고급지방산을 알칼리로 중화시켜 제조할 수 있다. 비누화 반응은 유지에 강알칼리성인 NaOH 혹은 KOH를 혼합 및 가열하면 유지가 가수 분해되어 지방산염의 비누와 부산물인 글리세롤(glycerol)이 생성된다. 글리세롤은 글리세린(glycerin)이라고도 한다.

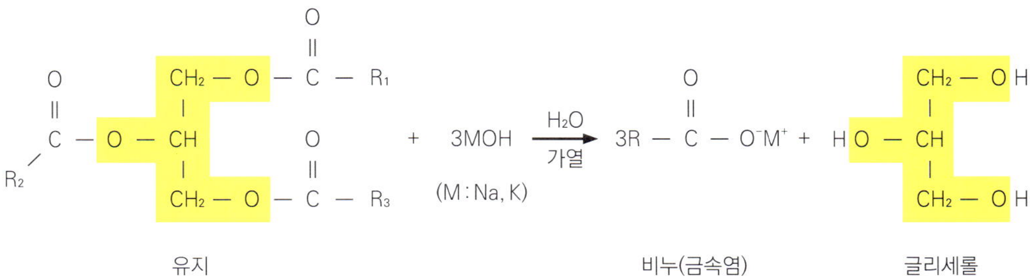


◆ **그림 3-6. 유지의 비누화 반응**

피부는 약산성인 반면에 비누는 알칼리성이기 때문에 비누로 세안할 경우 비누의 우수한 탈지력으로 인하여 피부가 당기는 느낌을 받게 되고, 일시적으로 피부 표면이 알칼리성화된다. 따라서 비누로 세안을 한 후에는 약산성의 화장수 등으로 pH를 조절하고 보습을 부여한다.

비누는 화장비누, 투명비누, 약용비누 등이 있다. 화장비누는 세안용이나 목욕용 등 일상생활에서 가장 널리 사용되고 있는 고형비누이다. 이는 찬물이나 온수에서 안정된 거품이 형성되고 피부자극이 없이 적당한 세정력이 요구된다. 투명비누는 동식물성 유지가 사용되고, 투명화제로 에탄올, 글리세롤, 프로필렌글리콜, 소르비톨 등의 다가알코올과 설탕 등을 첨가하여 제조한다.

투명비누는 외관적으로 투명하게 보이며, 보습제를 함유하기 때문에 피부의 보호 및 사용감이나 피부 자극이 심하지 않기 때문에 세안용으로 이용된다.

약용비누는 비누소지에 살균제, 항염증제, 향료 등을 첨가하여 세정뿐만 아니라 피부의 살균, 소독 작용과 체취를 방지할 목적으로 사용한다.

## 2) 클렌징 폼(cleansing foam)

클렌징 폼은 주로 페이스트상과 크림상이다. 클렌징 폼은 비누의 우수한 세정력과 클렌징 크림의 피부보호 기능을 동시에 갖는 장점이 있다. 이는 과도한 탈지력을 방지할 목적으로 유연제와 보습제가 클렌징 폼의 구성성분으로 이용된다. 계면활성제의 함량이 고형비누에 비하여 낮고, 물에 대한 용해도를 높이기 위하여 크라프트 점(Krafft point)이 낮은 계면활성제를 배합하기 때문에 유동성이다. 크라프트 점은 일정 온도 이상에서 이온성 계면활성제의 물에 대한 용해도가 급격하게 커지는데 이때의 온도를 말한다. 크라프트 점이 낮은 계면활성제는 낮은 온도의 물에서도 미셀을 형성하여 물에 대한 용해도를 높일 수 있다. 일반적으로 계면활성제는 크라프트 점 이상에서 작용하기 때문에 이온성 계면활성제를 화장품에 이용할 경우에는 크라프트 점을 고려할 필요가 있다.

클렌징 폼을 손바닥에 소량 취하여 물을 섞어 거품을 낸 후 사용하면 세정력이 우수하고 당김이 없으며 촉촉함을 느낄 수 있다. 일반적으로 지방산 비누를 주성분으로 한 알칼리성의 클렌징 폼은 기포 생성력도 우수하고, 헹굼도 간단하여 사용 후에도 산뜻하다. 비이온 계면활성제의 양을 증가시키고, 유분의 양을 증가시키면 사용 후 촉촉한 느낌은 있으나 헹굴 때 미끌미끌한 느낌을 준다. 또한 아미노산계 계면활성제를 주성분으로 한 약산성의 자극성이 낮은 클렌징 폼도 있으나 기포 생성력과 세정력이 약한 단점이 있다. 세정력을 높이기 위하여 폴리에틸렌 분말이나 나일론 분말, 살구씨나 달걀껍질 등 다양한 스크럽제를 사용한다.

◆ **표 3-3. 각질제거 등에 이용되는 스크럽제의 종류**

- 살구/호두의 껍질 분말(apricot/walnut shells powder or flour)
- 살구/복숭아의 씨앗 분말(apricot/peach seed powder)
- 옥수수속대(corn cob)
- 옥수수꽃 줄기 분말(maize scape powder)
- 호호바 비드(Jojoba bead)
- 폴리에틸렌 비드(polyethlene bead), 폴리스티렌 비드(polystyrene bead)
- 아몬드 분말(almond meal)
- 수세미(loofah)
- 카올린(kalin)

클렌징 폼의 제조는 수상에 유상을 첨가하는 방법과 유상에 수상을 첨가하는 방법이 있다. 그러나 비누화 반응이나 중화 시 덩어리가 생기거나 점성이 높아진 점을 고려하여 클렌징 폼을 제조한다.

### ◆ 표 3-4. 비누계 클렌징 폼(Soap-Based Liquid Facial Cleanser)

| 원 료 | 구성 성분 | w/w(%) |
|---|---|---|
| phase A | Laurie acid<br>Myristic acid<br>Palmitic acid<br>Laurie acid diethanolamide | 2.50<br>7.50<br>2.50<br>2.00 |
| phase B | Propylene glycol<br>Deionized water | 8.00<br>to 100 |
| phase C | Potassium hydroxide | 3.60 |
| phase D | Perfume<br>Preservative<br>etc. | qs<br>qs<br>qs |

■ **처방특성 및 제조과정 :**

① 70~80℃에서 phase A와 phase D의 일부(유용성)를 충분히 녹인다.

② 70~80℃에서 phase B에 phase C와 phase D의 일부(수용성)를 충분히 녹인다.

③ 70~80℃에서 저속교반하면서 ①을 ②에 서서히 첨가하여 균일한 상태로 녹이고 혼합한다. 비누화 반응으로 덩어리지고 점성이 높아지기 때문에 강력하게 교반한다.

④ ③을 저속교반하면서 40~50℃로 냉각시키고, 향료를 첨가하여 충분히 혼합하고 실온으로 냉각시켜서 마무리한다.

◆ 표 3-5. 비누계 클렌징 폼(Soap-Based Paste-Type Facial Cleanser)

| 원 료 | 구성 성분 | w/w(%) |
|---|---|---|
| phase A | Stearic acid<br>Palmitic acid<br>Myristic acid<br>Lauric acid<br>Squalane | 10.0<br>11.0<br>12.0<br>2.0<br>2.0 |
| phase B | PEG 1500<br>Glycerin<br>Glycerol monostearate<br>POE(30)glycerol monostearate ester<br>Water | 10.0<br>20.0<br>2.0<br>2.0<br>to 100 |
| phase C | Potassium hydroxide | 6.00 |
| phase D | Perfume<br>Preservative<br>etc. | qs<br>qs<br>qs |

■ **처방특성 및 제조과정 :**

① 70~80℃에서 phase A와 phase D의 일부(유용성)를 충분히 녹인다.

② 70~80℃에서 phase B에 phase C와 phase D의 일부(수용성)를 충분히 녹인다.

③ 70~80℃에서 저속교반하면서 ②에 ①을 서서히 첨가하여 균일한 상태로 녹이고 혼합한다. 비누화 반응으로 덩어리지고 점성이 높아지기 때문에 강력하게 교반한다.

④ ③을 저속교반하면서 40~50℃로 냉각시키고, 향료를 첨가하여 충분히 혼합하고 실온으로 냉각시켜서 마무리한다.

◆ 표 3-6. 아미노산계 클렌징 폼(Acylglycinate-Based Liquid Facial Cleanser)

| 원 료 | 구성 성분 | w/w(%) |
|---|---|---|
| phase A | Potassium cocoylglycinate (30%)<br>Potassium laurate<br>Potassium myristate<br>Ethylene glycol distearate | 15.00<br>11.0<br>6.00<br>2.00 |
| phase B | Glycerin<br>Sorbitol (70%)<br>Hydroxypropylcellulose<br>Deionized Water | 3.00<br>2.00<br>0.5<br>to 100 |
| phase C | Perfume<br>Preservative<br>etc. | qs<br>qs<br>qs |

■ **처방특성 및 제조과정 :**

① 70~80℃에서 phase B를 혼합하여 균일하게 용해한다.

② 70~80℃에서 ①에 phase A를 첨가하면서 지속적으로 저속 교반하여 충분히 녹인다. 덩어리가 생기지 않도록 서서히 소량씩 첨가한다.

③ 70~80℃에서 저속교반하면서 ①과 첨가제 일부를 ②에 서서히 첨가하여 균일한 상태로 녹이고 혼합한다.

④ 저속교반하면서 ③을 40~50℃로 냉각시키고, 향료를 첨가하여 충분히 혼합하면서 실온으로 냉각하여 마무리한다.

### ◆ 표 3-7. 아미노산계 클렌징 폼(Acylglycinate-Based Paste-Type Facial Cleanser)

| 원 료 | 구성 성분 | w/w(%) |
|---|---|---|
| phase A | Potassium cocoyl glycinate | 32.00 |
| | Potassium myristate | 1.50 |
| | Behenyl alcohol | 0.50 |
| | Ethylene glycol distearate | 2.50 |
| phase B | 1,3-butylene glycol | 15.00 |
| | Glycerin | 17.00 |
| | Citric acid | 2.5 |
| | Deionized Water | to 100 |
| phase C | Perfume | qs |
| | Preservative | qs |
| | etc. | qs |

■ **처방특성 및 제조과정 :**

① 70℃에서 phase B를 완전히 녹인다.

② 70℃에서 ①에 phase A의 유용성원료와 지방산염을 차례로 첨가하면서 저속 교반하여 충분히 녹인다. 덩어리가 생기지 않도록 서서히 소량씩 첨가한다.

③ 70℃에서 저속교반하면서 phase C의 Preservative 등을 ②에 서서히 첨가하여 균일한 상태로 혼합 용해한다.

④ ③을 40~50℃로 냉각시킨 후, phase C의 Perfume을 첨가하고 저속 교반하여 충분히 분산 용해하고 나서 실온으로 냉각시키고 마무리한다.

### ◆ 표 3-8. 계면활성제 클렌징 폼(Laurylethersulfate-Based Liquid Facial Cleanser)

| 원 료 | 구성 성분 | w/w(%) |
|---|---|---|
| phase A | Sodium polyoxyethylene(3)lauryl ether sulfate (30%) | 40.00 |
| | Sodium N-lauroylmethyltaurate (30%) | 10.00 |
| | Coconut acid diethanolamide | 3.00 |
| phase B | Glycerin | 5.00 |
| | Sodium chloride | 2.00 |
| | Deionized Water | to 100 |
| phase C | Perfume | qs |
| | Preservative | qs |
| | etc. | qs |

■ **처방특성 및 제조과정 :**

① 70~80℃에서 phase B를 완전히 녹인다.

② 70~80℃에서 ①에 phase A와 phase C의 Preservative 등을 서서히 첨가하여 균일한 상태로 혼합 용해한다. 덩어리가 생기지 않도록 서서히 소량씩 첨가한다.

③ ②를 40~50℃로 냉각시킨 후, phase C의 Perfume을 첨가하고 저속 교반하여 충분히 분산 용해하고나서 실온으로 냉각시키고 마무리한다.

### ◆ 표 3-9. O/W형 클렌징 로션(O/W Type Facial Cleansing Lotion)

| 원 료 | 구성 성분 | w/w(%) |
|---|---|---|
| phase A | Stearyl alcohol | 0.50 |
| | Hardened palm oil | 3.00 |
| | Liquid paraffin | 35.00 |
| | Cholesteryl/behenyl/octyldodecyl Lauroyl glutamate | 2.00 |
| | Sorption sesquioleate | 1.60 |
| phase B | Dipropylene glycol | 6.00 |
| | PEG 400 | 4.00 |
| | POE(20)oleyl alcohol ether | 2.50 |
| | Carboxyvinyl polymer (1%) | 15.00 |
| | Potassium Hydroxide | 0.10 |
| | Deionized Water | to 100 |
| phase C | Preservative | qs |
| | Chelating agent | qs |
| | Perfume | qs |
| | etc. | qs |

■ **처방특성 및 제조과정 :**

① 70~80℃에서 phase A와 phase C의 일부(유용성)를 완전히 녹인다.

② 70~80℃에서 phase B와 phase C의 일부(수용성)를 완전히 녹인다.

③ 70~80℃에서 ②에 ①을 서서히 첨가하고, 호모믹서를 이용하여 균일한 상태로 유화시킨다. 덩어리가 생기지 않도록 서서히 소량씩 첨가한다.

④ ③을 40~50℃로 냉각시키고, phase C의 Perfume을 첨가하여 저속 교반으로 충분히 혼합 용해한 후 실온으로 냉각하여 마무리한다.

## ◆ 표 3-10. O/W형 클렌징 밀크 로션(O/W Type Cleansing Milk Lotion)

| 원 료 | 구성 성분 | w/w(%) |
|---|---|---|
| phase A | Olive oil hydrolyzed wheat protein | 3.5 |
| | Squalane | 6.0 |
| | Olive oil | 5.0 |
| | Sunflower oil | 5.0 |
| | Jojoba oil | 3.0 |
| | Cetyl alcohol | 1.5 |
| | Dimethicone | 1.0 |
| | Propylene glycol (and) methylparaben (and) propylparaben (and) phenoxyethanol (and) butylparaben | 0.5 |
| | BHT (and) propylene glycol (and) ascorbyl palmitate (and) citric acid (and) glyceryl oleate (and) glyceryl stearate | 0.10 |
| phase B | 1. Deionized water | to 100.0 |
| | 2. Glycerin | 3.0 |
| | 3. Hydroxyethylcellulose | 0.5 |
| | 4. Sodium benzoate | 0.2 |
| | 5. Potassium sorbate | 0.2 |
| | 6. Disodium EDTA | 0.1 |
| phase C | Lavender(Lavandula angustifolia) essence oil | 0.2 |
| | etc. | qs |

■ **처방특성 및 제조과정 : Cleansing Milk Lotion**

① 70℃에서 phase A를 저속 교반하여 균일한 상태로 완전히 녹인다.

② 70℃에서 phase B의 1,2 용액에 3을 균일한 상태로 혼합 분산하고, 4,5,6을 첨가하여 균일한 상태로 충분히 녹인다.

③ 70℃에서 호모믹서를 이용하여 ①을 ②에 서서히 첨가하면서 균일한 상태로 유화시킨다.

④ 저속교반하면서 ③을 40~50℃로 냉각시키고, phase C를 첨가하여 충분히 혼합하고 나서 탈 기포한 후 실온으로 냉각하여 마무리한다.

◆ 표 3-11. O/W형 클렌징 크림(O/W Type Facial Cleansing Cream)

| 원 료 | 구성 성분 | w/w(%) |
|---|---|---|
| phase A | Stearyl alcohol<br>Cetyl alcohol<br>Petrolatum<br>Liquid paraffin<br>Isopropyl myristate<br>Glycerin monostearate | 2.00<br>3.00<br>10.00<br>38.00<br>10.00<br>2.50 |
| phase B | Propylene glycol<br>POE(20)sorbitan monostearate<br>Arginine<br>Deionized Water | 5.00<br>2.50<br>0.30<br>to 100 |
| phase C | Preservative<br>Chelating agent<br>Perfume<br>etc. | qs<br>qs<br>qs<br>qs |

■ **처방특성 및 제조과정 :**

① 70~80℃에서 phase A와 phase C 일부(유용성)를 넣고 충분히 녹인다.

② 70~80℃에서 phase B와 phase C 일부(수용성)를 넣고 충분히 녹인다.

③ 70~80℃에서 호모믹서를 이용하여 ②에 ①을 서서히 첨가하면서 균일한 상태로 유화시킨다. 덩어리가 생기지 않도록 서서히 소량씩 첨가한다.

④ 저속교반하면서 ③을 40~50℃로 냉각시키고, phase C의 Perfume을 첨가하여 충분히 혼합하면서 실온으로 냉각하여 마무리한다.

◆ 표 3-12. 클렌징 워터(Facial Cleansing Water)

| 원 료 | 구성 성분 | w/w(%) |
|---|---|---|
| phase A | Propylene glycol<br>PEG-8<br>Deionized Water | 5.0<br>7.0<br>to 100 |
| phase B | SD Alcohol 40<br>Polysorbate 80<br>Polysorbate 60 | 12.0<br>2.5<br>0.5 |
| phase C | Preservative<br>Chelating agent<br>Perfume<br>etc. | qs<br>qs<br>qs<br>qs |

■ **처방특성 및 제조과정 :**

① 실온에서 phase A와 phase C 일부(유용성)를 넣고 충분히 녹인다.

② 실온에서 phase B와 phase C 일부(알코올 용해성)를 넣고 충분히 녹인다.

③ 실온에서 ①에 ②를 서서히 첨가하면서 패들믹서를 이용하여 균일한 상태로 가용화시킨 후, 마무리한다.

## ◆ 표 3-13. 메이크업 리무버(Gel Type Makeup Remover)

| 원 료 | 구성 성분 | w/w(%) |
|---|---|---|
| phase A | Glyceryl trictanoate<br>Cetyl octanoate | 56.4<br>5.0 |
| phase B | POE(25)octyldodecyl ether<br>Butyl paraben<br>POE(10)methyl glucoside<br>Glycerin<br>Sorbitol (70%)<br>Deionized Water | 16.0<br>0.2<br>4.0<br>1.7<br>9.0<br>7.3 |
| phase C | Preservative<br>Chelating agent<br>Perfume<br>etc. | qs<br>qs<br>qs<br>qs |

■ **처방특성 및 제조과정 :**

① 70~80℃에서 phase A와 phase C 일부(유용성)를 넣고 충분히 녹인다.

② 70~80℃에서 phase B와 phase C 일부(수용성)를 넣고 충분히 녹인다.

③ 70~80℃에서 ①에 ②를 서서히 첨가하면서 패들믹서를 이용하여 균일한 상태로 가용화시킨다.

④ 저속교반하면서 ③을 40~50℃로 냉각시키고, phase C의 Perfume을 첨가하여 충분히 혼합하여 균일한 상태의 젤을 확인하고 마무리한다.

## 04

# 화장수(skin toner)

정상피부는 4.5~5.5의 pH인 약산성이다. 그러나 알칼리성인 비누나 클렌징 폼으로 세안할 경우 피부는 일시적으로 알칼리성으로 변하게 된다. 또한 세안제의 탈지력에 의하여 피부가 건조해지기 쉽고, 피부가 당기는 느낌을 받는다. 화장수는 세안 후의 피부에 유분과 수분의 균형을 맞추어 주고, 보습력과 약산성의 피부로 정돈하는 효과를 위하여 사용하는 스킨케어 화장품 중 하나이다. 또한 가벼운 메이크업 화장, 클렌징 크림의 잔여물을 제거하는 등 피부를 청결하게 할 목적으로도 사용한다.

화장수는 물에 녹지 않는 소량의 유성성분 등 난용성 물질을 투명하게 용해시키는 가용화(solubilization)를 이용한 스킨케어 화장품이다. 일반적으로 화장수는 70~80%의 정제수에 에탄올과 글리세롤 등의 보습제를 첨가하여 가용화시킨다. 따라서 화장수는 일반적으로 점성이 낮고, 투명하거나 반투명한 액상이지만 사용 목적에 따라 여러 가지 기술을 이용하여 불투명한 화장수나 점성이 있는 화장수 등을 제조하는 경우도 있다. 화장수는 스킨로션(skin lotion), 아스트린젠트(astringent) 등으로도 명명한다. 그러나 민감성피부를 진정시키고 가라앉히는 데 사용하는 화장수를 수딩로션(soothing lotion), 보습력이 높은 화장수를 하이드로엑티브 로션(hydroactive lotion), 약산성으로 피부를 신선하게 해 준다는 의미로 스킨프레시너(skin fresher)라고 명명한 경우도 있다. 그러나 일반적으로 화장수는 사용목적에 따라 수렴화장수, 유연화장수, 세정화장수 등으로 분류한다.

## 1. 화장수의 종류와 사용목적

### 1) 수렴 화장수

수렴화장수는 보통 아스트린젠트(astringent), 스킨토너(skin toner), 토너, 토닝로션(toning lotion) 등으로도 명명한다. 수렴화장수는 약산성으로 각질층에 보습력을 부여하고, 모공이나 한공을 수축시켜 피지나 땀의 분비를 억제하는 등 피부정돈을 목적으로 사용한다. 또한 수렴화장수는 유연화장수에 비하여 휘발성과 소독효과가 있는 알코올의 함량이 상대적으로 많기 때문에 피부의 청량감을 부여하고 세균 증식을 억제한다. 수렴화장수의 사용 목적에 맞도록 주로 정제수, 보습제, 알코올, 수렴제, 가용화제 등으로 처방한다. 그 외에 비타민 $B_6$ 등의 생리활성물질을 첨가하여 피지 분비를 조절한다. 수렴화장수는 주로 지성피부에 사용하고, 땀의 분비가 많은 여름철에 사용하는 화장수이다.

### 2) 유연 화장수

유연화장수는 피부를 유연하고 부드럽게 한다는 의미로 스킨 소프트너(skin softner)라고도 명명한다. 유연화장수는 각질층에 수분과 보습성분을 부여함과 동시에 수렴화장수에 비하여 유연성을 부여할 목적으로 사용한다. 유연화장수는 보습제와 유연제가 첨가되어 있어서 각질층을 유연하고 촉촉하게 함으로써 다음 단계의 로션이나 크림의 흡수를 쉽게 한다. 유연화장수의 pH는 보통 약알칼리성~약산성의 영역이다. 유연화장수는 보습제의 종류와 양, 에탄올의 양 그리고 소량의 유연제 등 선택 조건에 따라 사용 감촉이 다르기 때문에 유연화장수의 처방과 가용화 및 마이크로에멀젼에 유의할 필요가 있다. 특히 무알코올 화장수의 경우 물에 불용성인 성분을 가용화제와 함께 보습제를 이용하여 가열 용해시키기 때문에 투명한 화장수를 제조하기 위해서는 적절한 보습제를 선정해야 한다. 반투명화장수는 마이크로에멀젼을 이용하며 계면활성제의 종류와 제조 과정에 따라 투명도에 영향을 미친다.

### 3) 세정 화장수

세정화장수는 아침에 화장 전이나 가벼운 메이크업을 지울 때 사용하는 화장수이다. 세정력을 높이기 위하여 계면활성제, 에탄올의 함량을 높이는 동시에 보습제의 선정이나 조합도 중요하다. 세정화장수는 화장솜(cotton)에 적셔서 닦아내는 방법으로 사용한다. 그러나 세정화장수는 가벼운 메이크업을 제거할 목적으로 간편하게 사용할 뿐이고 짙은 메이크업을 지우기 위해서는 세정력이 우수한 클렌징 크림이나 클렌징 젤 등 세안화장품을 사용하여야 한다. 단지 세정용 화장수는 피부가 민감한 경우 비누, 폼 클렌징 등 세안료 사용을 꺼리는 사람이 간편하게 화장을 지우고자 할 때에 사용하는 화장수이다.

## 2. 화장수의 원료 및 제조

화장수는 사용 목적에 맞는 원료들로 구성하고, 보통 수상과 알코올상을 가용화시킴으로써 제조한다. 일반적으로 수상은 용매나 수분을 공급할 목적으로 정제수를 가장 많이 사용하고, 수용성 원료인 보습제, 점증제, pH 조절제, 퇴색방지제 등의 원료를 사용한다. 알코올상은 물에 잘 녹지 않은 유연제, 향료, 방부제, 생리활성물질 등 에탄올에 용해되거나 유용성 원료 및 가용화제, 세정제 등의 원료를 사용한다.

화장수의 주요 목적이 수분공급과 보습력 그리고 pH 조절 및 가벼운 세정이다. 따라서 화장수는 주기재인 정제수와 보습제 그리고 알코올 이외에 사용 목적에 따라서 수렴화장수는 수렴제, 유연화장수는 유연제 그리고 세정화장수는 세정용 계면활성제 등을 바탕으로 처방한다. 또한 공통으로 첨가되어야 할 방부제, 착색제 등은 소량 적용되고 특별히 사용 목적에 따라 생리활성성분을 첨가하여 기능성을 부여한다.

◆ **표 3-14. 화장수의 원료 및 구성 성분**

| 원 료 | 주기능 | 구성 성분 | 함량 (wt%) |
|---|---|---|---|
| 정제수 | 용매, 수분 공급 | 이온교환수 | 30~95% |
| 알코올 | 청량감, 소독 성분 용해 | 변성알코올(SD alcohol 40) | 0~40% |
| 보습제 | 보습, 용매 보조 | 다가알코올(글리세린, 프로필렌글리콜, 디프로필렌글리콜 등), 천연보습인자(아미노산, PCA-Na 등), 점액다당류(히아루론산 염 등) | ~20% |
| 점증제 | 점도 조절, 사용감 안정화 | 알긴산염, 셀룰로오스유도체, 퀸스시드검, 펙틴, 풀루란, 산탄검, 비검, 카르복시비닐폴리머, 아크릴산계폴리머, 라포나이트 | ~2% |
| 계면활성제 | 가용화, 세정 | HLB가 15~18 영역인 비이온성 계면활성제(PEG-40 stearate, Polysorbate 20 등) | ~1% |

| 유연제 | 피부 유연,<br>수분이탈 방지 | 식물성 오일(올리브유, 호호바유 등), 에스테르 화합물, 실리콘 오일 등 | 적당량 |
|---|---|---|---|
| 금속이온<br>봉쇄제 | 안정화 | EDTA와 그 염 | ~0.05% |
| pH 조절제 | pH 조절 | 구연산나트륨, 구연산, 유산, 아미노산류 | 적당량 |
| 수렴제 | 수렴, 모공 수축 | 위치하젤 추출물, 석탄산아연황산염 | 적당량 |
| 보존제 | 방부 | 파라벤(MP, EP, PP 등), 페녹시에탄올 | ~0.3% |
| 착색제<br>(염료) | 색소 부여 | 수용성 염료(허가) | 적당량 |
| 향 료 | 부향 | 천연향, 합성 및 조합향료 | 적당량 |
| 생리<br>활성성분 | 재생, 소염, 멜라닌<br>생성 억제 등 | 비타민 유도체, 알부틴 등 | 적당량 |

일반적으로 화장수는 물에 녹지 않는 소량의 유분과 향을 물에 가용화시키는 화장품이다. 따라서 화장수의 수상은 수용성의 원료를 충분히 녹이고, 알콜올 상은 소량의 유분이나 향료 등을 완전히 녹인다. 그리고 알코올상을 수상에 첨가하면서 저속 교반하여 투명한 상태로 가용화시키고, 색소 등을 첨가하여 조색한 후 녹지 않는 물질은 걸러서 제거한 후 탈기포하여 제조한다.

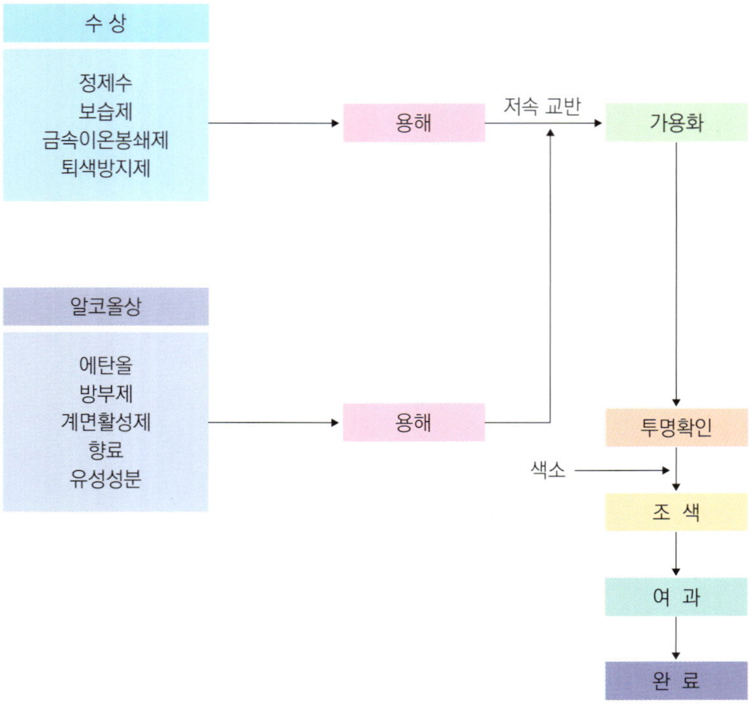


◆ 그림 3-7. 화장수(skin toner)의 일반적인 제조과정

◆ 표 3-15. 수렴, 유연, 세안 화장수의 처방

| 원 료 | 성 분 | 함량(w/w%) | | | |
|---|---|---|---|---|---|
| | | astrin-gent | emoll-ient | clean-sing | alcohol free |
| phase A | Deionized water | to 100 | to 100 | to 100 | to 100 |
| | Glycerine | – | 6.0 | – | 5.0 |
| | 1,3-Buthylene glycol | – | 4.0 | 6.0 | – |
| | Dipropyleneglycol | 1.0 | – | 6.0 | – |
| | PEG 400 | – | – | 6.0 | – |
| | Sorbitol | 1.0 | – | – | – |
| | Witch Hazel extracts | 0.1 | – | – | – |
| | pH adjuster | qs | qs | qs | qs |
| | pigment | qs | qs | qs | qs |

| | | | | | |
|---|---|---|---|---|---|
| phase B | SD Alcohol 40 | 15.0 | 10.0 | 15.0 | – |
| | Oleylalcohol | – | 0.1 | – | – |
| | Rose water | – | – | – | 50.0 |
| | POE(20) Oleylalcohol ether | 1.0 | – | – | – |
| | POE(20) sorbitanmonolaurate | – | 0.5 | 1.0 | – |
| | POE(15) lauylalcoholether | – | 0.5 | – | – |
| | polyoxyethlene/polyoxypropylene copolymer | – | – | 1.5 | – |
| | Potassium aluminium sulphate | – | – | – | – |
| | Zinc sulphate | – | – | – | 0.3 |
| | Preservatives | qs | qs | qs | qs |
| | Perfume | qs | qs | qs | qs |
| phase C | Pigment(Dye) | qs | qs | qs | qs |

▪ **처방특성 및 제조과정 : 사용 목적별 화장수의 구성 성분**

① 실온에서 저속 교반하면서 정제수에 나머지 phase A를 충분히 녹이고 균일한 상태로 준비한다.
② 실온에서 phase B를 저속 교반하여 균일한 상태로 완전히 녹인다.
③ 실온에서 ②를 ①에 서서히 첨가하면서 저속 교반하여 가용화한다.
④ 실온에서 ③에 phase C를 첨가하여 조색하고, 여과한 후 투명한 화장수 제조를 마무리한다.

※ 1. 화장수가 투명하지 않을 경우 정상적인 가용화가 일어나지 않음을 의미한다.
2. 알코올을 사용하지 않은 경우에는 보습제나 유연제를 알코올 대신 사용하여 알코올상의 화장수와 동일한 방법으로 제조한다.

### ◆ 표 3-16. 아스트린젠트(Astringent)

| 원 료 | 성 분 | 함량(w/w%) | |
|---|---|---|---|
| | | 알콜성 | 식물성 |
| phase A | Witch hazel extract | 10.0 | 89.2 |
| | Orange flower water | 39.9 | – |
| | Boric acid | 0.5 | – |
| | Glycerin | 8.3 | – |
| | Zinc sulfocarbolate | – | 0.6 |
| phase B | Tincture benzoin | 1.3 | – |
| | Menthol | – | 0.1 |
| | Camphor | – | 0.1 |
| | SD alcohol 40 | 40.0 | 10.0 |
| phase C | Preservatives | qs | qs |
| | Pigment | qs | qs |
| | etc. | qs | qs |

■ **처방특성 및 제조과정 : 수렴 아스트린젠트**

① 실온에서 phase A를 저속 교반하면서 균일한 상태로 충분히 녹인다.
② 실온에서 phase B를 저속 교반하면서 균일한 상태로 완전히 녹인다.
③ 실온에서 ②를 ①에 서서히 첨가하면서 저속 교반하여 가용화한다.
④ 실온에서 ③에 phase C를 첨가하여 충분히 녹여서 여과한 후 투명한 화장수 제조를 마무리한다.

### ◆ 표 3-17. AHA 관리 후에 사용하는 화장수(Tonic Lotion)

| 원 료 | 성 분 | 함량(w/w%) |
|---|---|---|
| phase A | Deionized water | to 100.00 |
| | Glycerin | 2.50 |
| | Betaine | 2.50 |
| | Panthenol | 0.20 |
| | Allantoin | 0.05 |
| | Disodium EDTA | 0.10 |
| | PVP | 0.20 |
| | Hyaluronic acid | 0.50 |
| phase B | Citrus aurantium dulcis flower water | 5.50 |
| | Citrus grandis juice/bisabolol | 1.00 |
| | Helichrysum italicum extract | 0.50 |
| | Ethoxydiglycol | 1.00 |
| | Olea europaea leaf extract | 0.50 |
| | L-arginine | 0.16 |
| phase C | Preservatives | qs |
| | Pigment | qs |
| | etc. | qs |

■ **처방특성 및 제조과정 : 필링 후 민감한 피부의 진정 화장수**

① 실온에서 phase A를 평량하여 저속 교반하면서 균일한 상태로 충분히 녹인다.
② 실온에서 phase B를 저속 교반하면서 균일한 상태로 완전히 녹인다.
③ 실온에서 ②를 ①에 서서히 첨가하면서 저속 교반하여 가용화한다.
④ 실온에서 ③에 phase C를 첨가하여 충분히 녹여서 여과한 후 투명한 화장수 제조를 마무리한다.

# 05
# 유액(emulsion)

정상피부는 각질층의 유분과 수분의 균형이 유지되고 신진대사가 원활하기 때문에 항상 촉촉하고 탄력있는 피부이다. 그러나 기온의 변화와 자외선 등 외부 환경 및 내적 건강과 스트레스 등으로 인하여 각질층의 유분과 수분의 균형이 파괴되고, 피부상태는 변화된다. 이로 인한 각질층의 수분 감소와 탄력이 떨어진다. 이러한 피부에 유분과 수분을 공급하여 보습력을 보강하고 탄력 있는 정상피부로 되돌리기 위하여 세안 후 화장수로 피부를 정돈한 다음에 유액을 사용한다. 그 외에 유액은 세정과 혈액순환 촉진, 자외선 보호 등 다양한 목적으로 사용한다. 유액은 사용 목적에 따라 분류할 수 있다.

◆ **표 3-18. 유액의 사용 목적에 따른 분류**

| 사용목적 | 종 류 | 기 능 |
|---|---|---|
| 세정 | 클렌징 로션 | 오염 및 메이크업 잔류물 등 |
| 보습, 유연 | 모이스처 로션, 밀크 로션 | 보습력 강화, 유연성 증대 |
| 혈액순환 촉진 | 마사지 로션 | 혈액순환 활성화, 영양공급 |
| 자외선 차단 | 선프로텍트 로션 | 자외선으로부터 피부 보호 |
| 기타 | 핸드 로션, 바디 로션 등 | 손과 신체에 보습과 유연성 부여 |

유액은 메이크업 화장품이나 오염 물질을 제거하는 클렌징 로션, 피부의 보습과 유연성을 부여하는 모이스처 로션, 피부의 혈액순환을 촉진시켜 영양 공급을 하기 위해 마사지할 때 사용하는 마사지 로션, 자외선으로부터 보호할 때 사용하는 썬프로텍트 로션 그 외에 손을 부드럽게 해주는 핸드 로션, 신체의 보습과 유연을 부여하는 바디 로션 등

유분의 량이나 보습제의 양 그리고 기능성 물질의 첨가 여부에 따라 다양하게 제조되고 있다. 유액은 보통 밀크 로션 혹은 에멀젼이라고 명명한다. 유액은 화장수에 비하여 유분의 함량이 많고, 크림에 비하여 유분의 함량이 적은 유동성의 에멀젼이다. 유액은 화장수에 비하여 유분과 보습제의 함량이 많기 때문에 각질층의 보습력을 강화하고 경피수분 손실(transepidermal water loss, TEWL)을 억제한다. 따라서 유액은 피부의 모이스쳐 밸런스를 유지하는 수분과 유분 그리고 보습제를 공급하여 피부의 보습력과 유연성 및 탄력성을 부여하는 스킨케어 화장품이다. 유액은 사용 목적이 동일하더라도 유분의 함량에 따라 제품의 특성이 달라진다. 즉 유분의 함량이 3~8%인 경우 지성피부에 적합하고, 10~20%인 경우 모이스처 로션이나 밀크 로션에 사용되며 20~30%인 경우는 건성피부에 적합한 에몰리엔트 로션이나 클렌징 로션 등에 활용된다.

◆ **표 3-19. 유분 함량에 따른 유액의 특성**

| 유분 함량 | 사용에 적합한 피부 상태 | 제품 특성 |
|---|---|---|
| 3~8% | 지성 피부용 | 유액 중 유분의 함량이 가장 적음. 화장수에 가장 가까운 유액. 가볍고 산뜻함 |
| 10~20% | 정상 피부용<br>(모이스처 로션, 밀크 로션) | 유분과 수분을 적절하게 부여함 |
| 20~30% | 건성 피부용<br>(에몰리엔트 로션, 클렌징 로션) | 유액 중 유분의 함량이 가장 많음. 보습제의 함량도 많음 |

유액은 친유성 성분의 함량에 비해 친수성 성분 함량의 비율이 상대적으로 많기 때문에 피부에 잘 발라지고 스며들기 쉽다. 크림에 비하여 유분이 적기 때문에 산뜻하고, 정상피부~지성피부에 적합하고 여름철에 사용한다. 유액은 물과 기름이 서로 섞이지 않는 액체의 분산계를 이용한 에멀젼 또는 유탁액이며, 열역학적으로 불안정한 계이다. 유액은 제형에 따라 O/W형(oil in water type), W/O형(water in oil type), W/Si형(water in sillicone type)로 분류할 수 있다. 즉 O/W형은 오일이 분산상이고, 수분이 연속상이다. W/O형은 수분이 분산상이고 오일이 연속상의 에멀젼이다.

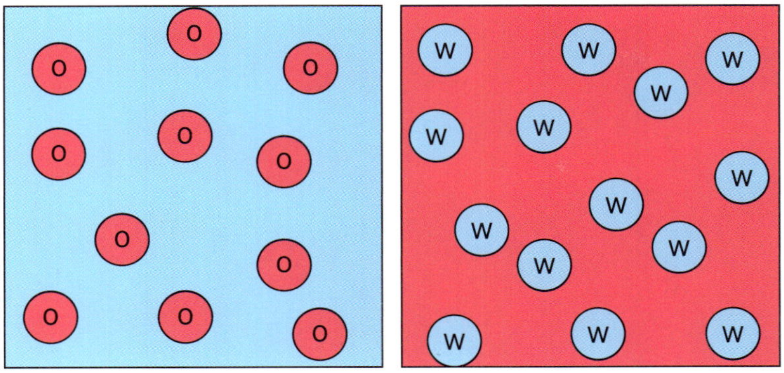


◆ 그림 3-8. 에멀젼의 O/W형과 W/O형

O/W형은 오일상이 분산상이고, 수상이 연속상이다. 따라서 수분의 함량이 오일의 함량에 비하여 상대적으로 많기 때문에 지성피부에 적합하다. 반면에 W/O형은 수상이 분산상이고, 오일상이 연속상이기 때문에 오일의 함량이 수분의 함량에 비하여 상대적으로 많아서 건성피부에 보다 더 적합하다.

◆ 표 3-20. 유액의 제형별 특징

| 분 류 | 특 징 |
|---|---|
| O/W 형 | 지성피부에 적합, 가볍고 사용감 우수 |
| W/O 형 | 건성피부에 적합, 각질층 수분 유지력 우수 |
| W/Si 형 | 안전성, 안정성, 전연성 우수, 가벼운 사용감 |

이와 같은 제형은 각질층의 수분 함량을 유지시키는 데에 영향을 미친다. 즉 물을 피부에 적셨을 때 30분 이내에 수분이 이탈하지만, W/O형이 O/W형에 비하여 각질층의 수분을 보다 더 오래 동안 유지한다. 이는 각질층의 보습을 유지하기 위해서는 W/O형의 에멀젼이 W/O형에 비하여 보다 더 효과적임을 의미한다.

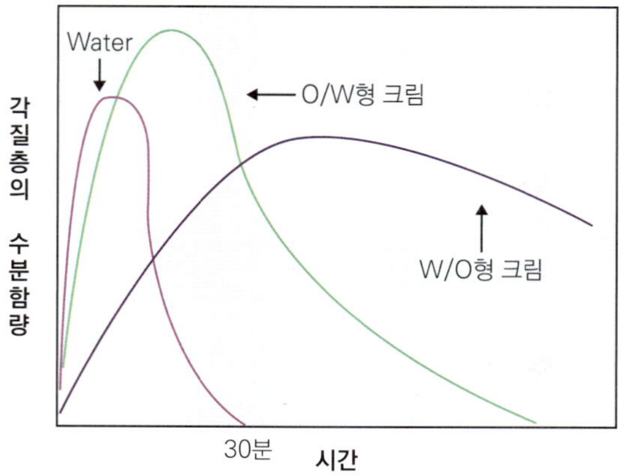


◆ 그림 3-9. 제형별 각질층의 수분 유지 시간

## 1. 유액의 원료와 제조

유액은 수용성 원료의 수용액 상태와 유용성 원료의 유용액 상태를 유화제에 의하여 유화한 스킨케어 화장품이다. 수용성 원료는 정제수와 친수성기를 함유한 알코올, 보습제, 점증제 등을 들 수 있고, 유용성 원료는 친유성인 유지, 고급지방산, 고급알코올, 에스테르 화합물, 탄화수소 화합물, 실리콘 오일 등을 들 수 있다. 그리고 계면활성제는 수상과 유상을 유화하기 위하여 비이온성 계면활성제를 주로 사용하지만 세정용의 경우는 음이온성 계면활성제를 사용하는 경우도 있다. 그 외에 방부제, 금속이온봉쇄제와 그 염, pH 조절지, 착색제, 착향제 등의 첨가제 및 사용목적에 따라 유효성을 위한 생리활성물질을 들 수 있다. 유액의 처방은 피부상태별, 사용목적에 따라 다양하고, 장기간 동안 사용하기 때문에 안전성, 안정성, 유효성 등을 고려한다. 주로 피부상태에 따른 유액은 정상피부용의 경우 유분과 보습이 적절하게 함유되도록 처방한다. 건성피부용의 경우 유성 원료와 보습제의 함량이 많고, 지성피부용의 경우 유성 원료의 함량은 적고 알코올의 함량이 다소 많게 처방한다. 복합성 피부나 민감성 피부는 피지분비를 조절할 수 있는 성분이나 천연 추출물, 저자극성 성분으로 처방한다. 특히 맞춤형화장품의 경우는 화장품 내용물의 성분 특성과 소비자 개인들의 취향까지 고려하여 조제가 가능하다. 그러나 유액은 상호 섞이지 않고 열역학적으로 불안정한 여러 가지 수용성 원료와 유용성 원료을 균일하게 분산시키는 방법으로 제조된 유화 제품이다. 따라서 유액은 수상과 유상을 유화할 때의 온도와 교반 속도, 원료의 선택과 첨가 방법, 첨가 순서 그리고 유화 온도 등 유화 조건 그리고 냉각 및 탈기포 등을 고려하여 제조한다.

유액은 일반적으로 수용성 원료는 정제수에 충분히 녹이고, 유용성 원료는 오일에 충분히 용해시킨다. O/W형의 유화는 호모믹서를 사용하여 수상에 유상을 서서히 첨가하면서 1차 유화시키고, 추가로 첨가제를 첨가하면서 2차 유화, 3차 유화를 한 후 적절한 온도로 냉각한 상태에서 착향제 등을 첨가하여 균일한 상태로 혼합 분산하여 유화를 마무리한다. 그리고 유화가 마무리되면 탈기포한 다음 냉각시켜 제조를 마무리한다. W/O형의 유화는 O/W형의 유화와 반대, 즉 호모 믹서를 사용하여 유상에 수상을 서서히 첨가하면서 1차 유화시키고, 추가로 첨가제를 첨가하면서 2차 유화, 3차 유화를 한 후 적절한 온도로 냉각한 상태에서 착향제 등 첨가하여 균일한 상태로 혼합 분산되면 유화를 마무리한다. 그리고 탈기포한 다음 실온으로 냉각시켜 제조를 마무리한다.

◆ **표 3-21. 유액에 사용되는 대표적인 원료**

| 원 료 | | 구성성분의 예 |
|---|---|---|
| 수용성 원료 | 이온교환수 | 정제수 |
| | 알코올 | 에탄올, 이소프로필알코올 |
| | 보습제 | 다가알코올(글리세린, 프로필렌글리콜, 디프로필렌글리콜, 1,3부틸렌글리콜 등), 소르비톨, 폴리에틸렌글리콜, 만니톨, POE메틸글리코시드, 생체 고분자 등 |
| | 점증제 | 퀸스시드, 펙틴, 셀룰로오스유도체, 크산탄검, 알긴산나트륨, 소아기나, 카르복시비닐폴리머 등 |
| 지용성 원료 | 유지 | 트리글리세라이드, 카카오유지, 올리브유, 아몬드유, 마카데미아넛트유, 아보카도유, 팜유, 파마지유, 해바라기씨유, 월견초유 등 |
| | 고급지방산 | 스테아릭애씨드, 올레익애씨드, 이소스테아릭애씨드, 미리스틱애씨드, 팔미틱애씨드, 베헤닉애씨드 등 |
| | 고급알코올 | 세탄올, 스테아릴알코올, 베헤닐알코올, 헥사테실알코올, 옥틸도데실알코올, 콜레스테롤 등 |
| | 왁스 | 카루니바 왁스, 칸데리라 왁스, 밀납, 라놀린, 호호바유 등 |
| | 에스테르 | IPM, 글리세린트리에스테르, 펜타에리스리톨테트라에스테르, 콜레스테릴에스테르 등 |
| | 탄화수소화합물 | 유동파라핀, 바셀린, 고형파라핀, 스쿠알렌, 마이크로크리스탈린납, 세레신 등 |
| | 실리콘오일 | 디메틸폴리실록산, 메틸페닐폴리실록산, 시클로메티콘 등 |
| 계면 활성제 | 비이온성 계면활성제 | 모노스테아린산글리세린, POE솔비탄지방산에스테르, 솔비탄지방산에스테르, POE 알킬에테르, POE·POP블록폴리머, POE경화피마자유 에스테르 |
| | 음이온성 계면활성제 | 지방산 비누, 알킬리황산나트륨 등 |

| | | |
|---|---|---|
| 첨가제 | 금속이온봉쇄제 | EDTA와 그 염 |
| | 방부제 | 메틸파라벤, 에틸파라벤, 프로필파라벤, 소르빅애씨드 등 |
| | 산화방지제 | 디부틸하이드록시아니솔(BHA), 디부틸하이드록시톨루엔(BHT), 비타민 E 등 |
| | pH 조절제 | 구연산과 그 염, 젖산과 그 염 등 |
| | 알칼리제 | 수산화나트륨, 수산화칼륨, 트리에탄올아민 |
| | 착향제 | 향료 |
| | 착색제 | 허용 색소 |
| | 생리활성물질 | 미백제, 자외선흡수제, 비타민 등 |

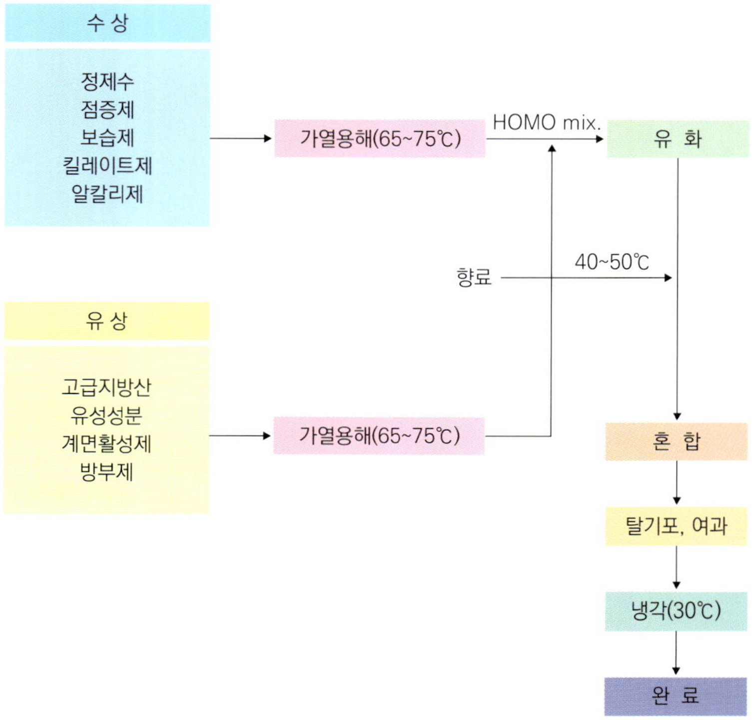


◆ 그림 3-10. O/W형 유액의 일반적인 제조과정

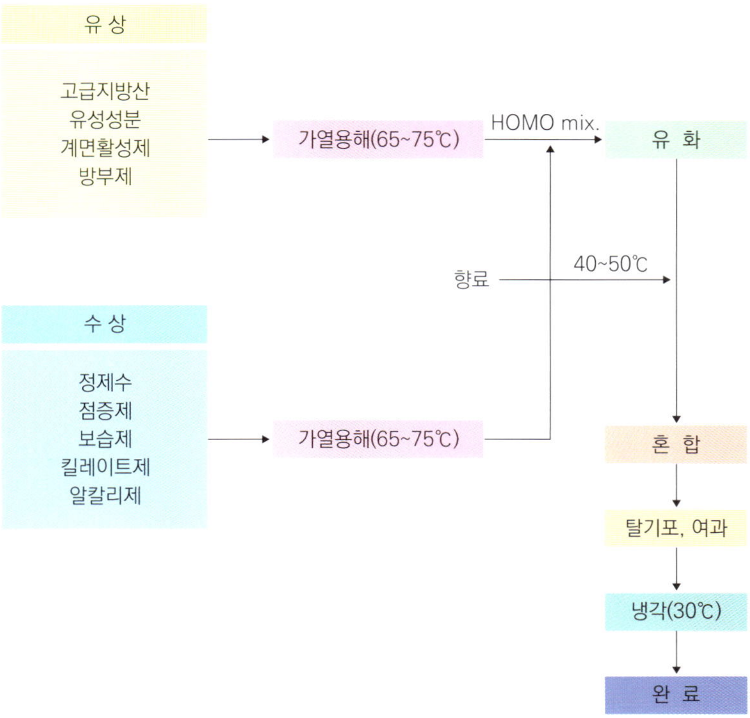


◆ 그림 3-11. W/O형 유액의 일반적인 제조과정

◆ 표 3-22. 보습 유연 유액(Moisturizing and Emollient Lotion)

| 원 료 | 성 분 | 함량(w/w%) | |
|---|---|---|---|
| | | 양이온/비이온 | 비이온 |
| phase A | Isopropyl linoleate | 2.00 | 2.00 |
| | Mineral oil | 3.00 | 30.00 |
| | Dimethyl polysiloxane CTS | 1.00 | 0.50 |
| | Glyceryl monostearate | 6.00 | 4.50 |
| | Spermwax | 1.00 | - |
| | Cetyl alcohol | 1.00 | - |
| | PEG 1000 distearate | - | 7.20 |
| | PEG 4000 monostearate | 4.00 | 0 |
| | Vitamin A palmiate in corn oil | 0.20 | 0.20 |
| | Vitamin E (mixed tocopherols) | 0.05 | 0.05 |
| | BHA | 0.05 | 0.05 |
| | Apricot kernel oil | - | 2.20 |
| | Propyl paraben | 0.05 | 0.05 |
| | Stearoyl lapyrium chloride | 0.10 | - |

| | | | |
|---|---|---|---|
| phase B | Propylene glycol<br>Methylparaben<br>Deionized water | 7.00<br>0.10<br>74.45 | 5.00<br>0.15<br>48.10 |
| phase C | Preservatives<br>Pigment<br>etc. | qs<br>qs<br>qs | qs<br>qs<br>qs |

■ **처방특성 및 제조과정 : 계면활성제형 유액**

① 70~80℃에서 phase A와 phase C의 일부(유용성 첨가제)를 저속 교반하여 균일한 상태로 완전히 녹인다.
② 70~80℃에서 phase B와 phase C의 일부(수용성 첨가제)를 저속 교반하여 균일한 상태로 완전히 녹인다.
③ 70~80℃에서 ①를 ②에 첨가하면서 호모믹서를 이용하여 유화시킨다.
④ 유화가 완료되면 ③을 40~50℃로 냉각시키고, phase C를 첨가하면서 2차 유화한다.
⑤ ④에 부향하고, 실온으로 냉각시켜 마무리한다.

◆ 표 3-23. W/O형 데이 로션(W/O type Day Emulsion)

| 원 료 | 구성 성분 | w/w(%) |
|---|---|---|
| phase A | Sorbitan sesquioleate<br>Cera microcristallina<br>Cera alba<br>Limnanthes alba seed oil<br>Butyrospermum parkii<br>Polydecene<br>Magnesium stearate<br>Silica dimethyl silylate | 4.00<br>1.00<br>2.00<br>2.14<br>0.16<br>30.00<br>0.50<br>0.50 |
| phase B | Deionized water<br>Glycerine<br>Polyoxyethylene (20) sorbitan monooleate<br>Betaine | to 100<br>2.00<br>1.00<br>2.00 |
| phase C | Preservative<br>Perfume<br>etc. | qs<br>qs<br>qs |

■ **처방특성 및 제조과정 : 자외선 차단제 함유 스킨케어 로션**

① 70℃에서 phase A를 균일한 상태로 완전히 혼합 용해한다.
② 70℃에서 phase B를 균일한 상태로 완전히 녹인다.
③ 70℃에서 ②을 ①에 첨가하면서 호모믹서로 고속 교반하여 유화시킨다.
④ ③을 40~50℃로 냉각시키고, phase C를 첨가하면서 2차 유화한다.
⑤ ④의 유화가 끝나면 실온으로 냉각시켜서 마무리한다.

◆ 표 3-24. 자외선 차단제 함유 로션(Skin Care Lotion, SPF 5)

| 원 료 | 구성 성분 | w/w(%) |
|---|---|---|
| phase A | 1. Glyceryl stearate<br>2. Avocado oil<br>3. Sweet almond oil<br>4. Cetyl dimethicone<br>5. Stearyl alcohol<br>6. Propylene glycol<br>7. Ceteareth-20<br>8. Myristyl lactate<br>9. Mineral oil<br>10 Cetyl alcohol | 2.20<br>1.00<br>6.00<br>2.00<br>0.60<br>4.00<br>0.40<br>1.00<br>4.00<br>1.00 |
| phase B | 11. Glycerine<br>12. Deionized water<br>13. Titanium dioxide and water<br>14. Aloe vera powder 200:1 | 3.00<br>66.06<br>7.50<br>0.20 |
| phase C | 15. 2-Bromo-2-nitropropane-1.3-diol<br>16. Deionized water | 0.04<br>1.00 |
| phase D | Preservative<br>Perfume<br>etc. | qs<br>qs<br>qs |

■ **처방특성 및 제조과정 : 자외선 차단제 함유 스킨케어 로션**

① 70℃에서 phase A를 균일한 상태로 완전히 녹인다.

② 70℃에서 phase B의 11,12 혼합 용액에 13을 균일한 상태로 혼합 분산하고 나서 14를 첨가하여 균일한 상태로 완전히 녹인다.

③ 70℃에서 ①을 ②에 첨가하면서 호모믹서로 고속 교반하여 유화시킨다.

④ 85℃에서 ③에 phase C를 첨가하면서 고속 교반하여 유화한다.

⑤ ④을 40~50℃로 냉각시키고, phase D를 첨가하면서 2차 유화하고, 부향한 후 실온으로 냉각시켜서 마무리한다.

◆ 표 3-25. 비타민 C 함유 핸드 로션(Hand Lotion with Vitamin C)

| 원 료 | 구성 성분 | w/w(%) |
|---|---|---|
| phase A | Stearic acid<br>Arlacel 165<br>Petrolatum | 2.06<br>2.06<br>5.15 |
| phase B | Carbopol 940<br>Deionized water | 0.10<br>to 100 |
| phase C | Triethanolamine<br>Deionized water | 1.03<br>10.31 |
| phase D | Polyether-modified elastomer(9%) in cyclopentasiloxane<br>Solution of vitamin C in water (10% solution) | 0.59<br>22.16 |
| phase E | Preservative<br>Chelating agent<br>Perfume<br>etc. | qs<br>qs<br>qs<br>qs |

■ **처방특성 및 제조과정 :**

① 85℃에서 phase A와 첨가제 일부를 충분히 녹인다.

② 실온에서 phase B를 충분히 혼합 분산시키고, 첨가제 일부를 녹인다.

③ 85℃에서 phase A를 phase B에 서서히 첨가하면서 균일하게 혼합, 분산할 때까지 저속 교반한다.

④ 85℃에서 ③에 phase C를 첨가하면서 고속 교반하여 유화한다.

⑤ ④을 40~50℃로 냉각시키고, phase D를 첨가하면서 2차 유화하고, 부향한 후 실온으로 냉각시켜서 마무리한다.

◆ 표 3-26. 바디 로션(Body Lotion)

| 원 료 | 구성 성분 | w/w(%) |
|---|---|---|
| phase A | Glycerin | 0.50 |
| | Methylparaben | 0.15 |
| | Propylene glycol | 0.90 |
| | PPG-12-PEG-65 Lanolin Oil | 1.03 |
| | Magnesium aluminum silicate | 0.30 |
| | PEG/PPG-25/25 Dimethicone | 0.40 |
| | Deionized water | to 100 |
| phase B | Cetyl acetate, acetylated lanolin alcohol | 1.10 |
| | Oleic acid | 0.50 |
| | PEG-50 Castor oil | 0.50 |
| | Propylene glycol ricinoleate | 0.95 |
| | Propylparaben | 0.05 |
| | Dimethicone | 1.45 |
| | Trimethylsiloxy phenyl dimethicone | 1.50 |
| phase C | Acylate/C10-30 Alkyl acrylates copolymer | 0.15 |
| phase D | EDTA | 0.10 |
| | Germall II | 0.20 |
| | Perfume | qs |
| | TEA | 0.17 |

■ **처방특성 및 제조과정 :**

① 70℃에서 phase A를 각각 평량하고, 저속 교반하여 균일한 상태로 녹인다.
② 70℃에서 phase B를 충분히 혼합 분산시키고, 첨가제 일부를 녹인다.
③ 70℃에서 phase C를 phase B에 서서히 첨가하면서 균일한 상태로 혼합, 분산될 때까지 저속 교반한다.
④ 70℃에서 ③에 phase A를 첨가하면서 30분 이상 고속 교반하여 유화한다.
⑤ 유화가 끝나면 ④를 40~50℃로 냉각시키고, ④에 phase D를 첨가하면서 15~20분 동안 중간 속도로 교반하여 2차 유화를 한다.
⑥ 2차 유화가 끝나면 ⑤를 실온으로 냉각시켜서 마무리한다.

## 06

# 크림(creams)

크림은 기본적으로 사용 목적이 유액과 거의 같다. 피부의 모이스처 밸런스를 유지시키고, 주로 유분과 수분 공급 및 보습을 유지시켜 주는 대표적인 스킨케어 화장품 중 하나이다. 그러나 크림은 유액에 비하여 유분의 함량이 많기 때문에 유분과 수분 그리고 보습제 등 사용 함량 비율을 다양화할 수 있다. 따라서 크림은 유용성 원료와 수용성 원료를 보다 더 다양화할 수 있기 때문에 크림의 종류도 사용 목적에 따라서 다양화할 수 있다. 일반적으로 스킨케어 화장품의 사용 순서는 가장 먼저 세안 비누나 화장수로 청결하게 한 후, 화장수로 피부 정돈을 하고 유액으로 보습과 유연성을 부여하고 나서 크림으로 보강하여 마무리한다. 그 외에 크림의 유화 특성을 이용하여 혈액순환 촉진과 문제성 피부의 개선, 즉 자외선 차단, 주름개선, 여드름 개선 등 다양한 목적으로 사용하기 때문에 다양한 기능성을 부여할 수 있다. 크림의 사용감이나 기능을 강화시키기 위한 유화 기술과 화장 방법이 발전하고 다양화됨에 따라서 크림의 종류도 다양화되고 있다. 따라서 스킨케어용 크림은 사용 목적에 따라서 피부의 세정, 보습, 유연, 혈액순환, 각질 연화, 자외선 방어, 미백, 노화억제, 세포재생, 제모 등으로 다양하게 분류할 수 있다.

또한 크림은 사용 시점이나 특수한 목적에 따라서 데이 크림(day cream), 나이트 크림(night cream), 영양 크림(nourishing cream), 모이스처 크림, 에몰리엔트 크림, 화이트 크림 등으로 분류하기도 한다. 데이 크림은 주로 활동성 많은 낮에 사용하는 크림으로 햇빛이나 건조한 환경 및 오염 등 외부환경으로부터 보호할 목적으로 사용한다. 나이트 크림은 주로 밤에 휴식을 취할 때 사용하는 크림으로 유분과 생리활성성분의 함량이 많고, 피부의 세포에 영양공급을 목적으로 스킨케어 화장품, 즉, 영양크림과 혼용하여 사용한다. 그 외 모이스처 크림 등 대부분은 보습과 유연을 부여하기 위한 크림이다.

그리고 사용부위와 대상에 따라서 핸드크림(hand cream), 아이크림(eye cream), 베이비 크림(baby cream) 등이 있다. 크림은 장시간 동안 피부에 도포된 상태로 유지되기 때문에 안전성이 무엇보다도 중요하다. 즉, 여러 가지의 유지뿐만 아니라 방부제, 생리활성물질 등 크림에 사용한 원료가 많기 때문에 피부 알레르기 등 피부 부작용을 유발할 수 있다. 따라서 피부상태와 사용목적에 따라서 원료 선택에 유의하여야 하고 미용기법을 잘 익혀서 사용할 경우 보다 더 효과적이다.

## 1. 크림의 주요 성분 및 제조

크림의 주요 성분은 유액의 주요 성분과 유사하다. 단지 크림은 유액에 비하여 친유성인 유성성분의 함량이 많기 때문에 유액보다 더 다양한 스킨케어 화장품을 제조할 수 있다. 크림의 주요 구성성분은 기질인 친유성의 유용성 성분과 친수성의 수용성 성분을 바탕으로 상호 분산시킬 수 있는 계면활성제와 그 외 첨가제인 방부제, 금속이온봉쇄제, 향료, 생리활성성분 등이다. 그리고 크림에 사용되는 수용성 원료와 유용성 원료의 조합에 따라 사용목적을 달리할 수 있기 때문에 스킨케어 화장품 이외에 메이크업 화장품이나 모발 화장품에도 응용할 수 있다. 크림의 주요 성분은 유액의 구성 성분의 설명으로 대신한다.

일반적으로 크림은 친수성인 수용성 원료를 정제수에 녹이고, 친유성인 유용성 원료를 기름에 충분히 녹여서 유화시켜서 제조한다. 즉, 수상은 70~80℃에서 정제수에 보습제, 점증제 등을 혼합 분산하고 충분히 녹인다. 유상은 70~80℃에서 유동성의 오일이나 고급지방산, 고급알코올, 계면활성제, 방부제, 산화방지제 등의 친유성 원료를 충분히 녹인다.

O/W형의 크림은 70~80℃에서 호모믹서를 사용하여 고속 교반으로 완전히 용해된 수상에 유상을 천천히 첨가하여 1차 유화시킨다. 온도를 조절하면서 향료와 색소 그리고 생리활성물질을 첨가하면서 2차 유화와 3차 유화를 시키고 나서 탈기포한 후 제조를 마무리한다. W/O형의 크림은 O/W형의 크림 제조과정의 유화 순서를 바꾸어 제조한다. 크림의 제조 방법도 유액과 비슷하지만 유화시간과 구성성분이 다양하고, 기능별 생리활성 성분을 사용할 수 있기 때문에 제조의 조건에 유의하여야 한다.

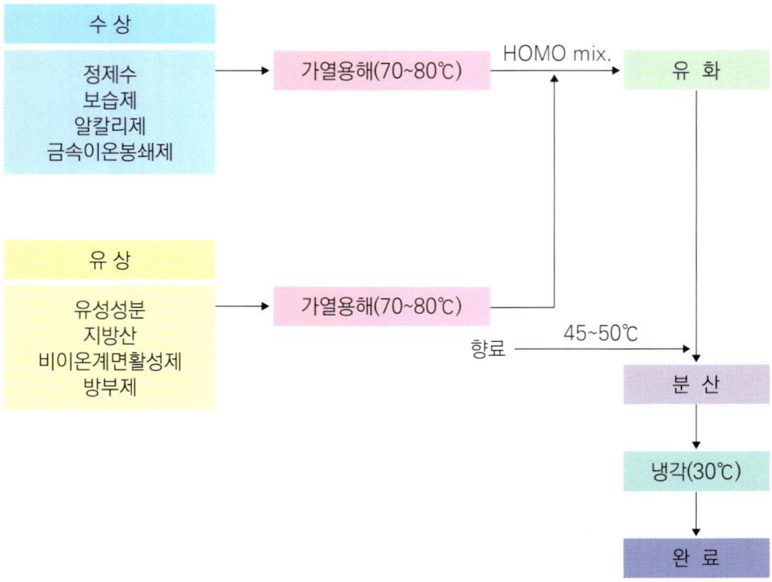


◆ 그림 3-12. 크림(O/W형)의 일반적인 제조과정

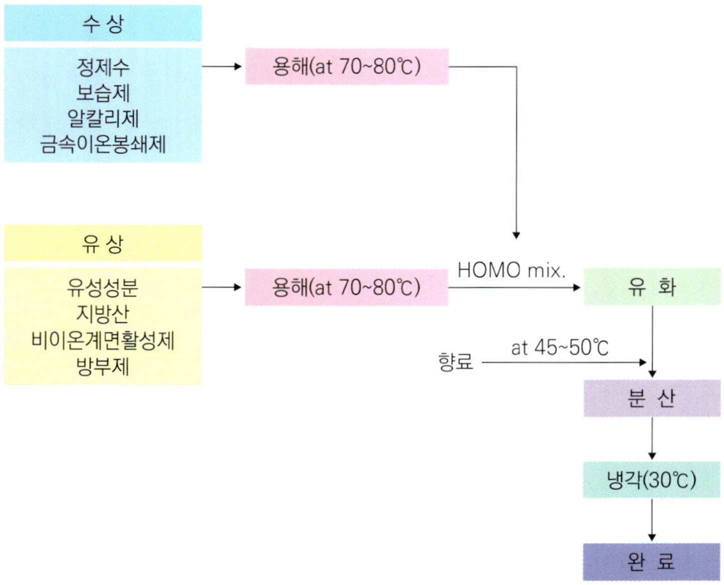


◆ 그림 3-13. 크림(W/O형)의 일반적인 제조과정

## 2. 크림의 종류

크림은 유액과 마찬가지로 서로 섞이지 않은 유상과 수상을 분산시킨 유화기술을 이용하여 제조한다. 즉 유상과 수상이 상호 혼합되지 않는 2가지 액체 중 한 쪽의 분산상을 다른 한 쪽의 연속상에 안정적으로 분산시켜 제조한 스킨케어 화장품의 일종이다. 크림은 유액에 비하여 유성성분의 함량이 많기 때문에 O/W형과 W/O형 이외에도 O/W/O형, W/O/W형 등 다양한 제형으로 제조한다. 또한 사용 목적에 따라 계면활성제의 종류와 사용한 기질 원료의 특성 및 생리활성성분을 조합함으로써 보다 더 다양한 크림을 제조할 수 있다. O/W형은 HLB가 8~18 영역인 친수성의 계면활성제를 사용한다. 유성성분은 비극성에서 극성에 이르기까지 폭넓게 사용된다. 유화 입자의 밀도가 높아짐에 따라 유동성이 없어지고 크림상태가 되는 경우도 있고, 점성을 높이기 위하여 고급알코올이나 고급지방산 등을 첨가하여 유동성을 제거함으로써 안정된 크림을 얻을 수 있다. W/O형은 HLB가 4~6 영역인 친유성의 계면활성제를 사용한다. 유성성분은 주로 비극성을 사용하지만 안정성을 향상시키기 위하여 고급알코올과 고급지방산 등 유성성분의 선정과 상호 조합을 고려하여야 한다. 제형에 따라서 크림의 특성이 달라진다. 일반적으로 O/W형 크림은 가볍고 산뜻한 느낌이 있고, W/O형 크림은 오일이 풍부하고 피부에 유연성을 부여한다. 특히 클렌징 크림이나 마사지 크림의 경우는 주로 유분의 함량이 많은 W/O형이다.

크림은 유액에 비하여 유성성분의 함량이 많기 때문에 처방에 따라서 사용 목적을 다양화 할 수 있다. 즉, 제형과 유성성분의 양을 조절함으로써 촉촉함을 부여할 수 있는 크림, 유분기와 부드러움을 부여할 수 있는 크림, 피부에 흡수력이 우수한 크림, 피부에 전연성이 우수한 크림, 메이크업의 잔류물을 잘 지울 수 있는 크림, 물로 씻어 낼 수 있는 크림, 티슈로 제거할 수 있는 크림 등 다양한 특성의 크림을 제조할 수 있다. 또한 크림은 수용성 원료와 유용성 원료를 다양화 시키고 보습제와 생리활성성분을 처방함으로써 외부환경과 내적 요인 등에 따라 변화되는 피부를 개선할 수 있다. 즉, 크림은 피부상태, 주름, 자외선으로부터 보호, 미백, 여드름 등의 개선에 도움을 줄 수 있는 맞춤형화장품을 소비자의 기호와 사용 목적에 맞도록 처방이 가능하다. 일반적으로 크림은 유분의 함량에 따라서 약유성 크림, 중유성 크림, 유성 크림으로 구분할 수 있다. 유분의 함량을 10~30% 처방한 경우는 약유성 크림, 30~50% 처방한 경우는 중유성 크림, 50~85% 처방한 경우는 유성 크림으로 구분한다. 건성피부에 가까울수록 유성 크림이 적합하고, 지성피부에 가까울수록 약유성 크림이 적합하다. 약유성 크림과 중유성 크림은 유성 크림에 비하여 유성성분의 함량이 적기 때문에 주로 O/W형의 크림을 처방한다. 일반적으로 O/W형은 W/O형에 비하여 보습력이 우수하고 피부의 촉촉함을 부여하기 때문에 메이크업의 효과가 크다. 반면에 W/O형은 O/W형에 비하여 상대적으로 유분의 함량이 많기 때문에 수분의 이탈을 방지함으로 수분의 유지력이 우수하다.

◆ **표 3-27. 유분 함량에 따른 크림 처방의 분류**

| 구 분 | 유분 함량(wt%) | 특 성 | 제 품 |
|---|---|---|---|
| 약유성 크림 | 10~30 | • O/W형<br>• 지성피부에 적합<br>• 가벼운 사용감 | 모이스쳐 크림 |
| 중유성 크림 | 30~50 | • O/W형<br>• 비교적 가벼운 사용감 | 핸드 크림, 베이비 크림 |
| 유성 크림 | 50~85 | • O/W형, W/O형<br>• 건성피부에 적합 | 클렌징 크림<br>마사지 크림<br>에몰리엔트 크림 |

## 1) 클렌징 크림(Cleansing Cream)

클렌징 크림은 사용 후, 닦아내는 형과 헹구는 형으로 두 가지로 처방이 가능하다. 물로 헹구는 형의 경우는 사용 후에 끈적거림을 방지하기 위해 유성 성분의 비율을 낮게 처방한다.

◆ **표 3-28. 클렌징 크림(Cleansing Cream)**

| 원 료 | 구성 성분 | w/w(%) | |
|---|---|---|---|
| | | W/O | O/W |
| phase A | Petrolatum | 35.0 | – |
| | Mineral oil | 15.0 | 23.0 |
| | Paraffin wax | 5.0 | – |
| | Lanolin | 3.0 | 4.0 |
| | Ceresin | 5.0 | – |
| | Sorbitan sesquioleate | 4.0 | – |
| | Beeswax | – | 2.0 |
| | Stearic acid | – | 15.0 |
| | Sorbitan trioleate | – | 1.0 |
| phase B | Sorbitol solution 70% | 2.5 | 12.2 |
| | Magnesium sulphate | 0.2 | – |
| | Water | 30.3 | 41.8 |
| | Polyoxyethylene (20) sorbitan monooleate | – | 1.0 |
| phase C | Preservatives | qs | qs |
| | Chelate agent | qs | qs |
| | Fragrance | qs | qs |
| | etc. | qs | qs |

■ **처방특성 및 제조과정 : W/O, O/W type Cleansing Cream 크림**

① 70~80℃에서 phase A와 phase C의 일부(유용성 원료 등)를 저속 교반하여 충분히 녹인다.

② 70~80℃에서 phase B와 phase C의 일부(수용성 원료 등)를 저속 교반하여 충분히 녹인다.

③ 70~80℃에서 호모믹서를 이용하여 고속 교반(1500rpm)하면서

- (W/O type) : ①에 ②를 서서히 첨가하여 유화시킨다.
- (O/W type) : ②에 ①를 서서히 첨가하여 유화시킨다.

④ ③의 유화가 완료되면 40~50℃로 냉각시키고, phase C의 향료를 첨가하여 균일하게 혼합한다.

⑤ ④를 탈 기포한 후, 실온으로 냉각시켜 마무리한다.

## 2) 마사지 크림(Massage Cream)

마사지 크림은 콜드 크림(cold cream)의 대표적인 크림이다. 콜드 크림은 밀납(bees wax)이 붕산나트륨의 비누화 반응에 의하여 얻어지는 크림으로 피부에 바르면 차갑게 느껴진다고 하여 콜드 크림이라고 한다. 마사지 크림은 발림성이 우수하고 사용감이 좋은 장점 때문에 주로 비이온성 계면활성제를 이용한다.

◆ 표 3-29. W/O형 마사지 크림(W/O type Massage Cream)

| 원 료 | 구성 성분 | w/w(%) |
|---|---|---|
| phase A | Squalane | 34.00 |
| | Vaselline | 5.00 |
| | Microcrystalline wax | 9.00 |
| | Paraffine | 2.00 |
| | Bees wax | 3.00 |
| | Lanolin | 5.00 |
| | Hexyldecyl adpiate | 1.00 |
| | Glyseryl monooleate | 3.50 |
| phase B | Deionized water | 22.50 |
| | Propylene glycol | 5.00 |
| | Polyoxyethylene (20) sorbitan monolaurate | 1.00 |
| phase C | Preservatives | qs |
| | Perfume | qs |
| | etc. | qs |

■ **처방특성 및 제조과정** : W/O type Nonionic Surfactant

① 70~80℃에서 phase A를 완전히 녹인 후, phase C의 일부(유용성)를 저속 교반하여 충분히 녹인다.

② 70~80℃에서 phase B를 완전히 녹인 후, phase C의 일부(수용성)를 저속 교반하여 완전히 녹인다.

③ 70~80℃에서 ②를 ①에 서서히 첨가하면서 호모믹서로 고속 교반하여 유화한다.

④ ③의 유화가 완료되면 40~50℃로 냉각시키고, phase C의 향료를 첨가하여 균일하게 혼합한다.

⑤ ④를 탈 기포한 후, 실온으로 냉각시켜 마무리한다.

### 3) O/W형 중유성 크림(O/W type Medium Cream)

중유성 크림은 유성 성분의 함량이 30~50%로 차지하고 있기 때문에 약유성 크림과 유성크림의 중간적인 특성이 있다. 이러한 중간적인 특성으로 인하여 중유성 크림이라 하고 대부분의 에몰리엔트 크림이다. 즉, 모이스처 크림, 영양 크림, 나이트 크림 등이다. 중유성 크림은 유용성 원료와 수용성 원료를 동시에 친화성이 있기 때문에 다양한 기능의 생리활성물질 등으로 인하여 사용 목적에 따라 다양한 화장품에 적용이 가능하다.

◆ 표 3-30. O/W 모이스쳐 크림(O/W Skin Moisturizing Cream)

| 원 료 | 구성 성분 | w/w(%) |
|---|---|---|
| phase A | Cyclopentasiloxane (and) Dimethiconol | 10.0 |
| | Cyclomethicone | 10.0 |
| | Acrylate, C 10-30 Alkyl Acrylate copolymer | 0.6 |
| | Jojoba Seed Oil | 2.0 |
| | BHT | 0.1 |
| phase B | Dimethicone Copolyol | 3.0 |
| | Glycerin | 2.0 |
| | Citrus Medica Limonum (Lemon) Fruit Water | 10.0 |
| | Citrus Grandis (Grapefruit) Fruit Water | 10.0 |
| | Water (and) Propylene Glycol (and) Hypnea Musciformis Extract (and) Gellidiela Acerosa Extract (and) Sargassum Filipendula Extract | 1.0 |
| | Blue 1(0.1%) | 0.1 |
| | SD alcohol | 5.0 |
| | Phenoxyethanol (and) Methylparaben (and) Ethylparaben (and) Propylparaben (and) Butylparaben | 0.5 |
| | Distilled Water | 16.3 |
| phase C | Fragrance | 0.3 |
| phase D | Sodium Hydroxide | qs |
| phase E | Distilled Water | 29.40 |

▪ **처방특성 및 제조과정 : Tocopheryl Acetate을 함유한 부드러운 느낌 크림**

① 실온에서 phase A의 Acrylate, C 10-30 Alkyl Acrylate copolymer를 phase D에 넣고, 저속 교반하여 균일한 상태로 혼합 분산한다.

② 나머지 phase A를 충분히 녹이고, 혼합 분산한다.

③ ②를 ①에 넣고 균일한 상태로 혼합 분산한다.

④ 45℃에서 phase B를 저속 교반하여 충분히 녹인다.

⑤ ④에 phase C를 첨가하고, 저속 교반하여 균일하게 충분히 혼합 분산한다.
⑥ ⑤를 ③에 서서히 첨가하면서 중간 속도로 교반하여 충분히 혼합 분산한다.
⑦ ⑥에 phase D의 용액으로 pH와 점도를 조절하여 마무리한다.

### ◆ 표 3-31. O/W 모이스쳐 크림(O/W Skin Moisturizing Cream)

| 원 료 | 구성 성분 | w/w(%) |
|---|---|---|
| phase A | Butyl methoxydibenzylmethane | 0.5 |
| | Ethylhexyl methoxycinnamate | 2.0 |
| | Carthamus tinctorius (safflower) oleosomes | 10.0 |
| phase B | Deionized water (aqua) | 50.6 |
| | Urea | 10.0 |
| | Polyglycerin-10 | 5.0 |
| phase C | Acrylates/acrylamide copolymer (and) mineral oil (and) Polysorbate 85 | 1.50 |
| | Deionized water (aqua) | 20.00 |
| phase D | Dhydroacetic acid (and) benzyl alcohol (and) Phenoxyethanol (and) benzoic acid (and) benzethonium cholorie | 0.25 |
| | Fragrance (purfum) | 0.15 |

■ **처방특성 및 제조과정** : **잇꽃 추출물을 함유한 모이스쳐 크림**
① 실온에서 phase A를 저속 교반(200rpm)하여 균일한 상태로 혼합 분산한다.
② 실온에서 phase B를 phase A에 첨가하고, 저속 교반(300rpm)하여 균일한 상태로 충분히 녹이고, 혼합 분산한다.
③ 45℃에서 phase C를 ②에 넣고, 균일한 상태로 혼합 분산한다. 점성이 높아진다.
④ 45℃에서 phase D를 ③에 첨가하고, 저속 교반(400rpm)하여 충분히 혼합 분산한다.
⑤ ④를 실온으로 냉각시키고, 마무리한다.

### ◆ 표 3-32. O/W 모이스쳐 크림(O/W Skin Moisturizing Cream)

| 원 료 | 구성 성분 | w/w(%) |
|---|---|---|
| phase A | Isopropyl linoleate | 2.0 |
| | Glyceryl stearate | 3.0 |
| | Diisopropyl adipate | 2.0 |
| | Myristyl myristate | 1.0 |
| | PEG-40 stearate | 1.0 |
| | Cetyl alcohol | 1.5 |
| | Ceteareth-20 | 0.5 |
| | Quaternium-22 | 2.0 |

| | | |
|---|---|---|
| phase B | Hydroxyethylcellulose (2% aqueous)<br>Propylene glycol<br>Deionized water | 25.0<br>3.0<br>to 100 |
| phase C | Preservatives<br>Chelate agent<br>pH adjust agent<br>Fragrance<br>etc. | qs<br>qs<br>qs<br>qs<br>qs |

■ **처방특성 및 제조과정 : 피부장벽 기능을 보강한 모이스쳐 크림**

① 60~70℃에서 phase A와 phase C의 일부(유용성)를 저속 교반하여 균일한 상태로 완전히 녹인다.

② 60~70℃에서 phase B와 phase C의 일부(수용성)를 저속 교반하여 균일한 상태로 충분히 녹이고, 혼합 분산한다.

③ 60~70℃에서 ①를 ②에 첨가하면서 호모믹서를 이용하여 유화시킨다.

④ 45℃에서 ③에 부향하고, 실온으로 냉각시켜 마무리한다.

### ◆ 표 3-33. O/W 크림(O/W Skin Cream)

| 원 료 | 구성 성분 | w/w(%) |
|---|---|---|
| phase A | 1. Cyclomethicone<br>2. Cyclomethicone (and) Dimethicone Crosspolymer<br>3. Simmondsia Chinensis(Jojoba) Seed Oil<br>4. Caprilic/Capric Triglyceride<br>5. Phenoxyethanol (and) Methylparaben (and) Ethylpaaben (and) Propylparaben (and) Butylparaben | 15.0<br>10.0<br>2.0<br>2.0<br>0.5 |
| phase B | 6. Cetyl Alcohol (and) Glyceryl stearate (and) PEG-75 Stearate (and) Ceteth-20 (and) Steareth-20<br>7. Glycerin<br>8. Xanthan Gum<br>9. Distilled Water | 4.0<br>2.0<br>0.2<br>up to 100 |
| phase C | 10. Tocopheryl Acetate<br>11. Calcium Pantothenate<br>12. Chitosan Succinamide | 1.0<br>0.5<br>1.0 |
| phase D | 13. Red 40<br>14. Yellow 5<br>15. Fragrance | 0.1<br>0.1<br>0.3 |

■ **처방특성 및 제조과정 : Tocopheryl Acetate을 함유한 부드러운 느낌 크림**

① 실온에서 정제수에 phase D의 13을 넣고, 01% Red 40을 준비한다.

② 실온에서 정제수에 phase D의 14을 넣고, 01% Yellow 5을 준비한다.

③ 60℃에서 phase A를 저속교반으로 충분히 혼합 용해하고, phase B의 6을 첨가한다.

④ 60℃에서 phase B를 저속교반으로 충분히 혼합 분산한다.
⑤ 60℃에서 ④를 ③에 저속 교반하면서 첨가하여 혼합 용해하여 유화한다.
⑥ ⑤를 35℃로 냉각시키고, 저속교반하면서 phase C를 첨가한다.
⑦ 저속교반하면서 ⑥에 ①을 첨가하고, ②를 첨가하여 충분히 혼합 분산한다.
⑧ ⑦에 부향하여 균일한 상태로 혼합 분산되면 마무리한다.

◆ 표 3-34. 나이트 크림(Night Cream)

| 원 료 | 구성 성분 | w/w(%) |
|---|---|---|
| phase A | PEG-5 Soya sterol | 3.00 |
| | Soybean sterol | 5.00 |
| | Isododecane | 1.50 |
| | Isohexadecane | 1.50 |
| | Bis-diglyceryl polyacryladipate-1 | 2.00 |
| | Glyceryl hydroxystearate | 2.50 |
| | Cethyl palmitate | 2.00 |
| | Microcrystalline wax | 0.25 |
| | Trihydroxystearin | 0.25 |
| | Cetearyl Isononanoate | 6.00 |
| phase B | Deionized water | 70.50 |
| | Sorbitol [and] Dioscorea villosa extract [and] ginseng extract [and] Cimicifuga racemosa root extract [and] Arctium majus root [and] Humulus lupulus extract [and] Medicago sativa extract [and] Tanacetum vulgare extract [and] Glycyrrhiza glabra root extract [and] Angelica polymorpha extract [and] Anthemia nobilis extract | 5.00 |
| phase C | β-sitosterol [and] Dioscorea villosa extract [and] Prunus africana extract [and] Serenoa serrulate extract [and] Pueraria thunbergiana extract | 0.50 |
| | Preservatives | qs |
| | Fragrance | qs |

■ **처방특성 및 제조과정 : 나이트 크림**

① 80℃에서 phase A를 균일한 상태로 완전히 녹인다.
② 80℃에서 phase B를 균일한 상태로 완전히 녹인다.
③ 80℃에서 ②를 ①에 서서히 첨가하고, 5분 동안 호모믹서로 고속 교반하여 유화한다.
④ ③을 40~50℃로 냉각시키고, phase C를 첨가하여 2차 유화한다.
⑤ ④를 탈 기포하여 실온으로 냉각시키고 마무리한다.

◆ 표 3-35. W/O 나리싱 모이스쳐 크림(O/W Nourishment Moisturizing Cream)

| 원 료 | 구성 성분 | w/w(%) |
|---|---|---|
| phase A | 1. Ethylexyl Methoxycinnamate | 3.0 |
| | 2. Butyl Methoxydibenxoylmethane | 1.5 |
| | 3. Glyceryl Stearate (and) PEG 100 Stearate | 4.0 |
| | 4. Butyrospermum Parkii (Shea butter) | 1.0 |
| | 5. Stearyl Dimethicone | 3.0 |
| | 6. Cetyl Alcohol | 1.0 |
| | 7. Simmondsia Chinensis (Jojoba) Seed Oil | 4.0 |
| | 8. Isononyl isononanoate | 3.0 |
| | 9. Cyclomethicone | 8.0 |
| | 10. Phenoxyethanol (and) Methylparaben (and) Ethylpaaben (and) Propylparaben (and) Butylparaben | 0.5 |
| | 11. Cyclomethicone (and) Dimethicone Crosspolymer | 5.0 |
| phase B | 12. Glycerin | 2.0 |
| | 13. Deionized water | 59.0 |
| | 14. Hyaluronic acid | 1.0 |
| phase C | Preservatives | qs |
| | Chelate agent | qs |
| | Fragrance | qs |
| | etc. | qs |
| phase D | Polyacrylamide (and) C13-14 Isoparaffin (and) Laureth-7 | 4.00 |

■ **처방특성 및 제조과정 : 고농도 나리싱 모이스쳐 크림**

① phase A의 혼합 용해

- 70℃에서 phase A의 1과 2를 저속 교반하여 충분히 녹인다.
- 동일 조건으로 phase A의 3,4,5,6 순으로 서서히 첨가하여 충분히 녹인다.
- 동일 조건으로 phase A의 7,8,9,10 순으로 서서히 첨가하여 충분히 녹인다.
- 마지막으로 phase A의 11와 phase D의 일부(Preservatives 등)를 첨가하여 충분히 녹여서 phase A를 균일한 상태의 혼합 분산 용액을 준비한다.

② 70℃에서 phase B를 혼합 용해하고, phase C의 일부(Chelate agent 등)를 충분히 용해한다.

③ 70℃에서 호모믹서를 이용하여 고속 교반(1500rpm)하면서 ①에 ②를 서서히 첨가하여 유화시킨다.

④ ③의 유화가 완료되면 40~50℃로 냉각시키고, phase C의 향료를 첨가하여 균일하게 혼합한다.

⑤ 실온에서 ④를 최대의 고속 교반하여 phase D를 신속하게 첨가하여 혼합 분산한 후 교반을 멈추고 탈 기포하여 마무리한다.

## 4) W/O형 에몰리엔트 크림(W/O type Emollient Cream)

W/O형의 에몰리엔트 크림은 유성성분이 상대적으로 많아 유상의 점도를 높게 하여 안정성이 우수한 크림을 제조할 수 있다. 그러나 유분이 많아서 끈적거림 등의 단점이 있다. 이러한 단점을 개선하기 위하여 유지의 양을 줄이고 수분의 양을 증가시켜도 안정성이 유지되도록 아미노산 겔이나 유기변성 점토광물 겔을 이용하여 유화한다.

◆ **표 3-36. W/O형 에몰리엔트 크림(W/O type Emollient Cream)**

| 원 료 | 구성 성분 | w/w(%) |
|---|---|---|
| phase A | Liquid paraffin<br>Microcrystalline wax<br>Vaseline<br>Diglyceroldioleate | 30.00<br>2.00<br>5.00<br>5.00 |
| phase B | Deionized water<br>L-Glutaminate<br>L-Serine | 13.00<br>1.60<br>0.40 |
| phase C | Propylene glycol<br>Deionized water | 3.00<br>40.00 |
| phase D | Preservatives<br>Perfume<br>etc. | qs<br>qs<br>qs |

■ **처방특성 및 제조과정** : **아미노산 겔을 이용한 O/W형 크림**

① 50℃에서 phase B를 균일한 상태로 완전히 녹인다.
② 50℃에서 phase A를 균일한 상태로 완전히 녹인다.
③ 50℃에서 ②를 ①에 서서히 첨가하면서 5분 동안 호모믹서로 고속 교반하여 유화한다.
④ ③에 phase C를 첨가하여 2차 유화한다.
⑤ ④에 phase D를 첨가하여 충분히 혼합 분산한 후, 탈 기포하여 실온으로 냉각시키고 마무리한다.

◆ 표 3-37. 건성피부용 데이 크림(Day Cream for Dry Skin)

| 원 료 | 구성 성분 | w/w(%) |
|---|---|---|
| phase A | Soya(Glycine soja) sterol | 2.00 |
| | Cetearyl alcohol [and] sodium cetearyl sulfate | 5.00 |
| | Glyceryl stearate | 3.00 |
| | Sesame oil | 10.00 |
| | Isopropyl stearate | 16.00 |
| | PEG-8 [and] tocopherol [and] ascobyl palmitate [and] ascorbic acid [and] citric acid | 0.10 |
| phase B | Deionized water | 58.40 |
| | Sorbitol [and] Dioscorea villosa extract [and] ginseng extract [and] Cimicifuga racemosa root extract [and] Arctium majus root [and] Humulus lupulus extract [and] Medicago sativa extract [and] Tanacetum vulgare extract [and] Glycyrrhiza glabra root extract [and] Angelica polymorpha extract [and] Anthemia nobilis extract | 5.00 |
| phase C | β-sitosterol [and] Dioscorea villosa extract [and] Prunus africana extract [and] Serenoa serrulate extract [and] Pueraria thunbergiana extract | 0.50 |
| | Preservatives | qs |
| | Fragrance | qs |

■ **처방특성 및 제조과정** : **추출물 복합체를 이용한 건성용 데이 크림**

① 80℃에서 phase A를 균일한 상태로 완전히 녹인다.

② 80℃에서 phase B를 균일한 상태로 완전히 녹인다.

③ 80℃에서 ②를 ①에 서서히 첨가하면서 5분 동안 호모믹서로 고속 교반하여 유화한다.

④ ③을 40~50℃로 냉각시키고, phase C를 첨가하여 2차 유화한다.

⑤ ④를 탈 기포하여 실온으로 냉각시키고 마무리한다.

## 5) 바니싱 크림(Vanishing Cream)

바니싱 크림은 스테아릭애씨드에 알칼리인 수산화칼륨 등을 첨가하면 비누화 반응에 의하여 비누가 생성되는데, 피부에 도포하면 일단 하얗게 되었다가 하얀 것이 희미해지면서 사라진(vanish) 것처럼 보인다는 차원에서 명명된 것이다. 즉 바니싱 크림은 피부에 도포했을 때 피부 결에서 마치 흡수되어 없어지는 것처럼 보인다는 의미에서 불러진 명칭이다. 바니싱 크림은 10~20%의 유성성분을 수상에 분산시켜 유화한 O/W형의 약유성 크림이다. 유용성 원료 중 스테아린산은 수용성의 알칼리제인 수산화칼륨 등과 중화반응에 의하여 스테아린산염으로 전환되어 유화제의 역할을 한다. 그러나 바니싱 크림은 중성영역의 pH를 조정하기 위하여 주로 비이온성 계면활성제를 이용하고, 소량의 중화반응 혹은 비누화 반응에 의한 유화제가 병용된다.

◆ **표 3-38. 바니싱 크림(Vanishing Cream)**

| 원 료 | 구성 성분 | w/w(%) |
|---|---|---|
| phase A | 1. Stearic acid<br>2. Cetostearyl alcohol<br>3. Mineral oil | 15.00<br>2.00<br>2.00 |
| phase B | 4. Borax<br>5. Ammonium hydroxide<br>6. Deionized water | 1.00<br>1.00<br>71.40 |
| phase C | 7. Propylene glycol<br>8. Glycerin<br>9. Active agent | 4.00<br>3.00<br>0.60 |
| phase D | Preservatives<br>Chelate agent<br>pH adjust agent<br>Fragrance<br>etc. | qs<br>qs<br>qs<br>qs<br>qs |

■ **처방특성 및 제조과정 : 생리활성물질을 함유한 바니싱 크림**

① 70~80℃에서 phase A와 phase C의 일부(유용성 첨가제)를 저속 교반하여 균일한 상태로 완전히 녹인다.
② 70~80℃에서 phase B의 4를 6에 충분히 습윤 분산시키고, 유화 직전에 phase B의 5를 첨가한다.
③ 70~80℃에서 ①을 ②에 첨가하면서 호모믹서를 이용하여 유화시킨다.
④ 유화가 완료되면 ③을 50~55℃로 냉각시키고, phase C를 첨가하면서 2차 유화한다.
⑤ ④에 부향하고, 실온으로 냉각시켜 마무리한다.

07

# 에센스(Essences)

피부는 내외적 환경에 의하여 거칠어지고 여드름과 주름 및 기미 등 다양한 형태의 문제성 피부가 형성된다. 이러한 문제성 피부를 개선할 목적으로 세안 화장품을 비롯한 화장수와 유액 그리고 크림 등 스킨케어 화장품을 사용한다. 이러한 피부 상태를 개선하기에는 다소 미흡하다. 따라서 화장품에 기능성을 보강하기 위한 생리활성 물질을 농축하여 사용함으로써 보다 더 우수한 피부개선 효과를 위한 목적으로 에센스를 사용한다.

특히 화장품은 소비자의 경제 활동으로 인한 생활패턴의 변화와 화장품의 유효성에 대한 욕구가 심화되고, 화장품 사용의 간편화 등에 의하여 '에센스'라는 스킨케어 화장품이 생성된 것이다. 즉 피부 생리에 필수적인 보습능이 우수한 성분이나 피부를 부드럽게 하는 성분 그리고 세포의 생리활성성분, 미백성분, 항산화성분, 자외선차단성분 등의 기능이 농축된 성분을 함유한 간편한 화장품의 상징이 되었다. 이러한 개념의 에센스는 미용 효과적인 측면에서 큰 차이는 없으나 세럼(serum)이나 앰플(ample) 등으로 혼용하여 사용하고 있다. 그러나 굳이 구분한다면 미용에 대한 유효성분의 농도에 따라서 앰플〉세럼〉에센스의 순으로 구분한다. 이는 처방과 제형에 따라서 한 가지 미용 효과뿐만 아니라 복합적인 기능을 갖는 소재를 처방함으로써 다양한 에센스를 제조할 수 있다.

◆ **표 3-39. 에센스의 종류에 따른 특성**

| 분 류 | 제 형 | 특 성 |
|---|---|---|
| 화장수 타입 | 가용화, 마이크로에멀젼 | • 대부분의 에센스를 의미함<br>• 다양한 보습제 함유, 우수한 보습력 부여<br>• 촉촉한 사용감이 있으나 유연 효과 부족<br>• 수용성의 유효성분만 사용 가능 |

| 유화 타입 | W/O 형, O/W 형, W/O/W형 | • 유용성과 수용성 성분을 다양하게 활용 가능<br>• 피부 유연효과 부여 가능<br>• 유액이나 크림과 유효성 차이가 적음 |
|---|---|---|

## 1. 에센스의 주요 원료

에센스는 사용목적이 화장수, 유액, 크림 등과 유사하기 때문에 그 원료도 유사하다. 단지 보습제, 유연제, 유효성분이라 하더라도 각각의 특성이 사용감 그리고 효능이 각각 다르기 때문에 주요 성분의 선택과 조합이 중요하다. 에센스에 사용되는 주요 원료는 보습제, 알코올, 점증제, 유연제, 계면활성제, 세포의 생리활성 및 미백, 항산화, 소염 등 유효성분과 보존제 등 첨가제이다. 에센스는 사용 목적을 충족시킬 수 있는 유효성분의 농도를 높게 하여 적은 용량으로도 만족도를 높이는데 목적이 있다. 따라서 에센스의 사용 목적이나 효과를 높이기 위해서는 활성 성분의 선택과 적정한 농도와 제형을 위한 계면활성제의 선택이 중요하다. 에센스의 원료는 에센스의 사용 목적을 충족시킬 수 있는 보습제, 유연제 그리고 피부생리활성 등 유효성을 극대화 할 수 있는 원료의 선택이 중요하다.

◆ **표 3-40. 에센스의 주요 원료**

| 구성 성분 | | 대표적 원료 |
|---|---|---|
| 보습제 | | 폴리에틸렌글리콜(300, 400, 1500, 4000), 글리세린, 디프로필렌글리콜, 1,3부틸렌글리콜, 솔비톨, 말티톨, 히알론산, 콘드로이틴산, 콜라겐, 엘라스틴, 피롤리돈카르본산, 아미노산 |
| 알코올 | | 에탄올, 이소프로필알코올 |
| 수용성 고분자<br>(점도증가제) | | 카르복시비닐폴리머, 폴리아크릴산나트륨, 셀룰로오스유도체, 알긴산나트륨, 퀸스시드검, 펙틴, 크산탄검, 아라비아검, 아이리스모스, 폴루란, 트라가칸트검 |
| 에몰리엔트제 | | 식물유(호호바유, 올이브유 등), 올레일알코올, 에스테르유, 스쿠알란, 라우린 |
| 계면활성제 | | POE올레일알코올에테르, POE솔비탄모노라우레이트, POE · POP블록폴리머, POE지방산글리세린에스테르. POE피자마유에스테르 |
| 유효 성분 | 미백 | 비타민C 및 유도체 프라센타엑기스, 알부틴, 닥나무 추출물, 상백피 추출물 등 |
| | 세포부활 | 판토테닐에틸에테르, 호르몬제, DNA비타민류, 동식물 · 균류추출물 |
| | 산화방지 | 비타민 E 및 유도체, 아미노산제 |
| | 자외선방지 | 2-하이드록시-4-메톡시벤조페논, $TiO_2$, 옥틸메톡시신나메이트, 파라아미노안식향산에스테르 등 |
| | 살균 | TCC, 감광소 등 |
| | 소염, 진정 | 알란토인, 글리칠리친산, 글리칠리친산에스테르 |
| 첨가제 | | 향료, 색제, 방부제, 퇴색방지제, 완충제 |

## 2. 에센스의 종류와 제조

에센스는 화장수, 유액, 크림의 제조와 유사하기 때문에 이를 응용한다.

### 1) 투명 보습 에센스

◆ 표 3-41. 투명 보습 에센스

| 원 료 | 구성 성분 | w/w(%) |
|---|---|---|
| phase A | Deionized water<br>Sorbitol<br>1,3- Buthylene glycol<br>PEG 1500<br>Hyaluronic acid | to 100<br>8.00<br>5.00<br>7.00<br>0.1 |
| phase B | SD alcohol 40<br>Olive oil<br>POE Oleylalcohol ether | 7.00<br>0.20<br>1.00 |
| phase C | Preservatives<br>Chelate agent<br>Fragrance<br>etc. | qs<br>qs<br>qs<br>qs |

■ **처방특성 및 제조과정** : **투명하고 보습력을 부여하는 에센스**

① 실온에서 phase A와 phase C의 일부(수용성)를 저속 교반하여 균일한 상태로 완전히 녹인다.

② 실온에서 phase B와 phase C의 일부(알코올 용해성)를 저속 교반하여 균일한 상태로 완전히 녹인다.

③ 실온에서 ①을 ②에 첨가하면서 저속 교반으로 가용화한다.

④ 가용화가 완료되면 ③을 탈 기포하고 여과하여 마무리한다.

## 2) 반투명 미백에센스(마이크로에멀젼)

◆ 표 3-42. 반투명 미백에센스

| 원 료 | 구성 성분 | w/w(%) |
|---|---|---|
| phase A | Deionized water<br>Carbopol 940<br>Xantan gum | to 100<br>0.30<br>0.20 |
| phase B | Dipropylene glycol<br>PEG 400 | 5.00<br>5.00 |
| phase C | SD alcohol 40<br>Oleyl alcohol<br>POE Sorbitan monostearate<br>Sorbitan monooleate | 10.00<br>0.50<br>1.00<br>0.50 |
| phase D | Vit. C Acetate<br>Vit. E Acetate | 2.00<br>0.20 |
| phase E | Preservatives<br>Chelate agent<br>Fragrance<br>etc. | qs<br>qs<br>qs<br>qs |
| phase F | KOH | 0.50 |

■ **처방특성 및 제조과정** : **투명하고 보습력을 부여하는 에센스**

① 실온에서 phase A와 phase E의 일부(수용성)를 저속 교반하여 균일한 상태로 완전히 혼합 분산한다.

② 실온에서 phase C를 녹인 후, phase D와 phase E의 일부(수용성)를 첨가하고 저속 교반하여 완전히 녹인다.

③ 실온에서 ②를 ①에 첨가하면서 저속 교반으로 가용화한다.

④ 가용화가 완료되면 ③을 탈 기포하고 여과하여 마무리한다.

# 08 젤 (Gels)

젤은 균일한 상태로 투명하거나 반투명 상태의 스킨케어 화장품의 일종이다. 젤은 수분 및 보습을 부여하는 기능 이외에 세정 및 혈액순환을 촉진할 목적으로도 사용된다. 젤은 수성 젤, 유성 젤, 오일 젤이 있다. 수성 젤은 수분을 다량 함유하기 때문에 피부에 보습효과, 청량효과를 주고, 메이크업의 잔류물을 제거하는 클렌징 젤의 기질로 이용된다. 수성 젤은 촉촉하고 청량감이 있기 때문에 주로 지성피부에 적합하고 여름철에 사용된다. 유성 젤은 상대적으로 유분을 다량 함유하고 있기 때문에 피부에 유분을 공급하며 화장수 등과 병용하여 보습효과를 주기 때문에 건성피부에 적합하고 주로 겨울철에 사용된다. 또한 유성 젤은 유분의 함량이 많기 때문에 계면활성제의 종류와 양의 선택에 따라서 유성 함량이 많은 메이크업을 물로 씻어내는 형태의 클렌징 젤로 사용된다.

◆ 표 3-43. 사용 목적에 따른 젤의 특성

| 젤 타입 | 사용 목적 | 특 성 |
|---|---|---|
| 수성 젤 | 수분 부여, 보습력 | • 촉촉하고, 청량감 부여<br>• 지성피부에 적합하고, 주로 여름철 사용 |
| | 혈액순환 촉진 | • 점증제로 인한 매끄러움 유발<br>• 마사지하는데 이용<br>• 다량의 보습제로 촉촉함 부여 |
| | 세정 | • 물로 헹구는 타입과 티슈로 씻어내는 타입<br>• 가벼운 메이크업의 잔류물 제거에 이용 |
| 유성 젤 | 유분 부여, 수분 이탈 방지 | • 유분이 많아서 피부의 유연성을 부여<br>• 유분막에 의하여 경피수분손실을 억제<br>• 건성피부에 적합하고, 주로 겨울철에 사용 |
| | 세정 | • 유분의 함량이 많아서 유성의 메이크업 제거에 사용<br>• 세정 효과 우수함 |
| 오일 젤 | 세정 | • 메이크업 제품 제거에 적합<br>• 주로 티슈로 씻어내는 타입<br>• 유성막의 잔류물을 클렌징 폼으로 재 세정<br>• 세정 효과 우수함 |

## 1. 젤의 원료

수성 젤의 원료는 정제수와 보습제를 기질로 카르복시비닐폴리머와 메틸셀룰로오스 등의 수용성 고분자, 계면활성제 등을 겔화시킨다. 첨가제로는 방부제, 착색제, 향료, 생리활성물질 등이다. 일반적으로 젤은 투명하게 제조하기 때문에 첨가제를 균일하게 용해시키거나 균일하게 분산한다. 유화 타입의 수성 젤은 소량의 유성성분을 첨가하여 투명하거나 반투명한 젤을 제조할 수도 있다. 유성 젤은 계면활성제를 겔화시키거나 액정구조를 이용한다. 오일 젤은 서로 다른 오일을 혼합하거나 유상으로 겔화시켜 제조한다.

## 2. 젤의 처방과 제조

젤은 서로 다른 오일을 균일하게 저속 교반하여 제조한다. 젤은 투명하게 제조하여야 하기 때문에 원료를 상호 균일하게 용해시키거나 분산하여야 한다.

## ◆ 표 3-44. 아스트린젠트 젤(Astringent gel)

| 원 료 | 구성 성분 | w/w(%) |
|---|---|---|
| phase A | Deionized water<br>Carbomer 940 | 47.26<br>0.70 |
| phase B | SD alcohol 40<br>Menthol<br>Di-isopropylamine<br>Octoxynol-9 | 50.25<br>0.04<br>0.50<br>1.25 |
| phase C | Preservatives, perfume, colour, etc. | qs |

■ **처방특성 및 제조과정 : 피부의 수렴효과를 주는 아스트린트 젤**

① 실온에서 phase A의 정제수에 수용성고분자인 Carbomer 940를 첨가하여 균일한 상태로 혼합 분산한 후, 수용성의 첨가제를 첨가하여 완전히 녹인다.

② 40~50℃에서 phase B의 SD alcohol 40에 나머지 성분을 첨가하여 완전히 녹이고, phase C의 방부제, 향료 등을 첨가하여 완전히 녹인다.

③ 40~50℃에서 ②를 ①에 서서히 첨가하면서 저속 교반하여 가용화한다.

④ ③을 실온으로 냉각시켜 마무리한다.

## ◆ 표 3-45. 자외선 차단 젤(Sunscreen Gel, SPF 12)

| 원 료 | 구성 성분 | w/w(%) |
|---|---|---|
| phase A | Carbomer 940<br>Poloxamine 704<br>SD alcohol 40 | 1.50<br>7.00<br>qs |
| phase B | Dioctyl malate<br>Octyl methoxycinnamate<br>Benzophenone-3 | 10.00<br>7.50<br>4.00 |
| phase C | PEG-15 cocamine<br>Deionized water | 3.5<br>12.5 |
| phase D | Preservatives, perfume, colour, etc. | qs |

■ **처방특성 및 제조과정 : 자외선 차단 젤(SPF 12)**

① 40~50℃에서 phase A를 저속 교반하여 혼합 분산한다.

② 40~50℃에서 phase B를 혼합하여 녹인다.

③ 40~50℃에서 phase C에 ①을 첨가하여 충분히 혼합 분산하고, 이어서 ②를 첨가하여 혼합 분산한다.

④ ③에 phase D를 첨가하여 충분히 혼합 분산한 후 마무리한다.

◆ 표 3-46. 레시틴을 이용한 젤(Gel-Fluid with lecithin)

| 원 료 | 구성 성분 | w/w(%) |
|---|---|---|
| phase A | Deionized water | 86.00 |
| phase B | Phenoxyethanol and methyldibromo glutaronitrile Eutylene glycol<br>Dipropylene glycol PEG 400 | 0.20<br>3.00 |
| phase C | Fragrance<br>PEG-40 hydrogenated castor oil | 0.20<br>3.00 |
| phase D | Acrlyated copolymer (SALCARE® SC81) | 4.00 |
| phase E | Sodium hydroxide (10%) | 4.00 |
| phase F | Aqua, tocopheryl acetate, polysorbate 80, caprylic/capric triglyceride, and lecithin (TINODERM® E) | 0.50 |

▪ **처방특성 및 제조과정 : 투명하고 보습력을 부여하는 에센스**

① phase B를 저속 교반하여 충분히 분산 용해한다.

② phase A에 ①을 첨가하여 충분히 분산 용해한다.

③ phase C를 미리 혼합 용해한 후, ②에 첨가하여 혼합 분산한다.

④ ③에 phase D를 첨가하여 충분히 혼합 분산한 후, phase E를 첨가하고 저속 교반하여 중화시킨다.

⑤ 저속교반하면서 ④에 phase F를 첨가하고 충분히 분산용해한 후 마무리한다.

## 09

# 팩(Packs)과 마스크(Masks)

팩과 마스크는 모두 피부 청결, 보습, 영양 공급, 혈액순환 촉진 등 다양한 목적으로 얼굴뿐만 아니라 신체의 특정 부위와 전신에 활용하고 있다. 팩은 '포장(package)'이라는 단어에서 유래되었고, 마스크(mask)는 얼굴을 감추거나 달리 꾸미기 위하여 나무, 종이, 흙 따위로 만들어 얼굴에 쓰는 물건이라는 의미에서 유래되었다. 팩과 마스크는 스킨케어 화장품에서 사용하는 용어로써 혼용하고 있으나 기능적인 측면이나 효과적인 측면에서 거의 유사하다. 단지 사용하는 소재나 사용 방법의 차이이다. 즉, 특정 부위의 피부에 도포한 후, 팩은 굳어지거나 막을 형성하지 않기 때문에 통기되지만 마스크는 딱딱하게 굳어지거나 막이 형성되어 공기가 통하지 않고 차단되는 차이점이 있다.

팩과 마스크의 기능은 크게 3가지로 요약할 수 있다. 즉 ① 팩과 마스크의 흡착(adsorption)과 박피(peeling)를 이용하여 피부의 각질과 피지 등 각종 오염 물질을 제거하는데 효과적이다. ② 팩과 마스크의 형성 막이나 분말로 외부 공기를 차단함으로써 피부의 보습과 유연 효과 등이 탁월하다. ③ 팩과 마스크는 일시적으로 특정부위의 피부 온도를 상승시킴으로써 근육의 이완과 더불어 혈액순환을 활성화시키는 효과가 있다.

팩과 마스크는 크게 7가지 타입, 즉 워시 오프 타입(wash off type), 티슈 오프 타입(tissue off type), 박리 타입(peel off type), 패치 타입(patch type), 마스크 타입(mask type), 분말 타입(powder type), 천연 팩(natural pack)으로 분류할 수 있다. 팩과 마스크는 피부상태와 사용목적에 맞는 소재개발과 처방 그리고 사용성을 고려하여 다양하게 개발되고 있다. 그러나 팩과 마스크는 도포 후 일정시간 동안 방치하는 시간이 길고, 사용빈도가 낮은 단점이 있으나 소비자의 만족도가 높은 장점도 있다.

◆ 표 3-47. 팩과 마스크의 분류와 특성

| 분 류 | 특 성 |
|---|---|
| 워시 오프 타입<br>(wash off type) | • 점토, 젤리 상 등의 팩, 글리세롤이 첨가된 보습 효과<br>• 사용 후 미즈근한 물로 씻어 냄, 사용감 우수<br>• 지성피부에 적합, 주로 피지 분비가 많은 여름철에 사용 |
| 티슈오프 타입<br>(tissue off type) | • 주로 크림 상의 팩으로 티슈로 닦아냄<br>• 보습 효과 우수함, 주로 민감성 피부에 적합<br>• 단점은 세정력이 약함 |
| 박리 타입<br>(peel off type) | • 분말, 젤리, 페이스트 상 등 다양함<br>• 과각화된 각질세포와 피지 등 각종 오염 물질을 효과적으로 제거<br>• 청량감과 보습효과를 높이기 위하여 알코올과 글리세롤 등 첨가<br>• 피막형성제로 폴리비닐알코올 등 수용성 고분자 활용 |
| 패치 타입<br>(patch type) | • 헝겊 조작의 패치 형태<br>• 콧망울 등의 피지나 각질 등 오염을 제거하는데 이용<br>• 패치 자체와 패치에 물이나 화장수에 적신 후 사용 |
| 마스크 타입<br>(mask type) | • 부직포나 젤 시트에 고농도의 보습제 및 영양성분을 함침시켜 마스크 형태로 활용한 타입<br>• 콜라겐 벨벳 마스크의 경우 밀착감과 진정효과 우수<br>• 파라핀을 녹여서 피부에 도포하여 이용(혈액순환 촉진 효과가 우수하지만 민감성 피부에 사용상 주의하여야 함) |
| 분말 타입<br>(powder type) | • 석고 팩과 효소 팩 등이 대표적임<br>• 석고 팩은 물과 석고의 혼합 시 발열반응 이용<br>• 효소의 단백질 분해 및 지질 분해를 이용 |
| 천연 팩<br>(natural pack) | • 동식물을 그대로 이용<br>• 오이, 알로에, 레몬, 달걀 등 다양함 |

## 1. 팩과 마스크의 원료

팩과 마스크는 제형과 사용 목적에 따라 구성성분이 다르다. 일반적으로 사용되는 팩과 마스크의 주요 원료는 정제수, 알코올, 보습제, 피막제, 점증제, 유연제, 계면활성제 등이고 방부제, 착색제, 완중제 등의 첨가제와 미백, 세포 재생, 소염, 살균 등 유효성분을 첨가하여 사용한다.

◆ **표 3-48. 팩과 마스크의 주요 원료**

| 원 료 | 주요 구성 성분 | 함량(wt%) |
|---|---|---|
| 정제수 | 이온교환수 | 40~80% |
| 알코올 | SD 알코올 | ~15% |
| 보습제 | 폴리에틸렌글리콜(300, 400, 150, 4000), 글리세린, 프로필렌글리콜,<br>디프로필렌글리콜, 1,3부틸렌글리콜, 솔비톨, 이외에 당류, 무코당류, PCA-Na 등 | 2~15% |
| 피막형성제<br>및 증점제 | 포리비닐알코올, 포리비닐피롤리돈, 폴리초산비닐에멀젼, 카르복심틸렐룰로오스, 펙틴,<br>젤라틴, 크산탄껌 등 | 10~30% |
| 유연제 | 올리브유, 마카데미아넛츠유, 호호바유, 유동파라핀, 스쿠알렌, 에스테르유 등 | ~15% |
| 분말 | 카올린, 탈크, 산화티탄, 산화아연, 구상셀룰로오스 등 | ~15% |
| 색제 | 허가색소, 무기안료 | 적당량 |
| 생리활성성분 | 미백 : 비타민 C 및 유도체, 프라센타엑가스<br>재생 : 판토테닐에틸에테르, 비타민제, 동식물추출물<br>소염 : 알란토인, 글리시칠리틴산염<br>살균 : 감광색, TCC | 적당량 |
| 방부제 | 파라벤류 | 적당량 |
| 계면활성제 | POE 올레일알코올에테르<br>POE 솔비탄모노라우린산에스테르 등 | ~2% |
| 완충제 | 구연산, 유산, 아미노산류, 구연산나트륨, 유산나트륨 | 적당량 |

## 2. 팩과 마스크의 제조

필 오프 타입 팩은 피막제의 분산 용해와 분말의 분산에 주의하여야 한다. 즉, 피막제는 덩어리가 생기지 않도록 균일하게 용해시킨다. 분말은 시간이 지남에 따라 2차 응집에 의해 굳어지기 때문에 이를 방지하기 위해 충분하게 분산시킨다.

머드팩 등 씻어내는 타입의 경우 점토광물의 분산과 분말을 수상에 균일하게 혼합한다. 시간이 경과되면 수상부가 분리되는 원인이기 때문에 조절할 필요가 있다.

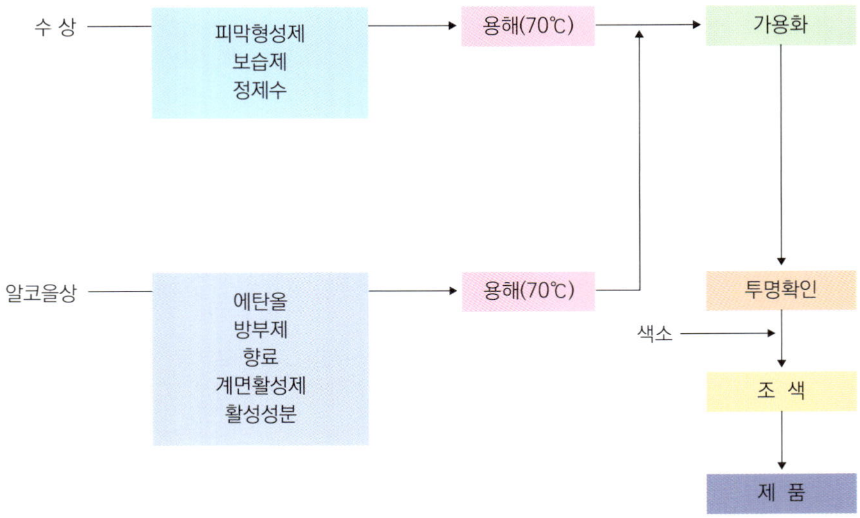


◆ 그림 3-14. 일반적인 팩과 마스크의 제조 혹은 분산과정

◆ 표 3-49. 필 오프 마스크(Peel off Mask)

| 원 료 | 구성 성분 | w/w(%) |
|---|---|---|
| phase A | Deionized water<br>1.3-Buthylene glycol | to 100<br>5.00 |
| phase B | Carboxymethylcellulose<br>Polyvinyl alcohol(PVA) | 5.00<br>5.00 |
| phase C | Ethanol<br>POE Oleylalcohol ether | 12.00<br>0.5 |
| phase D | Preservative pH adjuster, perfume, colour<br>etc. | qs<br>qs |

■ **처방특성 및 제조과정 :**

① 70~80℃에서 phase A를 용해한다.
② ①을 저속 교반하면서 phase B와 phase D의 일부(pH adjuster)를 서서히 첨가하여 충분히 용해한다.
③ 실온에서 phase C에 phase D의 일부(Preservative perfume, colour)를 충분히 녹인다.
④ ②를 40~50℃로 냉각시키고, 여기에 ③을 첨가하면서 저속 교반하여 가용화한다.
⑤ ④를 탈 기포하고 실온으로 냉각시켜 마무리한다.

### ◆ 표 3-50. 비닐 팩(Vinyl Pack)

| 원 료 | 구성 성분 | w/w(%) |
|---|---|---|
| phase A | Deionized water<br>Veegum<br>Polyvinyl alcohol(PVA) | 58.70<br>0.50<br>12.00 |
| phase B | Propylene glycol<br>Kaolin<br>Titanium dioxide | 8.00<br>0.50<br>0.30 |
| phase C | Ethanol | 20.00 |
| phase D | Preservative perfume, colour, etc. | qs |

■ **처방특성 및 제조과정 :**

① 70~80℃에서 phase A를 충분히 분산 용해한다.
② ①를 저속 교반하면서 phase B와 phase D의 일부를 서서히 첨가하여 충분히 혼합 분산하여 용해한다.
③ ②를 40~50℃로 냉각시키고, 향료를 phase C에 용해하여 ②에 서서히 첨가하면서 저속 교반한다.
④ ③을 충분히 분산 용해하고, 실온으로 냉각시켜 마무리한다.

### ◆ 표 3-51. 필 오프 파우더 팩(Peel off Powder Pack)

| 원 료 | 구성 성분 | w/w(%) |
|---|---|---|
| phase A | Tlac<br>Kaolin | 20.00<br>30.00 |
| phase B | Sodium alginate<br>Calcium sulfate<br>Calcium carbonate | 10.00<br>35.00<br>5.00 |
| phase C | Preservative perfume, colour, etc. | qs |

■ **처방특성 및 제조과정 :**

① phase A에 phase B, phase C, phase D의 순으로 첨가하여 충분히 혼합 분산한다.

◆ 표 3-52. 워시 오프 팩(Wash off Pack)

| 원 료 | 구성 성분 | w/w(%) |
|---|---|---|
| phase A | Deionized water<br>Quaternary hectorite<br>Dipropylene glycol<br>Glycerol<br>PEG 400 | to 100<br>2.00<br>5.00<br>10.00<br>8.00 |
| phase B | Ethanol<br>POE Oleylalcohol ether | 8.00<br>0.5 |
| phase C | Tlac<br>Kaolin<br>Titanium dioxide | 5.00<br>10.00<br>5.00 |
| phase D | Preservative pH adjuster, perfume, colour<br>etc. | qs<br>qs |

■ **처방특성 및 제조과정 :**

① phase A를 충분히 분산 용해한다.
② phase B에 phase D의 일부(perfume)를 녹인다.
③ ①에 ②를 첨가하면서 저속 교반한다.
④ ③에 phase C를 첨가하여 충분히 습윤 분산하고, 나머지 phase D를 첨가하여 충분히 녹인다.
⑤ ④를 탈 기포하고 마무리한다.

◆ 표 3-53. 닦아내는 팩(Tissue off Pack)

| 원 료 | 구성 성분 | w/w(%) |
|---|---|---|
| phase A | Deionized water<br>Dipropylene glycol<br>Sorbitol<br>PEG 1500 | to 100<br>5.00<br>5.00<br>5.00 |
| phase B | Carboxyvinylpolymer(Carbopol 940)<br>Xantan gum | 1.00<br>0.50 |
| phase C | SD Alcohol<br>POE Oleylalcohol ether | 5.00<br>1.00 |
| phase D | KOH | 0.50 |
| phase E | Preservative, pH adjuster, perfume, colour<br>etc. | qs<br>qs |

■ **처방특성 및 제조과정 :**

① phase A에 phase B를 충분히 분산 용해한다.
② phase C에 phase D의 일부(preservative, perfume)를 녹인다.
③ ①에 ②를 첨가하면서 저속 교반하여 가용화한다.
④ 정제수에 phase D를 수용액 상태로 첨가하여 중화시키고, 탈 기포하여 마무리한다.

### ◆ 표 3-54. 왁스 마스크(Wax Mask)

| 원 료 | 구성 성분 | w/w(%) |
|---|---|---|
| phase A | Microcrystalline wax<br>Paraffin wax<br>Cetyl alcohol<br>Mineral oil | 13.0<br>60.0<br>5.0<br>20.0 |
| phase B | Quaternary hectorite<br>Isopropyl alcohol | 1.4<br>0.6 |
| phase C | Preservative perfume, colour, etc. | qs |

■ **처방특성 및 제조과정 :**

① 70~80℃에서 phase A를 충분히 녹인다.
② ①를 저속 교반하면서 phase B를 서서히 첨가하여 충분히 혼합 분산한다.
③ ②를 40~50℃로 냉각시키고, 적당량의 phase C를 첨가하여 충분히 혼합 분산하고, 실온으로 냉각시켜 마무리한다.

### ◆ 표 3-55. 고무 마스크(Rubber Mask)

| 원 료 | 구성 성분 | w/w(%) |
|---|---|---|
| phase A | Latex emulsion<br>Sorbitol<br>Methylcellulose (low viscosity) | 25.0<br>5.0<br>10.0 |
| phase B | Kaolin<br>Borax<br>Deionized water | 3.0<br>1.0<br>56.0 |
| phase C | Preservative perfume, colour, etc. | qs |

■ **처방특성 및 제조과정 :**

① 70~80℃에서 phase B를 충분히 습윤 분산시킨다.
② ①을 저속 교반하면서 phase A를 서서히 첨가하여 충분히 혼합 분산한다.
③ ②를 40~50℃로 냉각시키고, 적당량의 phase C를 첨가하여 충분히 혼합 분산하고, 실온으로 냉각시켜 마무리한다.

◆ 표 3-56. 산성 마스크(Acid face mask)

| 원 료 | 구성 성분 | w/w(%) | |
|---|---|---|---|
| | | 산성 | 분말 |
| phase A | Deionized water<br>Glycerin<br>Magnesium aluminium silicate<br>Citric acid | 83.00<br>4.00<br>6.00<br>– | –<br>–<br>20.00<br>9.90 |
| phase B | SD alcohol 40<br>Sulphated castor oil<br>Captan | 4.00<br>3.00<br>– | –<br>–<br>0.10 |
| phase C | Talc<br>Kaolin | –<br>– | 55.00<br>15.00 |
| phase D | Preservative perfume, colour, etc.<br>Buffer | qs<br>to pH 5.5 | qs<br>to pH 5.5 |

■ **처방특성 및 제조과정 : 산성 마스크**

① 실온에서 phase A의 정제수에 나머지 원료를 충분히 혼합 분산하고 완전히 녹인다.

② phase B의 SD alcohol 40에 향료 등 나머지 성분을 첨가하여 완전히 녹이고, phase A에 첨가하여 완전히 녹이거나 가용화한다.

③ phase C의 분말을 ②에 첨가하여 충분히 분산시켜 탈 기포한 후 마무리 한다.

◆ 표 3-57. 건성 피부 마스크(Dry Skin Mask)

| 원 료 | 구성 성분 | w/w(%) |
|---|---|---|
| phase A | Colloidal kaolin<br>Powedered soybean lecithin<br>Milk sugar<br>Series of herbal extracts<br>Protein hydrolysate | 67.0<br>2.0<br>25.0<br>1.0<br>5.0 |
| phase B | Preservative, color and perfume | qs |

■ **처방특성 및 제조과정 :**

① phase A를 충분히 혼합 분산한다.

② ①에 저속 교반하면서 phase B를 첨가하여 충분히 혼합 분산한다.

③ ②를 milling하여 균일한 분말 혼합 분산한다.

◆ 표 3-58. 건성 피부 마스크(Dry Skin Mask)

| 원 료 | 구성 성분 | w/w(%) |
|---|---|---|
| phase A | Colloidal kaolin | 60.0 |
| | Veegum | 5.0 |
| | Zinc oxide | 5.0 |
| | Celloidal suffur | 2.5 |
| | Aluminum hydroxide | 10.0 |
| | Calcium carbonate light | 10.0 |
| | Dextrose | 5.0 |
| | Series of fumed silicas | 2.5 |
| phase B | Preservative, color and perfume | qs |

■ **처방특성 및 제조과정 :**

① phase A를 충분히 혼합 분산한다.

② ①에 저속 교반하면서 phase B를 첨가하여 충분히 혼합 분산한다.

③ ②를 milling하여 균일한 분말 혼합 분산한다.

10

# 기능성 화장품

기능성화장품은 아름다움을 창출하는 미용의 개념을 넘어 노화 예방과 치유의 개념을 도입한 화장품으로 진화되고 있다. 이러한 측면에서 Cosmeceutical이라는 기능성화장품은 Cosmetics와 Pharmaceutical의 합성어이다. 기능성화장품은 피부노화의 지연, 주름개선, 자외선 차단, 미백, 피부 재생, 여드름 개선, 도입한 고기능성, 다기능성이 요구된다. 이에 부응하여 우리나라 화장품법 제2조에 의한 기능성화장품은 다음과 같다.

가. 피부의 미백에 도움을 주는 제품
나. 피부의 주름 개선에 도움을 주는 제품
다. 피부를 곱게 태워주거나 자외선으로부터 피부를 보호하는 데에 도움을 주는 제품
라. 모발의 색상 변화·제거 또는 영양 공급에 도움을 주는 제품
마. 피부나 모발의 기능 약화로 인한 건조함, 갈라짐, 빠짐, 각질화 등을 방지하거나 개선하는 데에 도움을 주는 제품

## 1. 피부 미백에 도움을 주는 화장품

얼굴 피부의 색깔은 건강 상태나 외적 환경 등 여러 가지 요인에 의하여 결정된다. 그중 가장 큰 요인은 멜라닌 색소의 침착이다. 즉 멜라닌 색소가 얼굴 피부의 각질세포에 비정상적으로 이입됨으로써 얼굴 피부의 색깔이 흑갈색이나 적갈색이 짙어질 뿐만 아니라 기미, 주근깨 등으로 나타난다. 표피의 기저층에 분포된 멜라닌생성세포(melanocyte)는 자외선(ultraviolet, UV)이나 활성산소종(reactive oxygen species, ROS) 등의 자극으로 멜라닌(melanin)을 생성한다. 또한 멜라닌은 멜라닌생성세포에 전달된 티로신이 티로시아나제(tyrosinase)에 의하여 자동 산화됨으로써 생성된다.

기저세포와 유극세포의 세포질에 유입된 멜라닌은 각화과정에 의하여 각질세포로 분화되면서 피부에 색소를 침착시킨다.

이러한 멜라닌 색소의 비정상적인 침착을 억제시키는 방법은 3가지로 요약할 수 있다. 첫째는 물리적으로나 화학적으로 자외선을 차단시키는 것이고, 둘째는 멜라닌 생합성을 억제하는 방법이며, 셋째는 색소 침착된 각질세포를 제거하는 것이다. 따라서 미백화장품은 자외선 차단제, 티로시나아제의 활성 억제제 그리고 각질 제거제를 이용한 화장품이다.

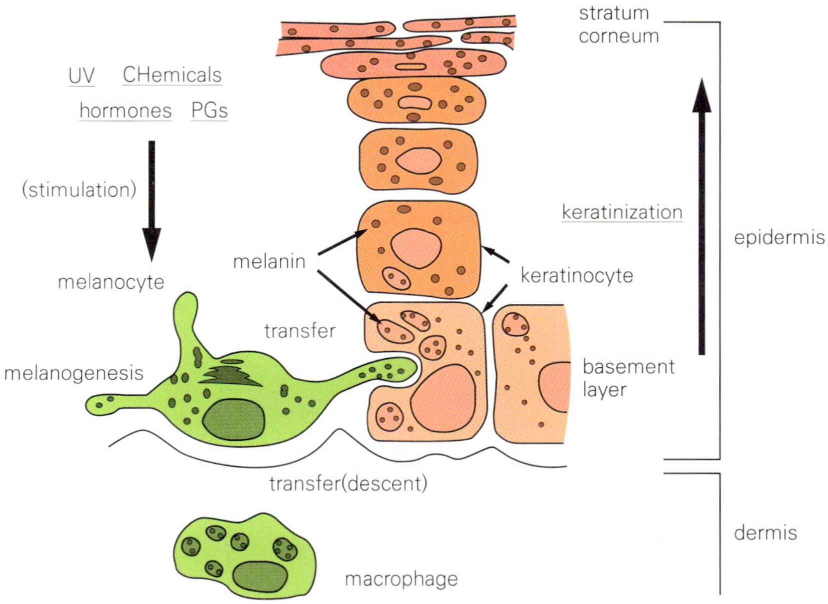


◆ 그림 3-15. 멜라닌의 색소침착 과정

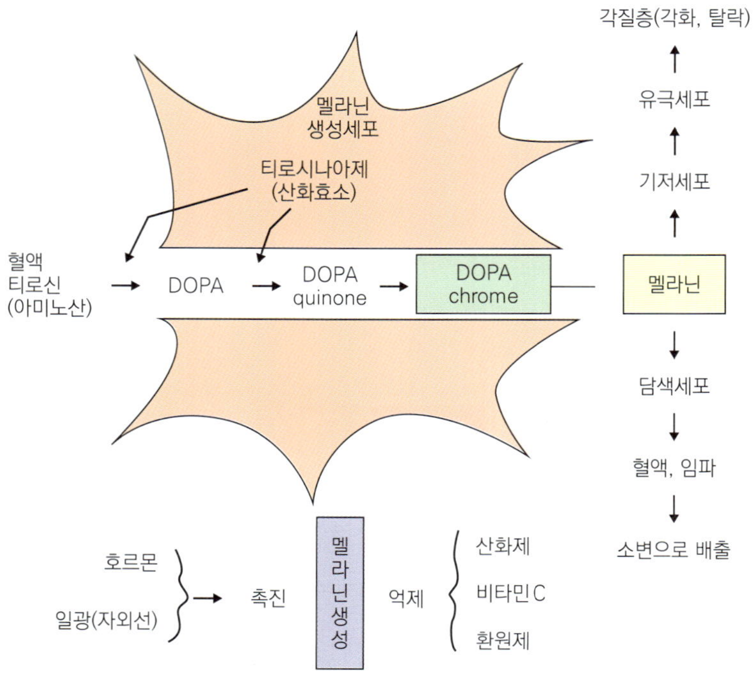


◆ 그림 3-16. 멜라닌생성세포 내에서 멜라닌의 생합성과정

### 1) 자외선의 물리적, 화학적 차단

자외선으로부터 피부를 보호하는 방법 중 하나가 자외선이 피부에 침투하는 것을 막는 것이다. 자외선이 피부에 침투를 막는 방법은 첫째, 자외선을 반사시키거나 산란시키는 것, 둘째, 자외선을 흡수하여 피부에 침투를 못하게 하는 것이다. 전자는 주로 무기물에 의한 것으로 물리적 차단제이고, 후자는 유기물로 자외선을 흡수하는 자회선 흡수제이다.

자외선의 물리적 차단제(physical sunsreen)는 주로 무기안료 등 광물질이다. 분말 상태의 무기안료를 이용하여 물리적인 방법으로 자외선을 반사시키거나 산란시켜 자외선이 피부 속으로 침투하는 것을 막아 피부를 보호한다. 이러한 물리적 차단제는 이산화티타늄($TiO_2$), 탈크(talc), 규산염(silicate), 전분, 나일론 분말과 초미립자 산화아연(ZnO), 벤토나이트(bentonite) 등이 있으며 주로 메이크업 화장품에 이용된다. 이산화티타늄($TiO_2$)과 초미립자 산화아연(ZnO)은 무기안료로서 독성이 없고 자극성이 없을 뿐만 아니라 자외선 차단에 효과적이어서 화장품 성분의 주요 구성성분으로 사용된다. 자외선의 화학적 차단제(chemical sunsreen)는 자외선을 흡수하는 유기화합물로써 자외선 흡수제(ultraviolet absorbents)라고도 한다. 자외선 흡수제는 자외선을 흡수하여 자외선이 피부에 침투하는 것을 막아 피부를 보호하는 유기화합물이다.

화장품의 원료로 주로 사용되는 자외선 흡수제는 PABA와 그 유도체(p-aminobenzoic acid and its derivatives), 벤조페논과 그 유도체(salicylic acid and its derivatives), 계피산과 그 유도체(cinnamic acid and its derivatives), 캄포와 그 유도체(camphor and its derivatives) 등이 있다. 자외선으로부터 피부를 보호할 목적으로 사용하는 자외선 차단용 화장품은 일광차단지수(sun protection factor, SPF)로 자외선 차단 효과를 수치로 객관화하여 나타낸다. 즉, 일광차단지수는 일광차단 화장품을 도포한 부위의 피부와 도포하지 않은 부위의 피부를 비교할 때 홍반 발생시간이나 최소홍반량(minimal erythema dose, MED)의 비율을 수치화한 것이다.

- 일광차단지수(sun protection factor, SPF)

$$= \frac{\text{일광차단제 도포한 곳의 홍반 발생시간}}{\text{일광차단제 도포하지 않는 곳의 홍반 발생시간}}$$

$$= \frac{\text{일광차단제 도포한 곳의 최소홍반량(MED)}}{\text{일광차단제 도포하지 않는 곳의 최소홍반량(MED)}}$$

- 최소홍반량(minimal erythema dose, MED) : 피부에 자외선을 조사한 경우 홍반이 발생하는 자외선 조사량

SPF 30은 일광차단제를 도포하지 않은 부위의 피부에서 홍반이 10분 만에 발생하였다면 일광차단제를 도포한 부위의 피부에서 300분 만에 홍반이 발생하였음을 의미한다. 즉 홍반을 발생시키는 자외선은 UVB이고, 자외선 차단제를 도포한 경우에 일정 시간만큼 지연된다는 의미이다. 그러나 일광차단지수는 사람에 따라서 광반응성이 다르기 때문에 모든 사람에게 적용될 수는 없으나 자외선 차단 효과를 지수화한 것으로 참고하는 차원에서 의미가 있다. 또한 땀을 흘린 경우나 물에 들어갔을 때 일광차단제는 제거될 수 있으므로 자주 도포해 주어야 한다.

특히 홍반은 UVB에 의해서 발생한다. 따라서 SPF는 자외선 중 UVB에 의한 차단 효과를 나타낸 것이다. 피부의 노화나 색소침착은 UVB에 의해서만 발생하는 것이 아니고 UVA에 의하여 발생하기 때문에 UVA에 대한 차단 효과의 지수로는 타당성이 없

다. 그러므로 UVA에 대한 차단 지수는 SPF와는 달리 측정된다. UVA에 대한 차단 지수는 PAF(protection factor of UVA)로 나타내며, 일광차단제를 사용하였을 때와 사용하지 않았을 때의 최소흑화량(minimal persistent pigmentation darkening dose, MPPD)의 비율로 나타낸다.

- 일광차단지수(protection factor of UVA, PAF)

$$= \frac{\text{일광차단제 도포한 곳의 최소흑화량(MPPD)}}{\text{일광차단제 도포하지 않는 곳의 최소흑화량(MPPD)}}$$

- 최소흑화량(minimal persistent pigmentation darkening dose, MPPD) : 피부에 자외선(UVA)을 조사한 경우 색소침착이 2~4시간 지속되는데 필요한 최소한의 자외선 조사량

PFA의 지수가 2~4이면 UVA+로서 UVA 차단 효과가 있으나 낮은 상태를 나타내고, PFA의 지수가 4~8이면 UVA++로서 UVA 차단 효과가 보통이다. PFA의 지수가 8~16이면 UVA+++로서 UVA 차단 효과가 매우 높음을 나타내고, PFA의 지수가 16 이상이면 UVA++++로서 UVA 차단 효과가 매우 높음을 나타낸다.

◆ **표 3-59. O/W형 자외선차단 로션(O/W Sunscreen Lotion, SPF 12)**

| 원 료 | 구성 성분 | w/w(%) |
|---|---|---|
| phase A | 1. Glyceryl stearate (and) PEG-100 stearate | 5.00 |
| | 2. Stearyl alcohol | 0.50 |
| | 3. Sorbitan stearate | 0.50 |
| | 4. Polysorbate 60 | 0.90 |
| | 5. Perolatum | 3.00 |
| | 6. Dimethicone | 1.00 |
| | 7. Sweet almond oil | 5.00 |
| | 8. Mineral oil | 8.00 |
| | 9. Evening primrose oil | 0.50 |
| phase B | 10. Deionized water | 56.76 |
| | 11. Sorbic acid | 0.20 |
| | 12. Glycerine | 5.00 |
| | 13. Water (and) titanium dioxide | 12.50 |
| | 14. Xanthan gum | 0.10 |

| | | |
|---|---|---|
| phase C | 15. Deionized water<br>16. 2-Bromo-2-Nitropropane-1,3-diol | 1.00<br>0.04 |

■ **처방특성 및 제조과정 : O/W Sunscreen Lotion(SPF 12)**

① 70~80℃에서 phase A를 저속 교반하여 균일한 상태로 완전히 녹인다.

② 70~80℃에서 phase B의 10에 11, 12를 첨가하고, 저속 교반하여 균일한 상태로 완전히 녹인다.

- ①에 phase B의 14를 첨가하고, 균일한 상태로 혼합 분산한 후, 이어서 phase B의 13을 첨가하여 균일한 상태로 혼합 분산한다.

③ 70~80℃에서 ①을 ②에 서서히 첨가하면서 호모믹서에 의한 고속 교반으로 유화시킨다.

④ ③을 40℃로 냉각시키고, Paddle mix로 교반하면서 phase C 용액을 첨가하여 균일한 상태로 혼합 분산한다.

⑤ ④가 균일한 상태로 완료되면 탈 기포하고, 실온으로 냉각시켜 마무리한다.

## ◆ 표 3-60. O/W형 유기/무기 자외선차단 로션(O/W Organic/Inorganic Sunscreen Lotion, SPF 30)

| 원 료 | 구성 성분 | w/w(%) |
|---|---|---|
| phase A | Isopropyl myristate<br>Mineral oil<br>Grape seed oil<br>Stearyl alcohol<br>Petrolatum<br>Octyl methoxycinnamate | 4.00<br>6.50<br>2.50<br>2.00<br>2.00<br>5.00 |
| phase B | Deionized water<br>Sorbitan stearate<br>Disodium ricinoleamido MEA-sulfosuccinate<br>Glycerine<br>Allantoin<br>d-Panthenol<br>Titanium dioxide (and) water | 51.80<br>6.00<br>0.20<br>4.00<br>0.20<br>0.80<br>15.00 |
| phase C | Preservative<br>etc. | qs<br>qs |

■ **처방특성 및 제조과정 : O/W Organic/Inorganic Sunscreen Lotion(SPF 30)**

① 70~80℃에서 phase A를 저속 교반하여 균일한 상태로 완전히 녹인다.

② 70~80℃에서 phase B를 저속 교반하여 균일한 상태로 완전히 녹인다.

③ 70~80℃에서 ①을 ②에 서서히 첨가하면서 호모믹서에 의한 고속 교반으로 유화시킨다.

④ ③을 40℃로 냉각시키고, phase C를 첨가하여 균일한 상태로 혼합 분산한다.

⑤ ④가 균일한 상태로 완료되면 탈 기포하고, 실온으로 냉각시켜 마무리한다.

◆ 표 3-61. 자외선 보호 크림(Day Cream with UV Protection, SPF 15)

| 원 료 | 구성 성분 | w/w(%) |
|---|---|---|
| phase A | 1. Glyceryl stearate<br>2 Steareth-21<br>3. Cetyl alcohol<br>4. PPG-15 stearyl ether [and] cyclomethicone<br>5. Light mineral oil<br>6. Sweet almond oil<br>7. Zinc oxide [and] mineral oil [and] caprylic/capric triglyceride | 3.00<br>2.50<br>1.00<br>6.00<br>7.00<br>2.00<br>10.00 |
| phase B | 8. Sorbeth-30<br>9. Water; pure<br>10 Titanium dioxide [and] water | 4.00<br>63.50<br>10.00 |
| phase C | 11. Diazolidinyl urea [and] methylparaben [and] propylparaben [and] propylene glycol | 1.00 |
| phase D | 12. Citric acid(30% 용액) | 2.00 |

■ **처방특성 및 제조과정 : O/W Day Cream with UV Protection(SPF 15)**

① 70~80℃에서 phase A(7은 제외)를 저속 교반하여 균일한 상태로 완전히 녹인다.

- 70~80℃에서 ①에 phase A의 7을 첨가하여 균일한 상태로 혼합 분산하여 녹인다.

② 70~80℃에서 phase B를 저속 교반하여 균일한 상태로 완전히 녹인다.

③ 70~80℃에서 ①을 ②에 서서히 첨가하면서 호모믹서에 의한 고속 교반으로 유화시킨다.

④ ③을 40℃로 냉각시키고, phase C, phase D를 순서대로 첨가하여 균일한 상태로 혼합 분산하여 녹인다.

⑤ ④가 균일한 상태로 완료되면 탈 기포하고, 실온으로 냉각시켜 마무리한다.

◆ 표 3-62. W/O형 자외선차단 로션(W/O Sunscreen Lotion, SPF 25)

| 원 료 | 구성 성분 | w/w(%) |
|---|---|---|
| phase A | Dimethicone<br>Wheatgerm oil<br>Octyl palmitate<br>Isohexadecane<br>Cetyl dimethicone dopolyol<br>Cyclomethicone [and] aluminum/magnesium hydroxide stearate<br>Candelilla wax | 1.50<br>3.00<br>4.50<br>6.00<br>2.00<br>10.00<br>1.00 |
| phase B | Deionized water<br>Sodium chloride | 51.30<br>0.50 |
| phase C | Titanium dioxide [and] C12-15 alkyl benzoate | 20.00 |
| phase D | Preservative<br>etc. | qs<br>qs |

■ **처방특성 및 제조과정 : W/O Sunscreen Lotion(SPF 25)**

① 70~80℃에서 phase A를 저속 교반하여 균일한 상태로 완전히 녹인다.
② 70~80℃에서 phase B를 저속 교반하여 균일한 상태로 완전히 녹인다.
③ 70~80℃에서 ②를 ①에 서서히 첨가하면서 호모믹서에 의한 고속 교반으로 유화시킨 후, phase C를 첨가하여 2차 유화한다.
④ ③을 40℃로 냉각시키고, phase D를 첨가하여 균일한 상태로 혼합 분산한다.
⑤ ④가 균일한 상태로 완료되면 탈 기포하고, 실온으로 냉각시켜 마무리한다.

## 2) 멜라닌 생합성 저해제

멜라닌은 멜라닌생성세포 내에서 티로신이 티로시나아제에 의하여 자동 산화되는 복잡한 과정에 의하여 생합성 된다. 따라서 멜라닌 생합성을 저해하기 위해서는 티로시나아제의 활성을 억제하는 것이다. 티로시나아제의 활성을 억제하는 물질은 알부틴(arbutin), 코직산(kojic acid), 감초추출물, 닥나무추출물 등이 있고, 멜라닌 합성을 차단하는 비타민 C, 글루타치온(glutathione), Coenzyme $Q_{10}$ 등이 있다. 알부틴은 티로시나아제의 활성을 억제시키기에 약한 단점이 있고, 코직산은 발암물질로 알려지면서 사용이 중지되었다. 비타민 C는 멜라닌색소를 만드는 과정에서 생성되는 DOPA의 산화를 억제하는 화합물이다. 그러나 비타민 C는 불안정하기 때문에 에틸아스코빌에테르(ethylascorbylether), 아스코빌글루코사이드(ascorbylglucoside), 아스코빌포스페이트마그네슘염(magnesium ascorbyl phosphate) 등 비타민 C의 유도체를 활용한다. 그리고 하이드로퀴논 연고는 피부과에서 처방하는 경우도 있다. 식품의약안전처의 고시에 의하여 미백제의 사용한도를 제한하고 있다.

◆ **표 3-63. 미백제의 사용한도**

| 성 분 명 | 허용량(%) |
|---|---|
| 닥나무 추출물 | 2 |
| 알부틴 | 2~5 |
| 에틸아스코빌에테르 | 1~2 |
| 유용성감초추출물 | 0.05 |
| 아스코빌글로코사이드 | 2 |
| 마그네슘아스코빌포스페이트 | 3 |

◆ 표 3-64. 미백 화장수(O/W toning lotion for black skin)

| 원 료 | 구성 성분 | w/w(%) |
|---|---|---|
| phase A | Cetyl alcohol | 1.80 |
| | Polychol 5(Polyethylene glycol condensate of wool wax alcohol) | 0.60 |
| | Uvinul D50(2,2',4,4'-Tetrahydroxybenzophenone) | 1.00 |
| phase B | Deionized water | to 100 |
| | Glycerin | 5.00 |
| | Sodium myristyl sulphate | 1.00 |
| | Aluminium chlorhydroxyallantoinate | 0.20 |
| | Veegum K(magnesium aluminum silicate) | 1.50 |
| | Titanium dioxide | 0.2 |
| phase C | Sodium metabisulphite | 0.20 |
| | Hydroquinone | 3.00 |
| | Perfume | 1.00 |

■ **처방특성 및 제조과정 : 검은 피부에 사용하는 미백화장수**

① 60~70℃에서 phase A를 저속 교반하여 균일한 상태로 완전히 녹인다.

② 60~70℃에서 phase B를 저속 교반하여 균일한 상태로 완전히 혼합 분산하여 녹인다.

③ 60~70℃에서 ①을 ②에 서서히 첨가하면서 가용화한다.

④ ③의 가용화가 끝나면 저속교반하면서 50~55℃로 냉각시키고, phase C의 성분을 Sodium metabisulphite, Hydroquinone, Perfume 순으로 첨가하여 균일한 상태로 한다. Hydroquinone이나 Sodium metabi sulphite가 반응하는 향료를 첨가해서는 안 된다.

⑤ ④가 균일한 상태로 완료되면 탈 기포하고, 실온으로 냉각시켜 마무리한다.

◆ 표 3-65. 미백 로션과 크림(O/W Lotion and Cream containing Hydroquinone)

| 원 료 | 구성 성분 | w/w(%) | |
|---|---|---|---|
| | | 로션 | 크림 |
| phase A | Glyceryl stearate and sodium lauryl sulfate | 5.00 | 15.00 |
| | Glyceryl stearate, isopropyl myristate and stearyl stearate | - | 6.0 |
| | Mineral oil | 2.50 | - |
| | Isopropyl myristate | 2.50 | - |
| | Cetyl alcohol | 1.00 | - |
| | Stearyl alcohol | - | 3.00 |
| | Silicone oil | - | 1.00 |
| | Propyl paraben | - | 0.01 |
| | Polyoxyethlene lauryl ether(Laureth-23) | 0.9 | - |
| phase B | Deionized water | 79.85 | 67.80 |
| | Propylene glycol | 5.0 | 5.00 |
| | Sodium lauryl sulphate 30% | 0.9 | - |
| phase C | Sodium metabisulphite | 0.15 | 0.05 |
| | Ascorbic acid | 0.1 | 0.05 |
| | Hydroquinone | 2.00 | 2.00 |
| | Citric acid | 0.1 | - |
| | Perfume | qs | qs |

■ **처방특성 및 제조과정 : O/W Skin Lightening Cream**

① 75~80℃에서 phase A를 저속 교반하여 균일한 상태로 완전히 녹인다.

② 75~80℃에서 phase B를 저속 교반하여 균일한 상태로 완전히 녹인다.

③ 75~80℃에서 ①을 ②에 첨가하면서 호모믹서를 이용하여 유화시킨다.

④ ③의 유화가 끝나면 저속교반하면서 50~55℃로 냉각시키고, phase C의 성분을 Sodium metabisulphite, Ascorbic acid, Hydroquinone, Perfume 순으로 첨가하여 균일한 상태로 한다.
Hydroquinone이나 Sodium metabisulphite가 반응하는 향료를 첨가해서는 안 된다.

⑤ ④를 40℃로 냉각시켜서 Citric acid를 첨가하여 pH 5.0~5.5로 조정하고, 균일한 상태로 완료되면 실온으로 냉각시켜 마무리한다.

◆ 표 3-66. 미백 크림(O/W Skin lightening cream)

| 원 료 | 구성 성분 | w/w(%) |
|---|---|---|
| phase A | Arlacel 165 | 8.0 |
| | Crodamol CSP(Cetostearyl palmitate) | 8.0 |
| | Liquid base CB.3929(Mineral oil and lanolin alcohols) | 4.0 |
| | Crodalan IPL(Isopropyl lanolate) | 2.0 |
| | Polychol 15(Polyethylene glycol ester of lanolin alcohol) | 3.0 |
| | Cetyl alcohol | 1.0 |
| | Propylparaben | 0.05 |
| phase B | Propylene glycol | 5.0 |
| | Xanthan gum | 2.0 |
| | Methylparaben | 0.15 |
| | Deionized water | 64.4 |
| phase C | Sodium metabisulphite | 0.1 |
| | Ascorbic acid | 0.1 |
| | Hydroquinone | 2.0 |
| | Perfume | qs |
| | Citric acid | 0.2 |

■ **처방특성 및 제조과정 : O/W Skin Lightening Cream**

① 70~80℃에서 phase A를 저속 교반하여 균일한 상태로 완전히 녹인다.

② 70~80℃에서 phase B를 저속 교반하여 균일한 상태로 완전히 분산 용해한다.

③ 70~80℃에서 ①을 ②에 첨가하면서 호모믹서를 이용하여 유화시킨다.

④ ③의 유화가 끝나면 저속 교반하면서 50~55℃로 냉각시키고, phase C의 성분을 Sodium metabisulphite, Ascorbic acid, Hydroquinone, Perfume 순으로 첨가하여 균일한 상태로 한다. Hydroquinone이나 Sodium metabisulphite가 반응하는 향료를 첨가해서는 안 된다.

⑤ ④를 40℃로 냉각시켜서 Citric acid를 첨가하여 pH 5.0~5.5로 조정하고, 균일한 상태로 완료되면 실온으로 냉각시켜 마무리한다.

◆ 표 3-67. 미백용 세럼(Skin lightening serum with Tyrosinase and Pigment inhibitor)의 응용

| 원 료 | 구성 성분 | w/w(%) |
|---|---|---|
| phase A | Arlacel 165 | 8.0 |
| | Crodamol CSP(Cetostearyl palmitate) | 8.0 |
| | Liquid base CB.3929(Mineral oil and lanolin alcohols) | 4.0 |
| | Crodalan IPL(Isopropyl lanolate) | 2.0 |
| | Polychol 15(Polyethylene glycol ester of lanolin alcohol) | 3.0 |
| | Cetyl alcohol | 1.0 |
| | Propylparaben | 0.05 |

| | | |
|---|---|---|
| phase B | Propylene glycol<br>Xanthan gum<br>Methylparaben<br>Deionized water | 5.0<br>2.0<br>0.15<br>64.4 |
| phase C | Sodium metabisulphite<br>Ascorbic acid<br>Hydroquinone<br>Perfume<br>Citric acid | 0.1<br>0.1<br>2.0<br>qs<br>0.2 |

■ **처방특성 및 제조과정 : Tyrosinase and Pigment inhibitor를 이용한 미백용 세럼의 응용**

① phase A의 Deionized water에 EDTA-2Na, Preservative를 첨가하고, 저속 교반하여 균일한 상태로 충분히 녹인다.

② ①에 phase A의 Keltrol F를 첨가하고, 교반하여 균일한 상태로 충분히 혼합 분산한다.

③ phase B를 충분히 혼합 분산 용해한다.

④ ②에 ③을 서서히 첨가하면서 교반하여 균일한 상태로 가용화한다.

⑤ ④에 phase C의 Perfume을 첨가하고 균일한 상태로 가용화하고 마무리한다.

### ◆ 표 3-68. 미백 크림(Skin Bleach Cream)

| 원 료 | 구성 성분 | w/w(%) |
|---|---|---|
| phase A | Paraffin wax<br>Yellow petrolatum<br>Mineral oil<br>Lanolin | 8.0<br>37.5<br>15.5<br>8.0 |
| phase B | Citric acid<br>Sodium perborate | 15.5<br>15.5 |

■ **처방특성 및 제조과정 : Skin Bleach Cream**

① 60℃에서 phase A를 저속 교반하여 균일한 상태로 완전히 녹인다.

② 60℃에서 phase B를 저속 교반하여 균일한 상태로 완전히 혼합 분산한다.

③ ②를 ①에 첨가하여 혼합하고, 균일한 상태로 유화시킨다.

◆ 표 3-69. 탠닝로션(Tanning Lotion with Sunscreen Liposomes)

| 원 료 | 구성 성분 | w/w(%) |
|---|---|---|
| phase A | Deinozied water<br>Xanthan gum<br>Magnesium aluminum silicate(veegum ultra)<br>Sodium carboxmethylcellulose<br>Preservative | to 100<br>0.18<br>1.40<br>0.56<br>1.50 |
| phase B | Glycerin(99%)<br>Emollient<br>Sunscreen liposomes(UV aborber) | 3.00<br>8.00<br>5.00 |
| phase C | Dihydroxyacetone(60% aqueous; Self tanning agent) | 20.00 |
| phase D | Citric acid(20% aqueous) | qs |

■ **처방특성 및 제조과정 : Tanning Lotion with Sunscreen Liposomes**

① phase A를 저속 교반하여 균일한 상태로 충분히 분산 용해한 후, Preservative를 첨가하여 완전히 녹인다.
② phase B를 저속 교반하여 균일한 상태로 완전히 분산 용해한 후, ①에 첨가하여 유화시킨다.
③ ②에 phase C를 첨가하고, 균일한 상태로 충분히 교반한다.
④ ③에 phase D를 첨가하여 pH 5.0~6.0으로 조정하고, 균일한 상태로 충분히 교반한 후 마무리한다.

## 3) 각질세포 제거 및 각질세포 턴오버 활성화

알파 히드록시산(α-hydroxy acid, AHA)이나 베타 히드록시산(α-hydroxy acid, AHA)은 표피의 각질 제거 작용과 피부 연화작용 그리고 특정한 조건 하에서 보습기능이 있어서 여드름 피부와 노화피부의 개선에 이용된다. 또한 과색소침착된 피부, 즉 기미에는 색소의 층을 얇게 함으로써 색소 침착된 각질세포의 이탈을 촉진시키는 물질로 이용된다. 태반 추출물(placenta extract)은 기저층의 세포 분열을 촉진하여 표피의 각화과정의 활성화로 색소 침착된 각질세포의 이탈을 촉진시킴으로써 미백 효과를 유발한다. 또한 태반 추출물은 멜라닌색소가 만들어지는 것을 억제효과가 있기 때문에 미백에 효과적인 성분이다. 그러나 태반은 동물에서 추출한 물질로써 전염병 등을 고려하여 사용에 있어서 주의가 필요하다.

◆ 표 3-70. 미백 및 노화용 세럼(Skin lightening & anti-aging serum with AHA)의 응용

| 원 료 | 구성 성분 | w/w(%) |
|---|---|---|
| phase A | Arlacel 165 | 8.0 |
| | Deionized water | to 100 |
| | EDTA-2Na | 0.05 |
| | Preservative(ex, Germaben II) | 1.00 |
| | Keltro | 0.60 |
| phase B | Glycolic acid(Desquamation) | 1.50 |
| | Lactic acid(88% sol.)(Desquamation) | 5.00 |
| | Sodium hydroxide(25%)(pH Adjustment) | 3.10 |
| | Emollient 1 | 10.00 |
| | Emollient 2 | 5.00 |
| | Collagen stimulation 1(ex, Matrixy L) | 0.10 |
| | Desquamation 1(ex, AHA liposomes) | 1.00 |
| | Desquamation 2(ex, Actizyme E3M-M) | 0.50 |
| | Antioxidant(ex, Rovisome ACE) | 0.50 |
| | Collagen stimulation 2(ex, Liposome) | 0.50 |
| phase C | Perfume | qs |
| | etc | qs |

■ **처방특성 및 제조과정 : AHA를 이용한 미백 및 노화용 세럼의 응용**

① phase A의 Deionized water에 EDTA-2Na, Preservative를 첨가하고, 저속 교반하여 균일한 상태로 충분히 녹인다.

② ①에 phase A의 Keltrol F를 첨가하고, 교반하여 균일한 상태로 충분히 혼합 분산한다.

③ phase B를 충분히 혼합 분산 용해한다.

④ ②에 ③을 서서히 첨가하면서 교반하여 균일한 상태로 가용화한다.

⑤ ④에 phase C의 Perfume을 첨가하고 균일한 상태로 가용화하고 마무리한다.

◆ 표 3-71. AHA 크림(α-Hydroxy-acid Cream)

| 원 료 | 구성 성분 | w/w(%) |
|---|---|---|
| phase A | Deionized water<br>EDTA-2Na<br>Sodium hydroxypropyl starch phosphat | to 100<br>0.10<br>2.00 |
| phase B | Glyceryl stearate and PEG-100 stearate<br>Octyldodecanol(Eutanol G)<br>Cetearyl alcohol<br>Cetearyl alcohol and cetearyl glucoside<br>Cyclomethicone<br>Dimethi | 3.00<br>4.00<br>1.50<br>2.00<br>5.00<br>1.00 |
| phase C | Lactic acid 85%<br>Deionized water | 3.00<br>5.00 |
| phase D | DMDM hydantoin<br>Perfume<br>etc. Citric acid(20% aqueous) | 0.20<br>qs<br>qs |

■ **처방특성 및 제조과정 : AHA 크림**

① 70~80℃에서 phase A를 저속 교반하여 균일한 상태로 충분히 녹인다.
② 70~80℃에서 ①에 phase B를 첨가하고, 호모믹서를 이용하여 유화시킨다.
③ ②를 45℃로 냉각시키고, ②에 phase C, phase D를 첨가하여 2차 유화시킨다.
④ ③에 NaOH를 첨가시켜 균일한 상태로 충분히 녹여서 pH 3.5~3.8로 조정한 후, 마무리한다.

## 2. 주름개선 및 노화 억제 화장품

일반적으로 피부노화는 나이가 들어감에 따라서 나타나는 자연노화와 자외선 등의 외적 환경에 의하여 나타나는 광노화로 분류된다. 일반적으로 피부노화라고 하면 피부가 건조하고 주름이 많으며 탄력 없는 피부를 말한다. 이러한 노화와 주름은 피부 조직의 손실과 더불어 피부가 위축되고 탄력이 감소되며 건조해지기 때문에 나타난다. 피부노화는 크게 2가지 요인, 즉, 광노화와 자연노화이다. 자연노화는 나이가 들어감에 따라 신진대사가 활발하지 못함으로써 피부의 요철은 얇고 불선명하게 되어 피부 결이 불선명해진다. 또한 전체적으로 피부 결이 거칠어지고 모공이 커지며 탄력이 저하되거나 주름이 형성되는 경향이 있다. 광노화는 자외선에 의하여 피부의 세포외 기질을 형성하는 교원섬유(collagenous fiber)와 탄력섬유(elastic fiber) 등이 파괴되어 굵고 깊은 주름이 형성된다.

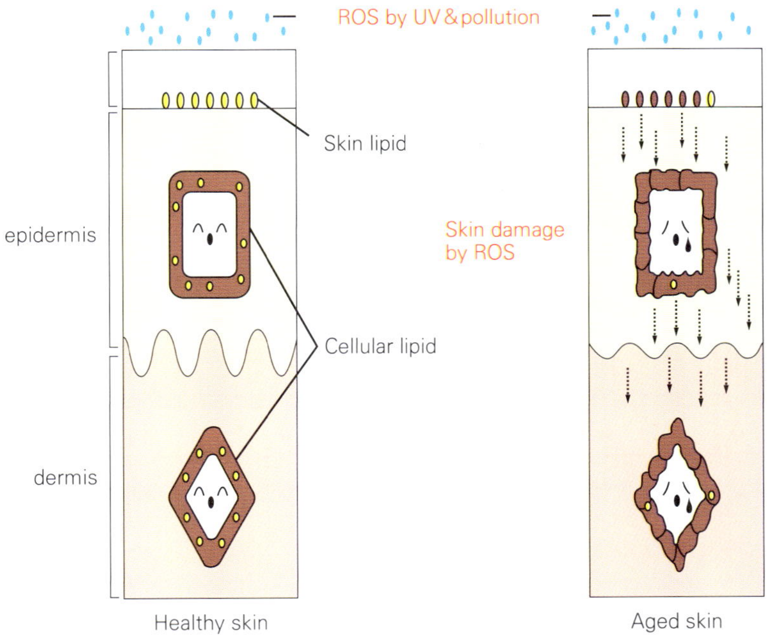


◆ 그림 3-17. 활성산소종(ROS)의 산화반응에 의한 피부 노화

일반적으로 모든 세포는 산소를 이용하여 대사가 이루어짐으로서 세포의 증식과 생명력을 유지한다. 이러한 대사 과정에서 생명활동에 이용되고 있는 산소는 안정한 바닥상태의 삼중항 산소($^3O_2$)이다. 그러나 생명활동을 하거나 자외선 등에 의하여 생체 내에서 활성산소종(reactive oxygen species, ROS)이라는 지극히 불안정한 산소가 생성된다. 지극히 불안정한 활성산소종은 세포막이나 세포의 구성 물질을 공격하여 문제를 발생시킨다. 그래서 이들을 유해산소종이라고도 한다.

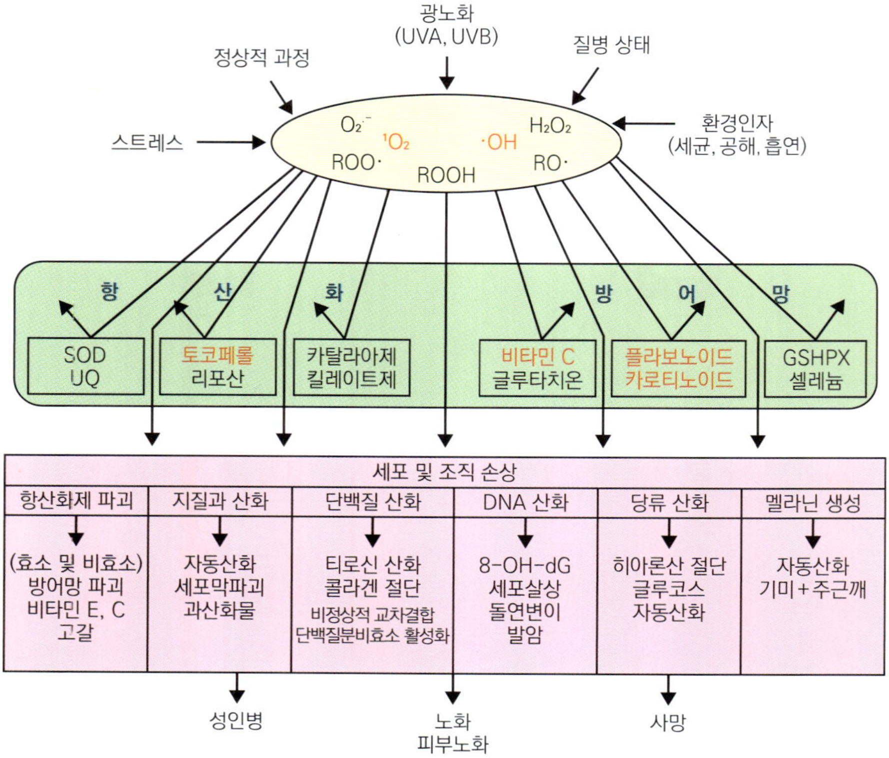


◆ **그림 3-18. 활성산소종과 항산화제의 작용**

이러한 활성산소종은 슈퍼옥사이드 음이온 라디칼(superoxide anion radical, $O_2^{\cdot-}$), 히드록시 라디칼(hydroxy radical, ·OH), 과산화수소(hydrogen peroxide, $H_2O_2$), 단일항 산소(singlet oxygen, $^1O_2$) 등이 있다. 이와 같이 활성산소종은 홀수 전자를 갖는 원자나 원자단을 총칭하여 자유라디칼(free radical)이라고도 한다. 자유라디칼은 쌍을 이루고 있지 않기 때문에 매우 불안정하고 에너지가 높은 상태이므로 반응성이 매우 크다. 자유라디칼은 안정한 산물로 되기 위하여 생체내의 구성성분을 공격, 즉 DNA 손상, 세포막 파괴 그리고 단백질, 지질 등을 산화시키는 강한 산화제이다. 따라서 우리 인체 내에서의 활성산소종은 당뇨병, 심근경색, 암 등의 각종 성인병과 노화, 특히 피부노화의 원인이 된다. 또한 생체 냉의 활성산소에 의하여 MMPs(matrix metalloproteinase)를 유발시킨다. 이러한 원인에 의하여 생성된 MMPs(matrix metalloproteinase)는 결합조직 성분들을 분해, 절단 그리고 비정상적인 교차결합을 유발시켜 피부 노화를 촉진시키는 효소이다.

주름 생성 요인과 종류는 크게 3가지로 분류할 수 있다. ① 표피성 주름은 각질세포의 수분 부족과 표피수분손실로 인하여 피부가 건조해지면서 생기는 주름을 표피성 주름이라 하며, 일반적으로 잔주름이 이에 속한다. ② 진피성 주름은 진피층의 교원섬유와 탄력섬유 등 피부의 탄력과 관련된 성분이 감소하거나 변성되어 생기는 주름을 진피성 주름이라 하고, 일반적으로 깊은 주름이 이에 속한다. ③ 진피 위축성 주름은 생물학적 노화에 따라 표피와 진피가 얇아지면서 피부가 쳐져서 생기는 주름을 진피 위축성 주름이라 한다. 일반적으로 매우 깊은 주름과 피부의 쳐짐 현상이 나타난다. 주름 형성을 사전에 예방하거나 개선하기 위하여 피부 노화의 원인을 제거하거나 노화에 의하여 손실된 성분을 보완하기 위하여 노화 억제 화장품을 사용한다.

피부 노화를 예방하고 최소화시키기 위해서는 피부 노화의 가장 중요한 인자중 하나인 활성산소종의 생성과 생성요인을 억제시키는 것이다. 또한 생성된 활성산소종의 작용과 피부 노화를 최소화시키기 위해서는 자외선 차단제나 항산화제 그리고 노화억제제를 화장품의 원료로 사용한다. 자외선 차단제는 미백화장품에서 설명하였기 때문에 주로 항산화제에 대하여 설명하고자 한다. 항산화제란 기질의 양과 비교하여 적은 양으로 기질의 산화반응을 지연시키거나 억제할 수 있는 물질이다. 항산화제의 생체 보호 작용은 3단계로 이루어진다. 첫 번째 방어단계는 주로 효소반응이다. 효소의 활성은 주로 망간(Mn), 구리(Cu), 아연(Zn), 셀레늄(Se) 등과 같은 미량의 무기물에 의존한다. 두 번째 단계는 비타민 E와 비타민 C, 플라보노이드, 카로티노이드 등의 항산화제에 의한 반응이다. 세 번째 단계는 연쇄반응이 종결되어 생성된 유도체로부터 2차 라디칼의 생성을 효소에 의하여 억제하는 것이다. 또한 전이금속에 의한 계속적인 촉매반응으로 산화적 손상을 억제시키는 킬레이트 작용이다. 항산화제는 슈퍼옥사이드 디스뮤타아제(superoxide dismutase, SOD), 카탈라아제(catalase), 글루타치온 퍼옥시다아제(glutathione peroxidase, GSHPx) 등의 효소가 있고, 비타민 C(ascorbic acid), 비타민 E($\alpha$-tocopherol), 플라보노이드(flavonoid), 카로티노이드(carotenoid), 유비퀴놀/유비퀴논(ubiquinol/ubiquinone, coenzyme Q) 등의 항산화제가 있으며 레틴산(retinoic acid), 레티놀(retinol)의 레티노이드(retinoid), 세라마이드(ceramide), 알파 히드록시산($\alpha$-hydroxy acid, AHA), 비타민 D(vitamine D), 성장인자(growth factors, GFS), 키네틴(kinetin) 등이 있다.

### ◆ 표 3-72. 노화억제 화장품의 주요 성분과 그 특성

| 원 료 | 주요 성분 | 특 성 |
|---|---|---|
| 항산화 효소 | SOD | • 포유동물의 조직에 존재<br>• 슈퍼옥사이드 음이온 라디칼을 과산화수소로 전환시키는 효소 |
| | 카탈라아제 | • 호기성 세포에 존재하는 효소<br>• 과산화수소를 물로 전환시키는 효소 |
| | 글루타치온 포옥시다아제 | • 셀레늄(Se)에 의존하여 촉매기능을 하는 셀렌효소<br>• 과산화수소, 지질 과산화물을 환원시키는 효소 |
| 항산화제 | Vit. E (Tocopherol) | • 지용성으로 세포막 또는 세포소기관의 막에서 항산화작용<br>• 활성산소종에 의한 지질과산화반응의 연쇄반응 차단<br>• 단일항산소를 효율적으로 제거 |
| | Vit. C (Ascorbic acid) | • 수용성으로 세포질에서 항산화 작용<br>• 교원섬유 생성에 관여<br>• 단일항 산소의 소거제<br>• 노화방지나 미백 제품에 활용 |
| | 플라보노이드 | • 페놀성 화합물로 식물에 널리 분포<br>• 활성산소종의 생성 억제 및 소거제<br>• 조직 손상으로 막아 줌 |
| | 카로티노이드 | • 비타민 A의 전구체<br>• 단일항 산소의 소거제 |
| | coenzyme Q | • 지용성 화합물<br>• 활성산소종으로부터 세포막을 보호 |
| | 레티노이드 | • 지용성<br>• 항산화 작용<br>• 세포 증식과 분화, 콜라겐 합성 |
| | 키네틴 | • 항산화 효과<br>• 식물 성장 호르몬 |
| 세라마이드 | | • 피부 장벽 기능<br>• 피부 보습 |
| 알파 히드록시산 | | • 과일산(글리콜산, 사과산, 주석산, 구연산, 젖산)의 총칭<br>• 피부개선 효과가 크나 자극이나 부작용으로 주의 요함<br>• 저농도 사용 시 각질 제거에 효과, 박피술에 적용<br>• 잔주름 제거, 항산화 효과 |
| 성장인자 | | • 표피의 성장 및 증식을 조절<br>• 신진대사와 항상성 유지<br>• EGF, FGF, TGF, KGF, IGF 등 |

◆ 표 3-73. 세포재생 세럼(Cell renewal serum)

| 원 료 | 구성 성분 | w/w(%) |
|---|---|---|
| phase A | Deionized water | to 100 |
| | Glycerin | 6.00 |
| | Xanthan gum | 0.40 |
| phase B | Tego Care 450 | 2.00 |
| | Squalane | 1.00 |
| | Jojoba oil | 1.50 |
| | Caprylic/capric thriglyceride | 2.00 |
| | Cetearyl octanate | 5.75 |
| phase C | Seamollient | 5.00 |
| phase D | Germaben II | 1.00 |
| | Sepigel 305 | 0.60 |
| phase E | Echo-Derm™(Delivery system) | 5.00 |
| | OxyPeptide™(Cell renewal | 3.00 |
| phase F | Fragrance | 0.20 |

■ **처방특성 및 제조과정 : 세포 재생에 의한 잔주름 감소**

① 70~80℃에서 phase A를 교반하여 균일한 상태로 충분히 분산 용해한다.

② 70~80℃에서 phase B를 교반하여 균일한 상태로 충분히 분산 용해한다.

③ 70~80℃에서 ①에 ②를 첨가하고, 교반하여 가용화한다.

④ ③을 65℃로 낮추고, 교반하면서 phase C를 첨가하면서 충분히 교반하여 균일한 상태로 혼합 용해한다.

⑤ 40℃에서 ④에 phase D를 첨가하고, 충분히 교반하여 균일한 상태로 혼합 용해한 후, phase E, phase F를 순서대로 첨가하면서 지속적으로 교반하여 균일한 상태로 충분히 혼합 용해한다.

⑥ ⑤에 25% NaOH를 첨가하고 교반하여 균일한 상태에서 pH 6.0~6.8로 확인 후 마무리한다. 단 pH 조절제로 TEA를 사용해서는 안 된다.

## ◆ 표 3-74. 항노화용 세럼(Anti-aging serum)

| 원 료 | 구성 성분 | w/w(%) |
|---|---|---|
| phase A | Ceteareth-20<br>PPG-15 Stearyl Ether<br>Oleth-2<br>Cyclomethic | 2.00<br>1.20<br>2.00<br>2.80 |
| phase B | Deionized water<br>Carbomer 934<br>Sorbeth-30 | to 100<br>10.00<br>5.00 |
| phase C | Phenoxyethanol, metylparaben, ethylparaben, propylparaben, butylparaben<br>Butylene glycol Seamollient | 0.50<br>0.50 |
| phase D | Sodium hyaluronate | 1.00 |
| phase E | Retinol Cylasphere<br>(Encapsulated retinol for anti-aging benefits and time release delivery ; Water, butylene glycol, glycine soja(soybean) oil, retinol, carbomer, tocopherol, acacia senegal, propylene glycol alginate) | 1.00 |

■ **처방특성 및 제조과정 : Anti-aging serum**

① 70~80℃에서 phase B를 교반하여 균일한 상태로 충분히 분산 용해한다.

② 70~80℃에서 ①에 phase A를 첨가하고, 강하게 교반하여 혼합 분산 용해한 후, 40℃로 온도를 낮춘다.

③ 40℃에서 교반하면서 ②에 phase C, phase D, phase E를 순서대로 첨가하고, 균일한 상태로 충분히 가용화한다.

④ 실온에서 ③을 pH 6.0~6.5로 조정하여 균일한 상태로 가용화한 후 마무리한다.

## ◆ 표 3-75. 레티놀 보습 로션(Retinol moisturizing lotion with RetiSTAR™)

| 원 료 | 구성 성분 | w/w(%) |
|---|---|---|
| phase A | Deionized water<br>Butylene glycol | to 100<br>3.00 |
| phase B | Polyglyceryl-3-distearate<br>Ceteareth-25<br>Behenyl alcohol<br>Cetyl alcohol<br>C12-15 Alkyl benzoate<br>Caprylic/capric triglyceride<br>Cyclomethicone<br>Dimethicone<br>Tocopheryl acetate<br>Bisabolol | 2.00<br>2.00<br>2.00<br>2.00<br>6.00<br>12.00<br>2.00<br>0.50<br>1.00<br>0.20 |

| | | |
|---|---|---|
| phase C | Phenoxyethanol, metylparaben, ethylparaben, propylparaben, butylparaben | 0.50 |
| phase D | Perfume | qs |
| phase E | RetiSTAR™ (Stabilized retinol; Anti-aging ingredient) | 1.00 |

■ **처방특성 및 제조과정 : Retin ol moisturizin g lotio n w ith RetiSTAR™**

① 70~80℃에서 phase A를 충분히 녹인다.

② 70~80℃에서 phase B를 충분히 녹인다.

③ 70~80℃에서 ①에 ②를 서서히 첨가하면서 호모믹서를 이용하여 유화시킨다.

④ 40℃에서 ③에 phase C, phase D를 첨가하고 균일한 상태로 유화시킨다.

⑤ ④에 phase E를 첨가하고 균일한 상태로 유화시킨 후, 실온에서 마무리한다.

### ◆ 표 3-76. 주름용 보습크림(Wrinkle moisturizing cream with Green tea and Vit. A)

| 원 료 | 구성 성분 | w/w(%) |
|---|---|---|
| phase A | Deionized water<br>Green tea extract<br>Vitamin C<br>Polyoxyethylene(4) lauryl ether | to 100<br>2.00<br>5.00<br>2.00 |
| phase B | Grapessed, apricot kernel, and sweet almond oil<br>Vitamin A | 22.00<br>0.20 |
| phase C | Preservative<br>Perfume<br>etc. | qs<br>qs<br>qs |

■ **처방특성 및 제조과정 : 녹차추출물, Vitamin A 등을 이용한 주름 보습 크림**

① phase A를 phase C의 일부(수용성)를 저속 교반하여 균일한 상태로 완전히 녹인다.

② phase B를 phase C의 일부(유용성)를 저속 교반하여 균일한 상태로 완전히 분산 용해한다.

③ ①에 ②를 첨가하면서 호모믹서를 이용하여 유화시킨다.

④ ③의 유화가 끝나면 저속교반하면서 phase C의 향료를 충분히 혼합 분산하고 마무리한다.

◆ 표 3-77. 노화 크림(Face cream with Jojoba, Aloe Vera and Vit. E)

| 원 료 | 구성 성분 | w/w(%) |
|---|---|---|
| phase A | Warm Alew Ver Gel<br>Xanthan gum<br>Sorbitol | 85 ml<br>0.6 g<br>5 ml |
| phase B | Natural Jojoba<br>Triglyceride<br>Shea Butter | 10 ml<br>10 ml<br>1.6 g |
| phase C | Ceramide<br>Vitamin E<br>Grapefruit seed extract(natural antiseptic Essential oils (examples):<br>Chamomiles<br>Neroli | 2.5 ml<br>1.3 ml<br>20 drops<br>5 drops<br>4 drops |

▪ **처방특성 및 제조과정 : 호호바, 알로에베라, Vit. E 함유 노화 크림**

① 70~80℃에서 phase A를 교반하여 균일한 상태로 충분히 분산 용해한다.

② 70~80℃에서 phase B를 교반하여 균일한 상태로 완전히 분산 용해한다.

③ ①에 ②를 첨가하면서 호모믹서를 이용하여 유화시킨다.

④ ③의 유화가 끝나면 30~40℃로 낮추고, 저속교반하면서 phase C를 향료를 첨가하여 충분히 혼합 분산하고 마무리한다.

◆ 표 3-78. 주름용 크림(O/W Anti-wrinkle cream)

| 원 료 | 구성 성분 | w/w(%) |
|---|---|---|
| phase A | Arlacel 165<br>Deionized water<br>Glycerin<br>PCA-Na(50% sol.)<br>Adenosine | 8.0<br>to 100<br>5.00<br>5.00<br>0.04 |
| phase B | Squalane<br>Mineral oil<br>Ceresin wax<br>Vaseline<br>Microcrystalline wax<br>Bees wax<br>Tocopherol<br>Polyglyceryl-2 isostearate<br>Polyglyceryl-2 polyrecinoleate | 15.00<br>6.00<br>5.00<br>5.00<br>3.00<br>1.00<br>0.10<br>3.00<br>1.00 |

| | | |
|---|---|---|
| phase C | Preservative<br>Perfume<br>etc. | qs<br>qs<br>qs |

▪ **처방특성 및 제조과정 : O/W Anti-wrinkle cream**

① 70~80℃에서 phase A를 phase C의 일부(수용성)를 저속 교반하여 균일한 상태로 완전히 녹인다.

② 70~80℃에서 phase B를 phase C의 일부(유용성)를 저속 교반하여 균일한 상태로 완전히 분산 용해한다.

③ 70~80℃에서 ①에 ②를 첨가하면서 호모믹서를 이용하여 유화시킨다.

④ ③의 유화가 끝나면 저속교반하면서 50~55℃로 냉각시키고, phase C의 향료를 첨가2차 유화한다

⑤ ④를 30℃로 냉각시키고 나서 마무리한다.

### ◆ 표 3-79. 항노화용 데이 크림(Anti-aging day cream)

| 원 료 | 구성 성분 | w/w(%) |
|---|---|---|
| phase A | Myristyl alcohol<br>Cetearyl alcohol<br>Oleyl erucate<br>Caprylic/Capric triglyceride<br>Wheat germ oil<br>Cylcomethicone<br>Sorbitan stearate(Span 60)<br>Polysorbate 60(Tween 60) | 5.00<br>3.00<br>3.00<br>2.00<br>4.00<br>3.00<br>2.17<br>2.83 |
| phase B | Deionized water<br>Urea<br>Sorbitol<br>Phenoxyethanol, methyl paraben, ethyl paraben, propyl paraben, butyl paraben<br>Butylene glycol | to 100<br>0.50<br>1.00<br>0.75<br><br>0.75 |
| phase C | Vitamin CPMg Phytosphere(Anti-aging encapsulation system for Vitamin CPMg; Water, butylene glycol, magnesium ascorbyl phosphate, xanthan gum, ceratonia silica gum) | 0.30 |

▪ **처방특성 및 제조과정 : Anti-aging day cream**

① 80℃에서 phase A를 충분히 녹인다.

② 80℃에서 phase B를 충분히 녹인다.

③ 80℃에서 ②에 ①을 서서히 첨가하면서 호모믹서를 이용하여 유화시킨다.

④ 30℃에서 ③에 phase C를 첨가하고 균일한 상태로 유화시킨다.

⑤ ④에 phase C의 Perfume을 첨가하고 균일한 상태로 유화시킨 후, 마무리한다.

◆ 표 3-80. 항산화용 크림(Anti-oxidant cream)의 응용

| 원 료 | 구성 성분 | w/w(%) |
|---|---|---|
| phase A | Lotion base(Viscosity control) | 40.00 |
| | Advanced moisture complex | 5.00 |
| | Deionized water | 22.80 |
| phase B | Preservative(ex, Germaben II) | 0.50 |
| | Emollient 1 | 10.00 |
| | Emollient 2 | 10.00 |
| | Emollient 3 | 10.00 |
| | Scavenol(Antioxidant blend) | 0.50 |
| | Actiquench GTP 20(Antioxidant) | 0.50 |
| | Oxyzomes(Antioxidant) | 0.50 |
| | Coenzyme Q10 Liposomes(Antioxidant) | 0.10 |
| phase C | Perfume | qs |
| | etc. | qs |

▪ **처방특성 및 제조과정 : Anti-oxidant cream의 응용**

① phase A의 Lotion base에 Deionized water를 첨가하고, 저속 교반하여 균일한 상태로 충분히 혼합하고 나서 Advanced moisture complex를 첨가하여 균일한 상태로 충분히 혼합 분산한다.

② phase B를 충분히 혼합 분산 용해한다.

③ ①에 ②을 서서히 첨가하면서 호모믹서를 이용하여 균일한 상태로 충분히 유화시킨다.

④ ③에 phase C의 Perfume을 첨가하고 균일한 상태로 충분히 유화시키고 마무리한다.

## 3. 여드름 개선에 도움을 주는 화장품

화장품은 의약품과는 달리 여러 가지 문제성 피부를 개선시키거나 예방하는 차원에서 장기적으로 사용된다. 그러나 일부 화장품은 잘못 사용함으로서 문제성 피부를 악화시킬 수 있기 때문에 화장품의 성분과 기능을 잘 파악하여 사용하는 것이 무엇보다도 중요하다. 특히 문제성 피부를 개선시킬 목적으로 사용되는 화장품은 문제성 피부를 유발시키는 원인을 제거하거나 억제시키는 성분을 사용한다.

여드름을 발생시키는 원인, 즉 피지의 과잉 분비, 각질의 과각화, P. acnes의 증식, 염증 반응 등이 복합적으로 작용함으로서 피부에 여드름이 발생된다. 따라서 여드름 피부는 적절한 세안으로 얼굴을 항상 청결하게 유지하는 것이 중요하고, 화장품도 유지 성분이 여드름을 유발하기 때문에 오일 프리(oil free) 화장품을 사용하는 것이 도움이 된다. 여드름용 화장품은 피지조절 작용, 항균 작용, 항염 작용을 가진 성분을 이용

한다. 오일과 연화제를 가능한 사용하지 않고 수렴 효과를 높이기 위하여 알코올이 함유되어 있다. 알코올은 피부를 시원하게 하고 모공을 축소시키는 수렴 효과와 항균 효과 그리고 피지 제거 효과가 있기 때문이다. 그러나 알코올은 피부를 건조하게 하고 자극을 주기 때문에 민감성 피부는 주의하여야 한다. 또한 여드름 피부는 각질이 쌓여 모공을 막히게 하며, 막힌 모공은 여드름을 악화시키기 때문에 여드름용 화장품은 박피(peeling) 효과가 있는 성분이 첨가되고, 피부 표면의 유지를 제거하기 위하여 카올린과 같은 파우더 제제도 사용된다. 여드름용 화장품의 조건은 여드름 발생을 막고(non-acnegenic), 면포형성의 최소화(non-comedogenic), 자극이 적고(non-irritant), 저알레르기 유발성(hypoallergenic) 등의 특성을 가져야 한다.

일반적으로 여드름을 유발시키는 화장품은 얼굴에 바르는 크림류이며, 일부 자외선 차단제도 여드름을 발생시킨다.

여드름용 화장품은 피지조절기능, 각질제거작용, 항균작용과 항염증작용, 보습작용, 세안기능이 있는 성분을 복합적으로 배합한다. 여드름용 화장품은 이러한 작용이 복합적으로 작용할 수 있도록 구성된다. 피지조절작용의 주요 생리활성성분은 레티놀(retinol), 카올린(kaoline), 아연(Zn), PCA, 아젤라 산(azelaic acid), 옥토시글리세린(octoxiglycerine), 유니트리엔올(unitrienol) 등이 이용된다. 각질제거작용의 생리활성성분은 알파-히드록시산(α-hydroxy acids, AHA), 베타-히드록시산(β-hydroxy acid, BHA), 황(sulfur), 파파인(papain), 레조르신(resorcin), L-아르기닌(L-arginine), 레티놀(retinol) 등이 있다. 항균과 항염증 작용의 주요성분은 티트리(Tea tree), 카모마일(Camomile) 등의 에센셜 오일(essential oils), 비사볼롤(bisabolol), 캄포(camphor), 글리시리지산(glycyrrhizic acid), 녹차 추출물(green tea extract), 어성초 추출물(houttuynia extract), 산사나무 추출물(hawthorn extract), 피토스핑고신(phytosphingosine), 트리코산(Tricosan), 윗치 하젤 추출물(Witch Hazel extract), 금은화, 연교, 오가피, 마늘 등이 있다. 피부를 청결하게 유지하고 피지를 제거하는 것은 여드름용 세정제가 가져야할 기본적인 사항이다. 뿐만 아니라 모공에 고여 있는 피지를 제거하고, 피부에 쌓여 있는 각질을 제거함으로서 여드름을 효과적으로 개선시킬 수 있다. 이러한 목적으로 사용되고 있는 세정제는 황(sulfur)을 이용한 제제, 박피용 클렌져(peeling cleanser), 폼클렌져(foaming cleanser), 효소클렌져(enzyme cleanser) 등이다.

## ◆ 표 3-81. 여드름용 세럼(Acne serum with AHA and vanilla extract)

| 원 료 | 구성 성분 | w/w(%) |
|---|---|---|
| phase A | Deionized water<br>Glycolic acid 99% | to 100<br>0.30 |
| phase B | Acrlates/carbamate copolymer and glycolic acid<br>Butylene glycol, water , and vanilla extract<br>Propylene glycol, diazolidinyl urea, methylparaben, and propylparaben (Germaben II) | 1.00<br>2.00<br>0.45 |
| phase C | Polyacrlamide, C13-14 isoparaffins, and laureth-7 (Sepigle 305) | 3.00 |
| phase D | Water, trimethylolpropane tricaprylate/tricaprate, lycerin, cetearyl alcohol, Ceteareth 20, glyceryl stearate, PEG 100 stearate, Steareth 2, dimethicone, Ceteth-24, Choleth-24, phospholipids, phenoxyethanol, methylparaben, butylparaben, ehtylparaben, propylparaben, and EDTA-2Na | 46.11 |

**■ 처방특성 및 제조과정 : AHA와 Vanilla extract를 함유한 여드름용 세럼**

① phase A를 넣고 저속 교반하여 혼합한다.
② ①에 phase B를 순서대로 첨가하고 균일한 상태로 혼합 용해한다.
③ ②에 phase C를 천천히 첨가한다. 조금 더 점성이 높아진다.
④ ③에 phase D를 첨가하고, 균일한 상태로 혼합 용해될 때 까지 30분정도 저속 교반하고 마무리한다.

## ◆ 표 3-82. 여드름용 세럼(Anti-acne serum)의 응용

| 원 료 | 구성 성분 | w/w(%) |
|---|---|---|
| phase A | Deionized water<br>EDTA-2Na<br>Preservative(ex, Germaben II)<br>Keltrol F | to 100<br>0.05<br>1.00<br>0.60 |
| phase B | Glycolic acid(99% sol.)(Exfoliant)<br>Lactic acid(88% sol.)(Exfoliant)<br>Sodium hydroxide(25%)(pH Adjustment)<br>Bisabolol(Anti-inflammatory)<br>Emollient 1<br>Active(salicylic acid) in cyclodextrin(Salidex) | 1.00<br>0.60<br>1.75<br>2.00<br>5.00<br>20.00 |

**■ 처방특성 및 제조과정 : Anti-acne serum의 응용**

① phase A의 Deionized water에 EDTA-2Na, Preservative를 첨가하고, 저속 교반하여 균일한 상태로 충분히 녹인다.
② ①에 phase A의 Keltrol F를 첨가하고, 교반하여 균일한 상태로 충분히 혼합 분산한다.

③ phase B를 충분히 혼합 분산 용해한다.
④ ②에 ③을 서서히 첨가하면서 교반하여 균일한 상태로 가용화한다.
⑤ ④에 phase C의 Perfume을 첨가하고 균일한 상태로 가용화하고 마무리한다.

### ◆ 표 3-83. 잇꽃 수분 크림(moisturizing cream)

| 원 료 | 구성 성분 | w/w(%) |
|---|---|---|
| phase A | Butyl methoxydibenzylmethane<br>Ethylhexyl methoxycinnamate<br>Carthamus tinctorius (safflower) oleosomes | 0.50<br>2.00<br>10.0 |
| phase B | Water (aqua)<br>Urea<br>Polyglycerin-10 | 50.60<br>10.00<br>5.00 |
| phase C | Acrylates/acrylamide copolymer (and) Paraffinum liquidum (mineral) oil (and) Polysorbate 85 (Novemer EC-1, Noveon Inc.)<br>Deionized water | 1.50<br>20.00 |
| phase D | Dhydroacetic acid (and) benzyl alcohol (and) Phenoxyethanol (and) salicylic (and) benzoic acid (and) benzethonium cholorie | 0.25 |
| phase E | Fragrance<br>etc. | qs<br>qs |

▪ **처방특성 및 제조과정 : 잇꽃 추출물을 함유한 여드름용 수분크림**
① 실온에서 phase A를 넣고 저속 교반(200rpm)하여 혼합한다.
② 실온에서 phase B를 phase A에 첨가하여 8분 동안 저속 교반(300rpm)한다.
③ 45℃에서 phase C를 ②에 서서히 첨가하면서 저속 교반(200rpm)한다. 5분동안 저속교반하면 점성이 높아진다.
④ 45℃에서 phase D, phase E를 ③에 첨가하면서 교반 속도(400rpm) 높여서 3분 동안 교반하고 마무리한다.

# 11

# 화장품 제조 보고서와 품질평가 보고서

## 1. 화장품 제조 보고서

<table>
<tr><th colspan="6">( OOO 화장품 ) 제조 보고서</th></tr>
<tr><td colspan="2">성 명</td><td></td><td>학 번</td><td></td><td>조 |</td></tr>
<tr><td colspan="2">실 험 제 목</td><td colspan="2"></td><td>제 조 일 자</td><td>년 월 일</td></tr>
<tr><td colspan="2">공동실험자</td><td colspan="4"></td></tr>
<tr><td colspan="2">실험 목적<br>및 개요</td><td colspan="4"></td></tr>
<tr><td colspan="2">사용기기 및<br>준비물</td><td colspan="4"></td></tr>
<tr><th colspan="6">처방 및 성분 특성</th></tr>
<tr><td>Part</td><td>No</td><td>원 료 명</td><td>기 능</td><td>특 성</td><td>함량(%)</td></tr>
<tr><td rowspan="4">A</td><td>1</td><td></td><td></td><td></td><td></td></tr>
<tr><td>2</td><td></td><td></td><td></td><td></td></tr>
<tr><td>...</td><td></td><td></td><td></td><td></td></tr>
<tr><td></td><td></td><td></td><td></td><td></td></tr>
<tr><td rowspan="3">B</td><td>7</td><td></td><td></td><td></td><td></td></tr>
<tr><td>8</td><td></td><td></td><td></td><td></td></tr>
<tr><td>9</td><td></td><td></td><td></td><td></td></tr>
<tr><th colspan="6">제조 과정 및 주의사항</th></tr>
<tr><td colspan="6"></td></tr>
<tr><th colspan="6">결과 및 고찰</th></tr>
<tr><td colspan="2">안 전 성</td><td colspan="4"></td></tr>
<tr><td colspan="2">안 정 성</td><td colspan="4">(5℃/40℃)(제조당일/숙성 후) 각 안정성 체크</td></tr>
<tr><td colspan="2">유 효 성</td><td colspan="4"></td></tr>
<tr><td colspan="2">사용성(향취 등)</td><td colspan="4"></td></tr>
<tr><th colspan="6">결론 및 제언</th></tr>
<tr><td colspan="6"></td></tr>
</table>

## 2. 화장품 품질 평가 보고서

<table>
<tr><th colspan="6">( OOO 화장품 ) 품질평가 보고서</th></tr>
<tr><td>평가자</td><td></td><td>학 번</td><td></td><td>소속</td><td></td></tr>
<tr><td>나이/성별</td><td>/</td><td>품질평가일</td><td colspan="3">년 월 일</td></tr>
<tr><td>제조사/제품명</td><td colspan="2">/</td><td>제조일</td><td colspan="2"></td></tr>
<tr><td>품질평가<br>목적</td><td colspan="5"></td></tr>
<tr><td>사용기기 및<br>준비물</td><td colspan="5"></td></tr>
<tr><th colspan="6">성분 및 특성</th></tr>
<tr><td colspan="2">성 분 명</td><td>기 능</td><td colspan="2">특 성</td><td>비고</td></tr>
<tr><td>1</td><td></td><td></td><td colspan="2"></td><td></td></tr>
<tr><td>2</td><td></td><td></td><td colspan="2"></td><td></td></tr>
<tr><td>…</td><td></td><td></td><td colspan="2"></td><td></td></tr>
<tr><td></td><td></td><td></td><td colspan="2"></td><td></td></tr>
<tr><td></td><td></td><td></td><td colspan="2"></td><td></td></tr>
<tr><td></td><td></td><td></td><td colspan="2"></td><td></td></tr>
<tr><th colspan="6">사용 효과 및 특이사항</th></tr>
<tr><td colspan="6"></td></tr>
<tr><th colspan="6">결과 및 고찰</th></tr>
<tr><td>안전성/피부자극</td><td colspan="5"></td></tr>
<tr><td>안정성/내용물상태</td><td colspan="5"></td></tr>
<tr><td>유효성/보습 등</td><td colspan="5"></td></tr>
<tr><td>사용성<br>(향취 등 기호성)</td><td colspan="5"></td></tr>
<tr><th colspan="6">종합 의견</th></tr>
<tr><td colspan="6"></td></tr>
</table>

# 제 4장
# 메이크업 화장품 (Make-up Cosmetics)

## 01 서론

일반적으로 메이크업을 화장이라 한다. 즉 얼굴 및 신체 부위에 색상을 부여하여 장점은 두드러져 보이게 하고 결점을 은폐하는 등 매력을 더하여 아름답게 표현하는 수단이기 때문이다. 그러나 메이크업은 얼굴을 아름답게 보이게 할 뿐만 아니라 피부를 보호하고 자신감을 갖게 한다. 이를 위하여 사용한 화장품을 메이크업 화장품이라 한다. 메이크업 화장품을 사용한 목적은 크게 3가지, 즉 아름답게 보이려는 화장의 목적, 유해한 자외선 등으로부터 피부를 보호할 목적, 만족감과 자신감을 충족시키는 심리적인 목적이 있다. 첫째, 화장의 목적은 피부의 기미나 주근깨 등을 은폐하고, 색소를 피부에 부여하여 건강하고 매력적인 용모를 표현하기 위한 미화 목적으로 사용한다. 둘째, 피부 보호 목적은 피부에 보습력을 강화시키고 과잉 분비된 피지와 땀을 흡수하며 자외선 등 외부 유해환경으로부터 피부를 보호하기 위한 목적으로 사용한다. 셋째, 심리적 목적은 화장행위로 인한 자신감과 만족감을 위하여 사용한다. 보통 메이크업 화장품은 스킨케어 화장품을 사용한 후, 얼굴이나 네일(nail) 등 신체의 부위에 색깔을 부여하여 피부의 결점을 은폐하고, 건강하고 매력을 더하여 아름답게 표현하기 위하여 사용한다.

◆ 그림 4-1. 메이크업 화장품

02

# 메이크업 화장품의 종류와 사용목적

메이크업 화장품은 사용목적에 따라 크게 2가지, 즉 페이스 메이크업 화장품(face make-up cosmetic)과 포인트 메이크업 화장품(point make-up cosmetic)으로 분류한다. 페이스 메이크업 화장품은 얼굴 피부의 색을 균일하게 정돈하거나 음영을 부여하여 입체감을 주고, 기미, 주근깨 등 피부의 결점을 은폐하며 피부를 보호하기 위한 목적으로 사용한다. 포인트 메이크업 화장품은 눈 주위와 눈썹, 볼, 입술, 네일 등 신체의 특정 부위에 도포하여 사용부위를 보호하고, 입체감과 색깔을 부여하여 아름답고 건강미 넘치는 모습을 위하여 사용한다.

◆ **표 4-1. 메이크업 화장품의 종류와 사용목적**

| 종 류 | | 사용 목적 | 응용 제품 |
|---|---|---|---|
| 페이스 메이크업 | 파우더류 | • 땀과 피지의 흡습<br>• 화장의 지속과 보강<br>• 피부 색의 보정 등 마무리 화장 | • 페이스 파우더<br>• 콤팩트 |
| | 메이크업 베이스류 | • 피부색과 피부 톤 조정 및 피부 보호<br>• 파운데이션 등 메이크업 화장의 보조 효과 | • 액상형, 크림형, 젤형 메이크업 베이스 |
| | 파운데이션류 | • 피부 색상 부여로 건강미와 생동감 부여<br>• 기미, 주근깨 등 피부 결점 은폐<br>• 피부의 광택, 탄력성, 투명감 연출<br>• 자외선 차단 및 피부 보호 효과<br>• 피부 건조 방지 | • 액상 및 크림 파운데이션, 투웨이케익 |

| 포인트 메이크업 | 아이메이크업류 | • 눈 주위에 색상 효과로 입체감 등 매력 효과<br>• 눈 주위 윤곽의 선명도로 매력 효과 부여<br>• 눈썹을 아름답게 하고 보호 효과 | • 아이섀도우, 아이라이너, 아이브라우, 마스카라 |
|---|---|---|---|
| | 립메이크업류 | • 입술의 색상 부여로 건강과 매력 효과<br>• 입술의 건조 방지 및 유연 효과 | • 립스틱, 립글로스<br>• 립틴트 |
| | 네일메이크업류 | • 손톱과 발톱을 미화하고 보호함<br>• 네일 에나멜의 부착성 증대<br>• 네일 에나멜의 색상 및 광택 부여<br>• 에나멜 제거<br>• 탈지 또는 탈수로 광택이 없거나 부러지기 쉬운 손톱을 원래의 상태로 되돌림 | • 네일 에나멜<br>• 탑 코트<br>• 베이스 코트<br>• 에나멜 리무버 |
| | 기타 | • 볼에 색상을 부여하여 매력 증대<br>• 얼굴 피부의 결점을 은폐 | • 볼연지<br>• 컨실러 |

이러한 메이크업 화장품은 사람의 피부와 피부의 부속기관에 사용하는 제품으로 4가지 품질특성이 요구된다. 메이크업 화장품은 안전성 측면에서 피부에 도포 후 피부의 생리작용을 저해하지 않고, 피부 독성과 자극성 등 부작용이 없어야 한다. 안정성 측면에서 사용시간이 경과함에 따라서 변색, 변취, 분리, 변형 등이 일어나지 않아야 한다. 또한 분체인 안료가 고루 분산되어 제품의 외관의 색체가 균일하여야 하고, 광원의 종류에 따라서 제품 색깔의 변화가 없어야 한다. 유효성 측면에서 메이크업 화장품의 색깔과 얼굴에 사용하였을 때의 색상이 유사하여 기대하는 화장효과가 있어야 하고, 피복력과 신전성이 우수하여야 하며 피부에 대한 부착성이 좋아서 화장의 지워짐이 없어야 한다. 사용성 측면에서 메이크업 화장품은 사용할 때의 느낌이 부드럽고, 화장을 제거하기가 쉬워야 하는 등 사용하기가 편리하여야 한다.

03

# 메이크업 화장품의 원료

메이크업 화장품은 메이크업 화장품에 요구되는 기능을 발휘할 수 있는 원료를 사용한다. 메이크업 화장품의 주요 원료는 안료인 분체와 유지, 보습제, 계면활성제 등이다. 그 외에 방부제, 산화방지제, 향료 등을 첨가제로 사용한다. 즉 메이크업 화장품은 기재에 안료인 분체를 균일하게 분산시킨 제품이다.

따라서 마무리 화장으로써 주로 사용되는 메이크업 화장품은 피부와 친화성, 피부 결점의 은폐성, 피부 터치감, 블루밍(blooming), 신전성, 흡수성, 흡유성, 유해환경으로부터 피부 보호의 기능이 요구된다. 그 중에도 메이크업 화장품의 중요한 기능은 신전성, 부착성, 피복성 그리고 자외선 차단성이다. 신전성은 피부 위에서 매끄럽게 잘 펴지는 감촉을 말하며, 이러한 성질을 갖는 대표적인 안료가 탈크이다. 탈크는 부드러운 점토 광물로 층간의 결합이 약하고 벗겨지기 쉬운 특성을 가지고 있으며 입도에 따라 신전성에 영향을 미친다. 그 외에 운모(mica), 알루미나, 나일론 등이 이용된다. 부착성은 안료가 피부에 부착하는 성질이며, 화장의 마무리 상태를 좌우하고 화장의 지속성에도 영향을 미친다. 피부에 부착성은 이산화티탄늄이나 산화철같은 입경이 작은 안료가 우수하고, 카올린, 탈크, 운모 순으로 우수하다. 피복성은 은폐력과 밀접하고, 이산화티탄늄과 산화아연 등이 사용되나 색상을 띠는 안료와 조화에 의하여 색조를 조정한다. 자외선차단성은 피부에 유해한 자외선을 차단하여 피부를 보호할 목적으로 사용되며, 이산화티탄늄과 산화아연은 은폐력이 크고 자외선차단 효과가 있지만 마무리 사용감 때문에 많이 사용되지는 않는다.

이러한 메이크업 화장품의 분체로 사용되는 안료는 착색안료(coloring pigment), 백색안료(white pigment), 체질안료(extender pigment), 펄안료(pearlescent pigment) 등이 있다.

착색안료는 색상을 부여하며 물이나 기름 그리고 용매에 용해되지 않는 분체이다. 그 종류는 철의 산화물인 산화철(iron oxide), 즉 적산화철(벤가라), 황산화철, 흑산화철 그리고 청색이나 보라색을 띤 군청(ultramarine), 청색을 띤 감청, 흑색을 띤 카본블랙, 녹색을 띤 산화크롬, 수산화크롬 등이 있다. 산화크롬은 색상이 선명하지 않으나 안정성이 우수하고 착색력과 피복력이 좋다. 수산화크롬은 산화크롬에 비하여 밝은 색이며 안정성이 우수하다.

백색안료는 착색력과 은폐력을 위하여 사용한 메이크업 화장품의 원료이다. 백색안료는 이산화티탄늄($TiO_2$), 산화아연(ZnO), 탄산칼슘($CaCO_3$) 등이 있다. 이산화티탄늄은 입자의 크기가 작기 때문에 착색력, 은폐력이 우수하고 신전성도 우수한 성질이 있으며 자외선 차단제로 사용된다. 산화아연은 피부의 수렴작용으로 땀의 분비를 억제하고 자외선 차단제로 사용된다. 착색안료와 백색안료는 주로 메이크업 화장품의 색상을 부여하고, 색조 조정 및 은폐력을 목적으로 사용된다.

◆ **표 4-2. 메이크업 화장품에 이용되는 안료(분체)**

| 종 류 | | 원 료 |
|---|---|---|
| 착색안료 | 무기 | 적산화철(벤가라), 황산화철, 흑산화철, 군청, 감청, 산화크롬 등 |
| | 유기 | 천연색소 : $\beta$-카로텐, 코치닐, 크로로필 등<br>합성색소 : 화장품용 유기합성색소인 코올타르 색소 |
| 백색안료 | | 이산화티탄늄, 산화아연 |
| 체질안료 | | 운모(마이카), 견운모(세리사이트), 카올린, 탄산칼슘, 탄산마그네슘, 탈크, 황산바륨 등 |
| 펄안료 | | 생선비늘조각, 운모티탄, 옥시염화비스무스 등 |
| 기타 | 천연물 | 전분, 셀룰로오스 파우더, 실크 파우더 등 |
| | 금속비누 | 미리스틴산염, 팔미틴산염, 스테아린산염 등 |
| | 합성고분자 | 나일론 파우더, 폴리에틸렌분말, 폴리메타크릴산메틸 등 |

체질안료는 운모(mica), 견운모(sericite), 카올린(kaolin), 탈크(tlac) 등이다. 운모는 안료끼리 뭉치는 현상이 없고 투명감을 주고, 견운모는 광택을 부여한다. 카올린은 피부에 부착성, 흡유성, 흡수성이 우수하고 제품 자체의 광택을 제거한 특성이 있다. 탈크는 신전성과 퍼짐성이 우수하고 광택을 부여한다. 따라서 체질안료는 착색안료의 희석제로서 색조를 컨트롤함과 더불어 피부에 대한 신전성, 부착성, 땀과 피지의 흡수성

및 사용감촉, 그리고 광택 등 메이크업 화장품의 마무리를 조정한다. 신전성은 피부 위에서 균일하고 얇게 펴 발라짐이 좋고, 매끄럽고 부드러운 감촉을 주는 특성이며, 탈크나 운모가 그와 같은 특성을 부여한다. 부착성은 피부에 잘 부착하는 특성이며, 메이크업의 화장지속에 기여한다. 최근 부착성을 높이기 위하여 분체의 표면처리(surface treatment)함으로써 부착성을 향상시키고 있다. 또한 피부에 밀착하고 있는 분체가 땀과 친숙하여 화장이 흐트러지는 것을 방지하기 위하여 발수 처리한 분체를 사용한다. 분체의 발수처리는 금속비누, 지방산, 고급알코올, 실리콘 등이 이용된다. 분체의 흡수성은 땀과 피지를 흡수하는 특성이며, 피지를 흡수함으로써 화장이 흐트러지거나 지워지는 것을 방지한다. 지성피부일수록 화장의 흐트러짐이 크다. 특히 피지 분비가 많은 T-Zone 부위의 화장이 지워지거나 균일하지 못하기 때문에 카올린, 탄산칼슘, 탄산마그네슘은 땀과 피지의 흡수가 우수하고, 동일 분체의 미세화는 피지나 땀의 흡수량을 증가시킬 수 있다. 최근 다공성 분체의 흡수능이 우수한 분체를 이용한다.

펄안료는 진주광택을 부여할 목적으로 사용하며, 운모에 이산화티탄늄이 코팅된 운모티탄, 생선비늘조각 등이 있다. 금속비누는 미리틴산염, 팔미틴산염, 스테아린산염 등이 있고, 부착성이 우수하다. 합성 고분자는 사용감을 개선하며, 나일론파우더, 폴리에틸렌분말 등이 있다. 메이크업 화장품은 피복성과 착색성이 중요하고, 이러한 특성은 안료에 의한 영향이 크다. 메이크업 화장품의 밀착감과 사용감을 향상시키기 위하여 실리콘 오일 등에 의한 표면이 개질된 안료가 이용 되고 있다. 메이크업 화장품 기재의 원료는 유동파라핀, 바셀린, 왁스류, 스쿠알렌, 합성에스테르 등의 유분과, 글리세린, 프로필렌글리콜 등의 보습제, 비이온성 계면활성제 그리고 보존제와 착향제 등의 첨가제를 사용한다. 이에 대한 설명은 제 2장에서 설명하였다.

## 04
# 메이크업 베이스(Make-up Base)

메이크업 베이스는 스킨케어 화장품을 사용하고 나서 파운데이션으로 화장하기 전에 사용하는 화장품이다. 메이크업 베이스는 주근깨나 기미, 누적된 각질, 피지 등으로 불균일한 얼굴 색깔을 일정하고 균일한 피부 톤으로 정돈해주고, 파운데이션의 지속성과 밀착성을 위하여 사용한다. 뿐만 아니라 파운데이션에 의한 색소침착을 방지해 주고, 화장이 들뜨는 현상을 방지할 목적으로 사용한다. 메이크업 베이스는 분홍색, 핑크색, 노란색, 푸른색, 초록색 등 다양한 색상의 제품이 있다. 이러한 다양한 색상의 메이크업 베이스는 피부 상태나 피부 색깔 등을 고려하여 균일한 피부 톤의 밑 화장으로 효과적인 메이크업을 위한 예비 화장이다. 일반적으로 메이크업 베이스는 파운데이션의 처방과 유사하지만 안료인 분체의 함량이 파운데이션에 비하여 적은 편이다. 메이크업 베이스의 처방과 제조는 파운데이션의 처방과 제조로 대신한다.

◆ 그림 4-2. 메이크업 베이스 화장품

◆ 표 4-3. 메이크업 베이스(Make-up Base)

| 원 료 | 구성 성분 | w/w(%) |
|---|---|---|
| phase A | Lanaetex 75 | 3.00 |
| | Myristyl myristate | 2.20 |
| | Diethyl sebacate | 2.00 |
| | Dispersen G | 2.00 |
| | Polyoxyethylene(20) nonyloleyl ether | 0.10 |
| | Buthyl paraben | 0.10 |
| phase B | Deionized water | to 100 |
| | Veegum HV | 0.50 |
| | Keltrol F | 0.15 |
| | Glycerin | 3.00 |
| | Citric acid | 0.30 |
| | Methyl paraben | 0.10 |
| phase C | Silicone SS-4267 | 3.00 |
| | Silicone SS-1214 | 1.00 |
| | Talc | 5.00 |
| | Titaniu dioxide | 5.00 |
| | Iron oxides | 3.70 |
| | Perfume | qs |

■ **제조과정 :**

① 70~80℃에서 phase A를 완전히 녹인다.

② 70~80℃에서 phase B를 완전히 녹인다.

③ 70~80℃에서 ②에 ①를 첨가하고, 균일한 상태로 충분히 유화시킨다.

④ 40~50℃에서 ③에 phase C를 첨가하고, 균일한 상태로 혼합 분산한 후 마무리한다.

## 05 파운데이션(Foundation)

파운데이션은 기본적으로 얼굴의 피부색을 보정하고, 피부의 질감을 연출하여 아름다움과 매력을 더하는데 사용한다. 그리고 자외선 등 외부 유해환경으로부터 피부를 보호하고, 기미, 주근깨 등 얼굴의 결점을 은폐할 목적으로 사용되는 대표적인 페이스 메이크업 화장품이다. 최근 파운데이션은 메이크업 화장품의 기능 이외에 보습과 진정 등 기초화장품의 기능까지 포함한 다목적 복합기능을 갖춘다.

파운데이션은 제형에 따라 분류하면 ① 분체를 유성성분에 분산시킨 제품, ② 분체를 크림이나 유액 등의 에멀젼에 분산시킨 유화형 제품, ③ 분체에 유용성 성분을 소량 첨가하여 압축시킨 제품, ④ 분체를 액체에 현탁시킨 액상의 제품 등으로 나눌 수 있다. 이와 같은 제형을 이용하여 파운데이션은 크게 3가지, 즉 고형(cake type), 크림상(cream type), 액상(liquid type)의 파운데이션으로 분류한다. 사람의 건강 상태 등 내적 요인과 외부 환경에 따라서 피부 생리와 피부의 상태가 달라지기 때문에 파운데이션의 제형과 제품도 다양하다. 고형 파운데이션(cake type foundation)은 고온다습한 환경에서 땀과 피지의 분비량이 많기 때문에 화장이 지워지거나 흐트러지지 않도록 실리콘 등으로 표면을 코팅하여 개질한 분체를 사용한 제품과 산뜻한 사용 감촉을 부여하기 위하여 스펀지에 수분을 적셔서 사용하는 파운데이션이다. 또한 자외선이 강할 때에는 자외선으로부터 피부를 보호하기 위하여 썬스크린 파운데이션(sunscreen foundation)을 사용한다.

◆ 표 4-4. 파운데이션의 분류에 따른 주요 구성성분의 함량

| 분 류 | | 주요성분(wt%) | 특 성 |
|---|---|---|---|
| 고 형 | 파우더 타입 | ▪ 분체 (75~90)<br>▪ 유용성 (10~25) | ▪ 분체에 결합제를 첨가하여 압축한 제품<br>▪ 스폰지를 이용하여 피부에 도포<br>▪ 흡수성, 흡유성 등 흡수능과 사용감 우수 |
| | 유성젤 | ▪ 분체 (40~65)<br>▪ 유용성 (35~60) | ▪ 유성 젤에 분체를 분산<br>▪ 부착성과 피복력 우수 |
| | W/O 에멀젼 | ▪ 분체 (15~55)<br>▪ 유용성 (30~70)<br>▪ 수용성 (5~30) | ▪ 에멀젼에 분체를 분산<br>▪ 지속성이 우수 |
| 크림상 | O/W 에멀젼 | ▪ 분체 (10~25)<br>▪ 유용성 (15~50)<br>▪ 수용성 (30~65) | ▪ O/W 에멀션에 분체를 분산<br>▪ 피부에 대한 전연성과 사용감 우수 |
| | W/O 에멀젼 | ▪ 분체 (10~40)<br>▪ 유용성 (20~60)<br>▪ 수용성 (20~60) | ▪ W/O 에멀션에 분체를 분산<br>▪ 사용감이 좋고, 땀에 의하여 화장이 흐트러지지 않음 |
| 액 상 | O/W 에멀젼 | ▪ 분체 (5~25)<br>▪ 유용성 (10~30)<br>▪ 수용성 (50~80) | ▪ O/W 에멀션에 분체를 분산<br>▪ 신전성이 좋고 청량감을 줌 |
| | 2층 분리형 | ▪ 분체 (10~30)<br>▪ 유용성 (15~50)<br>▪ 수용성 (30~55) | ▪ 흔들면 W/O 에멀션 형성<br>▪ 산뜻하고 땀으로 화장이 흐트러지지 않음 |
| | 현탁 타입 | ▪ 분체 (10~30)<br>▪ 유용성 (0~5)<br>▪ 수용성 (70~90) | ▪ 수성 기제에 분체를 분산<br>▪ 산뜻한 사용감 |

그리고 저온 건조한 환경에서는 피부의 유분을 부여하여 유연성과 보습력과 경피수분 손실(transepidermal water loss, TEWL)을 막기 위한 유화형 파운데이션을 이용한다. W/O형 파운데이션은 왁스를 첨가하여 제조한 고형 상의 에멀젼 파운데이션이다. 이외에도 기미나 주근깨 등 피부의 결점을 은폐하기 위한 부분용 파운데이션에 피복력을 높일 수 있는 유성 형태의 파운데이션 등도 있다. 파운데이션의 색상은 피부색을 고려한 소비자의 기호에 따라 다양하다.

## 1. 파우더 파운데이션(Powder Foundation)

파우더 파운데이션은 안료에 결합제를 첨가하여 압축한 파운데이션으로 파우더와 트윈케이크의 중간 형태이다. 파우더 파운데이션은 고형백분에 비하여 착색안료와 백색안료를 많이 사용한다. 착색안료는 주로 산화철계의 무기안료가 배합되지만 경우에 따라서는 색상의 선명도를 높이기 위하여 유기안료와 펄안료 등도 사용한다. 천연의 동식물류와 유동파라핀과 같은 광물류 그리고 합성에스테르유가 결합제로 이용된다. 그리고 가벼운 퍼짐성을 부여하고 발수성을 위하여 실리콘유 등도 결합제로 이용된다. 성형성을 위하여 라놀린 등 반고형 유분과 탄화수소계의 왁스 등도 사용한다. 제품의 사용성에 따라 결합제의 사용량이 다르지만 분체의 흡유성을 고려한다.

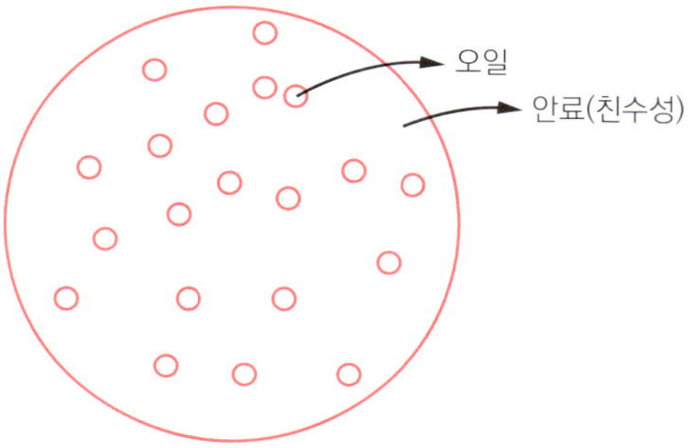


◆ 그림 4-3. 파우더 파운데이션

◆ 표 4-5. 압축형 파우더 파운데이션(Pressed Powder Foundation)

| 원 료 | 구성 성분 | w/w(%) |
|---|---|---|
| phase A | Talc | 6.60 |
| | Titanium dioxide | 19.20 |
| | Mica (and) titanium dioxide | 4.80 |
| | Iron oxides | 11.20 |
| | Zinc oxides | 6.20 |
| | Barium sulfate | 13.70 |
| phase B | Dimethicone | 5.50 |
| | Lanolin | 8.20 |
| | Petrolatum | 1.40 |
| | Mineral oil | 1.40 |
| | Isopropyl myristate | 1.40 |

| | | |
|---|---|---|
| phase C | antioxidant<br>Preservative<br>Fragrance | qs<br>qs<br>qs |

■ **제조과정 :**

① 혼합 분쇄기에서 phase A를 가루로 분쇄하여 색소가 균일한 상태로 혼합한다.
② ①에 phase C를 첨가하고, 균일한 상태로 혼합 분산한다.
③ ②에 phase B를 고루 분무하여 균일하고 일정한 색으로 조정될 때까지 분쇄하여 충분히 혼합한다.
④ ③이 균일한 색상으로 충분히 혼합 분산되면 압축 및 성형하여 마무리한다.

## 2. 겸용 파운데이션(Two-way Cake Foundation)

겸용 파운데이션은 마른 스펀지와 젖은 스펀지를 이용하여 메이크업이 가능하기 때문에 불리어진 메이크업 화장품이다. 일반적으로 트윈 케이크라고 영문을 한글로 명명하기도 한다. 주로 온도와 습도가 높은 환경에서 사용되는 파운데이션이다. 겸용 파운데이션은 사용이 간편하고, 젖은 스펀지를 사용할 때는 청량감과 산뜻한 느낌이 있고, 화장 지속성이 좋다. 파우더 파운데이션을 젖은 스펀지로 사용하면 분체가 친수성이기 때문에 물을 흡수하여 딱딱하게 되고, 케이킹 현상이 생겨 사용할 수 없는 단점이 있다. 따라서 겸용 파운데이션은 분체를 실리콘 오일로 표면 처리하여 젖은 스폰지로 사용할 때 케이킹을 방지한다. 겸용 파운데이션은 보통 실리콘 오일로 표면처리된 분체와 결합제로 구성되어 있고, 자외선을 차단하도록 초미립자 이산화티탄늄과 자외선 흡수제를 사용한다.

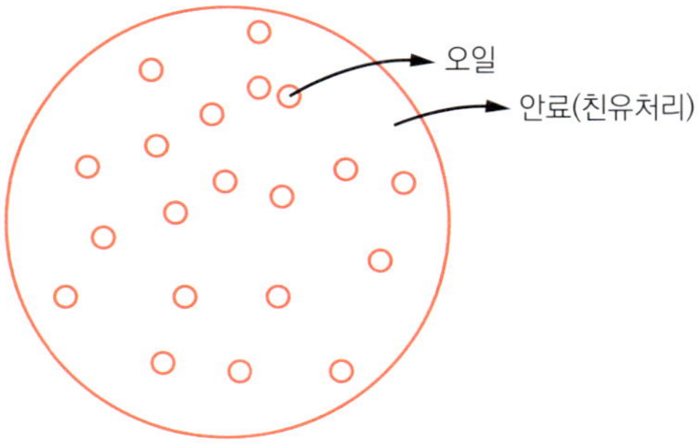


◆ **그림 4-4. 투웨이 케이크 파운데이션**

◆ 표 4-6. 겸용 파우더 파운데이션(Two-Way Powder Foundation)(Wet and Dry)

| 원 료 | 구성 성분 | w/w(%) |
|---|---|---|
| phase A | Sericite | 35.0 |
| | Talc | 24.0 |
| | Mica | 10.0 |
| | Nylon-12 | 10.0 |
| | Titanium dioxide | 8.0 |
| | Zinc sterate | 3.0 |
| | Iron oxide pigments, silicone treated | 2.0 |
| phase B | Cetyl octanoate | qs |
| | Squalane | 2.0 |
| | Octyldodecyl myristate | 2.0 |
| | Mineral oil | 2.0 |
| | Dimethicone | 2.0 |
| phase C | antioxidant | qs |
| | Propyl paraben | 0.05 |
| | Butyl paraben | 0.05 |
| | Fragrance | qs |

▪ **제조과정 :**

① 혼합 분쇄기에서 phase A를 가루로 분쇄하여 색소가 균일한 상태로 혼합한다.
② ①에 phase C를 첨가하고, 균일한 상태로 혼합 분산한다.
③ ②에 phase B를 고루 분무하여 균일하고 일정한 색으로 조정될 때까지 분쇄하여 충분히 혼합한다.
④ ③이 균일한 색상으로 충분히 혼합 분산되면 압축 및 성형하여 마무리한다.

## 3. 유성 파운데이션(Oil-based Foundation)

유성 파운데이션은 유지, 왁스, 합성에스테유 등 유성 기재에 분체를 분산시킨 것이며, 콤팩트 타입과 스틱 타입이 있다. 유연효과가 좋기 때문에 기온이 낮고 건조한 환경에서 사용이 적합하다. 유성 파운데이션은 퍼짐성과 부착성이 좋아서 화장이 지워지거나 흐트러지지 않고, 피복력이 크기 때문에 기미나 주근깨 등 피부 결점을 은폐하고자 할 때 사용한다. 유성 성분이 기재이기 때문에 끈적거리는 단점이 있다. 따라서 끈적거리지 않도록 유용성 원료의 선택과 분체의 특성을 충분히 고려하여 처방하면 개선할 수 있다.

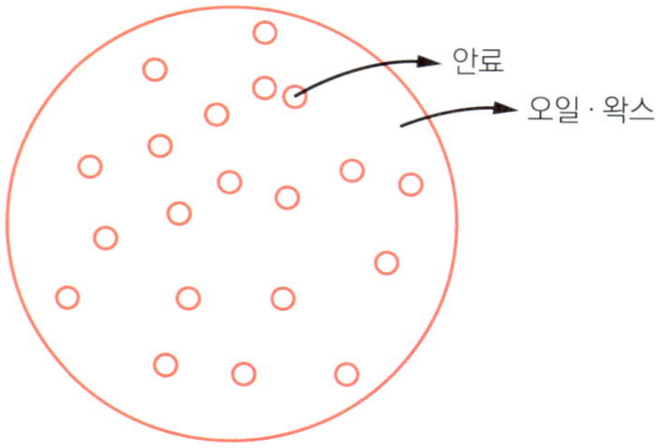


◆ 그림 4-5. 유성 파운데이션

◆ 표 4-7. 콤팩트 액체 파운데이션(Compact Liquid Foundation)

| 원 료 | 구성 성분 | w/w(%) |
|---|---|---|
| phase A | Titanium dioxide (and) isopropyl titanium triisostearate | 12.99 |
| | Yellow iron oxide (and) isopropyl titanium triisostearate | 0.33 |
| | Red iron oxide (and) isopropyl titanium triisostearate | 0.33 |
| | Black iron oxide (and) isopropyl titanium triisostearate | 0.10 |
| | Aluminum starch octenyl succinate (and) isopropyl titanium triisostearate | 15.00 |
| | Sericite | 6.25 |
| | Silica | 2.00 |
| phase B | Squalene | 6.50 |
| | Dimethicone (5 centistoke) | 11.00 |
| | Octyl palmitate | 18.00 |
| | Polyglycerol-3 diisostearate | 5.50 |
| | Mineral oil | 3.00 |
| | Hydrogenated coco glycerines | 2.00 |
| | Microcrystalline wax | 4.00 |
| | Carnauba wax | 1.00 |
| phase C | Nylon-12 | 12.00 |
| phase D | Fragrance | qs |

■ **제조과정 :**

① 혼합 분쇄기에서 phase A를 가루로 분쇄하여 색소가 균일한 상태로 혼합한다.

② 90℃에서 phase B를 완전히 녹인다.

③ ②에 ①을 첨가하고, 호모믹서를 이용하여 균일한 상태의 색상으로 충분히 혼합 분산한다.

④ 80℃에서 ③에 phase C를 첨가하고, 호모믹서를 이용하여 균일한 상태의 색상으로 충분히 혼합 분산한다.

⑤ 40~50℃에서 phase D를 첨가하고, 충분히 혼합 분산한 후 탈 기포하여 마무리한다.

## 4. O/W 유화형 파운데이션(O/W Emulsion Foundation)

O/W 유화형 파운데이션은 수상에 유상을 유화하고, 분체를 분산시켜 제조한 파운데이션이다. 이는 리퀴드 파운데이션과 크림 파운데이션이 있다. O/W 유화형 파운데이션은 보습력이 우수하여 피부를 촉촉하게 하고 탄력성을 유지하기 때문에 습도가 적고 건조한 환경에서 주로 사용하는 파운데이션이다. 단점으로는 땀이나 피지와 잘 섞이기 때문에 화장이 잘 지워진다. O/W 유화형 파운데이션은 수상에 분체인 안료를 균일하게 분산시킨 것으로 안정성에 유의하여야 한다. 따라서 분체의 선택, 유용성 원료의 구성 성분, 유화제의 선택, 유화와 분산 방법 등을 고려하여 처방하고 제조에 유의하여야 한다.

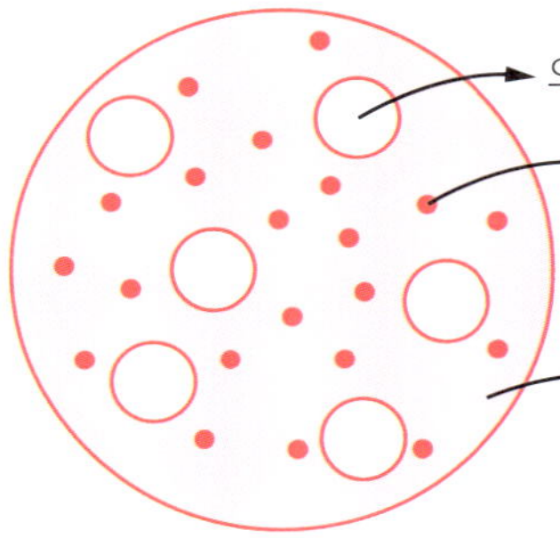


◆ 그림 4-6. O/W 유화형 파운데이션

◆ 표 4-8. O/W 유화형 파운데이션(O/W Emulsion Liquid Foundation)

| 원 료 | 구성 성분 | w/w(%) |
|---|---|---|
| phase A | Talc | 3.00 |
| | Titanium dioxide | 5.00 |
| | Red iron oxide | 0.50 |
| | Black iron oxide | 0.10 |
| | Yellow iron oxide | 1.40 |
| phase B | Deionized water | to 100 |
| | Bentonite | 0.50 |
| | Polyoxyethylene (20) sorbitan monostearate | 0.90 |
| | Triethanolamine | 1.00 |
| | Propylene glycol | 10.00 |

| | | |
|---|---|---|
| phase C | Stearic acid<br>Isohexadecyl alchol<br>Glyceryl monostearte<br>Lanoline<br>Liquid paraffine<br>preservative | 2.20<br>7.00<br>2.00<br>2.00<br>8.0<br>qs |
| phase D | Fragrance | qs |

■ **제조과정 :**

① 70~80℃에서 호모믹서를 이용하여 phase B를 충분히 분산 용해한다.
② ①에 균일한 색상의 분말로 혼합된 phase A를 첨가하고, 충분히 분산 용해한다.
③ 70~80℃에서 phase C를 충분히 녹인다.
④ 70~80℃에서 ②에 ③을 첨가하고, 호모믹서를 이용하여 균일한 상태로 유화시킨다.
⑤ ④를 40~50℃로 냉각시키고, 여기에 phase D를 첨가하여 호모믹서로 균일하게 유화시킨다.
⑥ ⑤가 균일한 상태로 유화가 완료되면 실온으로 냉각시켜 마무리한다.

## 5. W/O 유화형 파운데이션(W/O Emulsion Foundation)

W/O형 파운데이션은 보통 유용성 성분이 많아서 끈적거리는 단점이 있다. 그러나 실리콘계열의 계면활성제를 이용함으로써 끈적거림을 감소시킬 수 있다. 따라서 실리콘계열의 계면활성제를 이용한 W/O 유화형 파운데이션은 사용감과 화장의 지속성도 우수하다. W/O 유화형의 일종으로 이층 분산타입 파운데이션이 있다. 이층분산타입의 파운데이션은 사용할 때에 흔들면 W/O형 파운데이션이 된다. 이는 청량감과 촉촉함이 우수하여 사용감이 좋다.

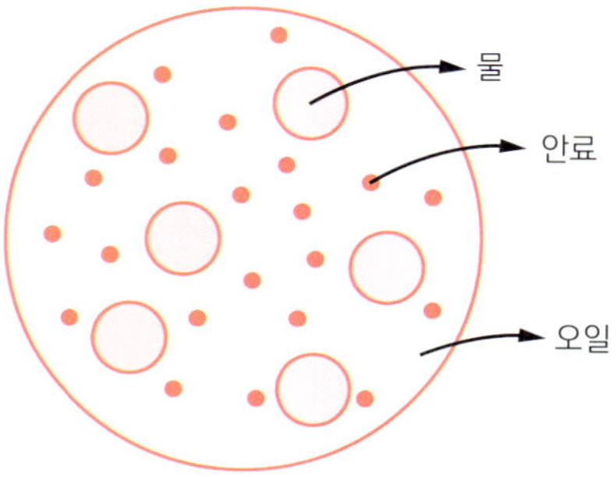


◆ 그림 4-7. W/O 유화형 파운데이션

◆ 표 4-9. W/O 유화형 크림 파운데이션(W/O Emulsion Cream Foundation)

| 원 료 | 구성 성분 | w/w(%) |
|---|---|---|
| phase A | Octamethylcyclotetrasiloxane | 10.00 |
| | Rosinpentaerystester | 1.50 |
| | neopenthylglycoldiisooctanoate | 5.00 |
| | Squalene | 2.50 |
| | Glycoltriisooctanoate | 2.00 |
| | Polyoxyethylenedimethylpolysiloxane | 1.50 |
| phase B | Deionized water | 39.50 |
| | 1.3-Buthylene glycol | 4.00 |
| | Ethanol | 7.00 |
| | preservative | qs |
| phase C | Talc | 7.00 |
| | Titanium dioxide | 12.00 |
| | Silicon dioxide | 2.00 |
| | Nylon-12 | 4.0 |
| | Red iron oxide | 0.50 |
| | Black iron oxide | 0.10 |
| | Yellow iron oxide | 1.40 |
| phase D | Fragrance | qs |

■ **제조과정 :**

① 70~80℃에서 phase A를 충분히 녹인다.

② 70~80℃에서 phase B를 충분히 녹인다.

③ 실온에서 혼합 분쇄기를 이용하여 phase C를 균일한 상태로 충분히 혼합 분산한다.

④ 70~80℃에서 ②에 ③을 첨가하고, 호모믹서를 이용하여 균일한 상태로 혼합 분산한다.

⑤ 70~80℃에서 ①에 ④를 첨가하여 호모믹서로 균일하게 유화시킨다.

⑥ ⑤를 40~50℃ 냉각시키고, phase D를 첨가하여 호모믹서로 균일하게 유화시킨 후, 실온으로 냉각하여 마무리한다.

## 06

# 파우더(Powder)

파우더는 화장을 수정하거나 화장의 지속을 위하여 마무리 단계에서 사용하는 메이크업 화장품의 일종이다. 즉, 파운데이션으로 메이크업한 후에 파우더로 덧발라줌으로써 피지 등 유분을 흡수하여 화장이 지워지거나 부자연스러운 광택을 없애고, 자외선을 차단하여 피부를 보호할 목적 등으로 사용한다. 결국 얼굴의 색상을 변화시켜 매력을 더하고, 기미나 주근깨 등의 결점을 은폐하며 화장의 지속성을 위하여 사용한다. 파우더는 크게 2가지, 즉 페이스 파우더(face powder)와 콤팩트 파우더(compact powder)로 분류한다. 페이스 파우더는 가루분 또는 루즈 파우더(loose powder)라고도 하고, 콤팩트 파우더는 프레스트 파우더(pressed powder) 혹은 고형분이라고도 한다. 파우더는 분체로만 구성된 루즈 파우더(loose powder)와 루즈 파우더에 소량의 결합제(binder agent)를 첨가하여 압축한 콤팩트 파우더(compact powder)이다. 이외에 종이에 분체를 부착시킨 지백분(paper powder), 수성성분에 분체를 분산시킨 수백분(liquid face powder), 글리세린 등의 용액에 분체를 반죽한 연백분(kneaded powder) 등 다양화되고 있다. 최근에는 핑크나 블루 등의 색을 내어 피부색을 변화시키거나 볼연지와 같이 사용하는 등 다양화되고 있다. 또한 1개의 케이스에 2색 이상의 것을 성형하는 등 소비자의 기호에 따라 여러 가지 색으로 구성할 수 있다.

◆ 그림 4-8. 파우더

파우더의 주요 원료로 사용되는 분체는 착색성, 피복성, 신전성, 부착성, 흡수성의 특성이 있어야 한다. 즉 착색성은 피부의 색조를 조정하는 특성으로 적산화철(벤가라), 황산화철, 흑산화철 등이 있다. 피복성은 기미나 주근깨 등 피부의 결점을 은폐하여 피부의 색조를 조정하는 특성으로 산화아연, 이산화티탄늄 등이 있다. 신전성은 피부에 균일하게 잘 퍼지고 발리는 특성으로 탈크, 스테아린산 마그네슘염 등 금속염이 있다. 부착성은 피부에 장시간 들뜨지 않고 화장품이 지속적으로 유지되는 특성으로 팔미틴산염, 스테아린산염 등이 있다. 흡수성은 땀이나 피지를 흡수하여 화장이 흐트러지거나 지워지는 것을 막아주는 특성으로 카올린, 탄산칼슘, 탄산마그네슘 등이 있다. 그리고 파우더의 기능성이나 사용성을 위하여 분체의 표면을 실리콘, 금속비누 등으로 표면을 개질한 분체를 사용한다.

## 1. 루즈 파우더(Loose Powder)

루즈 파우더는 대부분 분체의 원료만으로 구성된 고형의 분말로 가루분이라고도 한다. 루즈 파우더는 주로 유화 파운데이션과 유성 파운데이션의 위에 도포하여 유성의 광택과 끈적거림을 없애고, 땀과 피지를 흡수하여 화장의 지속성을 유지할 목적으로 사용한다. 루즈 파우더는 퍼프 등의 화장용구를 사용하여 얼굴에 바르면 피부에 매끄럽게 펴 발라져야 한다. 이러한 목적으로 사용되는 분체는 탈크가 이용된다. 그리고 광택을 없애고 피부 결점을 은폐하기 위하여 카올린과 산화티탄 등을 사용하고, 부착력을 위해서는 스테아린산아연과 미리스틴산아연 등을 이용하며 땀과 피지의 흡수를 위해서는 탄산칼슘과 탄산마그네슘 등을 이용한다. 또한 피부색을 보정하기 위해 착색안료와 펄안료를 이용한다.

◆ 그림 4-9. 루즈 파우더

◆ 표 4-10. 루즈 파우더(Loose Face Powder)

| 원 료 | 구성 성분 | w/w(%) |
|---|---|---|
| phase A | Zinc stearate<br>Magnesium carbonate<br>Bismuth oxychloride and mica<br>Iron oxides<br>Talc | 8.00<br>1.00<br>25.00<br>qs<br>to 100.00 |
| phase B | Fragrance<br>Preservative | qs<br>qs |

■ **제조과정 :**

① 혼합 분쇄기에서 phase A를 균일한 상태의 일정한 색으로 조정될 때까지 충분히 혼합 분산한다.

② 혼합 분쇄기에서 ①에 phase B를 첨가하여 균일한 상태의 일정한 색으로 조정될 때까지 충분히 혼합 분산한다.

③ ②를 체로 거른 후 마무리한다.

## 2. 콤팩트(Compact Powder)

콤팩트는 탈크 등 백색의 무기안료에 유색안료를 첨가하여 혼합하고, 결합제나 향료 그리고 필요에 따라 방부제, 살균제, 산화방지제 등을 첨가하여 균일하게 분산시켜 압축한 형태로 제조한다. 콤팩트는 고형분이라 하고, 휴대하기에 간편하다. 결합제는 점액질의 수용액, 유액상의 에멀션, 유동파라핀, 합성에스테르 등 유성물질을 이용한다. 또한 스테아린산마그네슘염 등의 금속비누나 전분 등 분말을 병용한다. 콤팩트의 사용 목적은 루즈 파우더와 같으나 가루의 날림이나 사용하기에 편리하도록 루즈 파우더의 단점을 개선한 것이다.

◆ 그림 4-10. 프레스트 파우더

◆ 표 4-11. 프레스트 파우더(Pressed Face Powder)

| 원 료 | 구성 성분 | w/w(%) |
|---|---|---|
| phase A | Polymethyl methacrylate | 12.00 |
| | Sericite | 10.00 |
| | Mica (and) polyethylene | 5.00 |
| | Magnesium stearate | 3.00 |
| | Mica (and) Titanium dioxide | 5.00 |
| | Kaolin | 8.00 |
| | Iron oxides | qs |
| | Talc (and) polyethylene | to 100.0 |
| phase B | Dimethicone | 6.00 |
| | Glyceryl diisostearate | 2.00 |

| | | |
|---|---|---|
| phase C | Tocopherol<br>Butyl paraben<br>Propyl paraben | 0.10<br>0.05<br>0.05 |
| phase D | Fragrance | qs |

▪ **제조과정** :

① 혼합 분쇄기에서 phase A의 Iron oxides와 Talc를 가루로 분쇄하여 혼합한 후, 나머지를 모두 첨가하여 균일하고 일정한 색으로 조정될 때까지 분쇄하여 충분히 혼합 분산한다.

② 80℃에서 phase B와 phase C를 충분히 녹인다.

③ 혼합 분쇄기에서 ①에 ②를 고루 첨가하여 균일하게 섞으면서 혼합하고, 추가로 phase D를 고루 분무하여 혼합한 후 완료되면 체를 통하여 거른 후 압축 및 성형하여 마무리한다.

## 3. 볼연지(Cheek Color, Blusher)

볼연지는 얼굴의 볼 부위에 도포하여 입체감과 색깔을 보정하여 생동감 있고 건강미 넘치는 모습을 연출하고자 할 때 사용하는 메이크업 화장품의 일종이다. 이는 메이크업하고 난 후 마무리 단계에 덧발라서 보정한다는 의미로 볼터치라고도 한다. 또한 볼연지는 그라데이션(gradation)을 이용하여 각지거나 넓은 얼굴을 갸름하게 보이게 하는 등 얼굴형을 수정하는데도 사용된다. 따라서 볼연지는 파운데이션과 친화성이 좋아야 하고, 적당한 색채 효과와 광택성, 부착성, 은폐력이 있어야 한다. 그리고 볼연지는 사용한 후 잘 닦이고, 볼연지에 의하여 피부에 색소침착되지 않아야 한다. 볼연지는 주로 적색 계열의 안료가 분체로 이용되고 있으나 갈색이나 청색 등 다양화되고 있으며, 고형, 반고형, 스틱상 그리고 크림상 등이 있다. 고형 볼연지는 고형의 분이나 파운데이션과 같이 탈크와 카올린 등의 분체에 착색안료를 혼합하여 분산시키고 점액질, 유용성 물질, 전분 등의 결합제를 첨가하여 압축시켜 제조한 메이크업 화장품으로 브러시나 퍼프를 이용하여 사용한다. 유성페이스트 볼연지와 스틱형 볼연지는 유성 파운데이션과 립스틱 등과 같이 유용성 성분에 착색안료를 분산시켜 페이스트상이나 스틱상으로 제조한 것이고, 얼굴에 발랐을 때 립스틱과는 달리 광택성이 없도록 유용성 성분의 선택에 유의한다. 유화형 크림상의 볼연지는 유화형 파운데이션과 같이 크림상의 에멀젼에 착색 안료를 분산시킨다.

◆ 그림 4-11. 볼연지

◆ 표 4-12. 볼연지(Pressed Blusher)

| 원 료 | 구성 성분 | w/w(%) |
|---|---|---|
| phase A | Zinc stearate | 8.00 |
| | Titanium dioxide | 3.50 |
| | Iron oxides (russet) | 12.00 |
| | Iron oxides (black) | 0.20 |
| | D&C Red No. 6 barum lake | 0.30 |
| | Titanium dioxide (and) mica | 6.00 |
| | Talc | to 100 |
| phase B | Pentaerythritol tetraisostearate | 4.00 |
| phase C | Methyl paraben | 0.10 |
| | Imidazolidinyl urea | 0.10 |
| phase D | Fragrance | 0.10 |

▪ **제조과정 :**

① 혼합 분쇄기에서 phase A의 Iron oxides와 Talc를 가루로 분쇄하여 혼합한 후, 나머지를 모두 첨가하여 균일하고 일정한 색으로 조정될 때 까지 분쇄하여 충분히 혼합 분산한다.

② 80℃에서 phase B와 phase C를 충분히 녹인다.

③ 혼합 분쇄기에서 ①에 ②를 고루 첨가하여 균일하게 섞으면서 혼합하고, 추가로 phase D를 고루 분무하여 혼합한 후 완료되면 체를 통하여 거른 후 압축 및 성형하여 마무리한다.

07

## 아이메이크업 화장품(Eye Make-up Cosmetics)

눈은 눈썹과 함께 사람의 인상, 매력, 감정, 생각을 표현하는데 있어서 매우 중요하다. 특히 눈의 크기, 눈썹의 형태, 눈 두덩이의 명암과 색깔 등은 사람의 인상과 매력을 연출하는 중요한 포인트 중 하나이다. 그러나 눈꺼풀과 눈 주위는 사람의 피부 중 가장 얇고, 피지선의 분포가 적기 때문에 건조하거나 잔주름 그리고 기미 등 결점이 잘 생긴다. 따라서 아이메이크업 화장품은 눈과 눈썹 주위에 메이크업을 하는 포인트 메이크업 화장품 중 하나이다. 즉 눈과 눈썹 주위의 결점을 은폐하고 입체적으로 눈을 부각시키거나 생동감과 아름다움을 연출하기 위하여 사용하는 화장품이다. 아이메이크업 화장품은 아이새도우(eye shadow), 아이라이너(eye liner), 아이브로우(eye brow), 마스카라(mascara) 등이다. 그런데 아이메이크업 화장품은 눈 점막에 가장 근접하여 위험하기 때문에 일반 화장품에 비하여 보다 더 자극이나 독성 등 안전성에 유의하여야 한다.

◆ 그림 4-12. 아이메이크업

## 1. 아이섀도우(Eye Shadow)

아이섀도우는 눈꺼풀이나 눈꼬리 주위에 색깔과 음영으로 입체감을 부여하여 미적 아름다움을 연출하고, 매력을 더하기 위하여 사용한다. 아이섀도우는 아이메이크업 화장품 중 가장 다양한 색채의 화장품이다. 아이섀도우는 기본적으로 파운데이션의 처방과 유사하다. 일반적으로 아이섀도우는 착색안료, 백색안료, 펄안료를 혼합하고, 유분을 균일하게 분산시킨 후, 압축하여 제조한다. 제품의 형태는 주로 고형 파우더형이고, 유성 타입과 유화 타입 등도 있다. 주요 성분으로는 견운모, 탈크, 나일론 파우더 등의 체질안료, 감청, 황산화철, 흑산화철 등의 착색안료(ultramarine, 황산화철, 흑산화철), 스쿠알란, 마이크로크리스탈린 왁스 등의 결합제, 방부제, 향료 등을 이용한다.

◆ 그림 4-13. 아이섀도우

◆ 표 4-13. 아이섀도우(Pressed Eye-Shadow)

| 원 료 | 구성 성분 | w/w(%) |
|---|---|---|
| phase A | Talc | 4.20 |
| | Bismuth oxychloride | 1.00 |
| | Fumed silica | 0.50 |
| | Zinc stearate | 5.00 |
| | Titanium dioxide (and) mica | to 100 |
| phase B | Lanolin alcohol | 3.75 |
| | Mineral oil | 9.75 |
| | Isostearyl neopentanoate | 1.50 |

| | | |
|---|---|---|
| phase C | Metyl paraben<br>Propyl paraben<br>Imidazolidinyl urea | 0.10<br>0.10<br>0.10 |
| phase D | Fragrance | 0.10 |

- **제조과정 :**

① 혼합 분쇄기에서 phase A의 가루로 분쇄하여 균일하고 일정한 색으로 조정될 때까지 분쇄하여 충분히 혼합 분산한다.

② 80℃이서 phase B와 phase C를 충분히 녹인다.

③ 혼합 분쇄기에서 ①에 ②를 고루 첨가하여 균일하게 섞으면서 혼합하고, 추가로 phase D를 고루 분무하여 혼합한 후 완료되면 체를 통하여 거른 후 압축 및 성형하여 마무리한다.

## 2. 아이라이너(Eye Liner)

아이라이너는 속눈썹 주위에 가는 붓으로 라인을 그려 눈의 크기나 윤곽을 뚜렷하게 함으로써 눈의 매력과 아름다움을 연출하는데 이용한다. 일반적으로 아이라이너는 주로 흑색이고, 눈의 점막에 근접한 속눈썹의 주위에 사용하기 때문에 무엇보다도 안전성이 최우선이다. 아이라이너는 리퀴드 타입, 펜슬 타입, 케이크 타입, 크림 타입 등 다양하다. 리퀴드 타입은 유성용제형, 유화형, 수성 현탁형 등이 있다. 유성용 제형은 휘발성 용매를 사용하기 때문에 도포 후에 피막이 형성된다. 이 피막은 유성의 리무버로 제거할 때 잔류물이 남기 쉽기 때문에 잘 지워야 한다. 유화형과 수성 현탁형은 촉촉한 느낌을 주고 사용감이 가벼우나 내수성이 적은 단점이 있다. 리퀴드 타입은 라인의 선명도가 좋으나 도포할 때 흘러내릴 수 있기 때문에 주의하여야 한다. 그러나 리퀴드 타입에 점토광물을 첨가할 경우 도포 후 정지 상태에서 점성이 높아지기 때문에 단점을 보완할 수 있다. 펜슬 타입은 왁스류를 녹인 후 잘 굳어지는 성질이 있기 때문에 용해된 왁스에 착색안료를 분산시켜서 제조한다. 케이크 타입은 소형의 붓을 물이나 화장수에 적셔서 사용한다.

아이라이너의 주성분은 피막형성제이며 증점제, 안료, 벤가라 등과 계면활성제, 보습제, 정제수와 방부제, 향료 등이 사용된다. 아이라이너는 민감한 눈의 점막 부위에 사용하기 때문에 자극이나 독성이 없고 건조속도가 빨라야 한다. 또한 피막에 유연성이 있어서 부드럽게 자유로이 그리기 쉽고 화장 지속력이 좋아야 하며 번지거나 갈라지지 않아야 한다. 그리고 내수성이 좋아 눈물이나 땀에 쉽게 제거되지 않아야 하고 안료의 침강이나 분리가 없을 것, 화장 지우기가 쉬울 것, 미생물에 의한 오염이 없을 것 등이 요구된다. 정제수에 계면활성제, 보습제, 방부제를 첨가 용해시킨 후에 증점제를 가해서 교반하고 분산시킨다. 여기에 착색안료를 첨가하여 분산시키고, 피막형성제를 가하여 균일하게 혼합한다.

◆ 그림 4-14. 아이라이너

◆ 표 4-14. 방수 아이라이너(Waterproof Eyeliner)

| 원 료 | 구성 성분 | w/w(%) |
|---|---|---|
| phase A | Beeswax | 16.50 |
| | PVP/eicosene copolymer | 5.00 |
| | Petroleum distillate | 35.00 |
| | Petroleum distillate (and) quaternium-18 hectorite (and) propylene carbonate | 33.50 |
| phase B | Titanium dioxide (and) mica (and) ferric ferrocyanide | 9.80 |
| phase C | Preservative | 0.20 |

■ **제조과정 :**

① 80℃에서 phase A와 phase C를 충분히 녹인다.
② 80℃에서 ①에 ②를 첨가하고, 저속 교반하여 균일하고 일정한 색으로 조정될 때 까지 충분히 혼합 분산한다.
③ ②를 40℃에서 탈 기포한 후 냉각시키고 마무리한다.

◆ 표 4-15. 수성 아이라이너(Aqueous Eyeliner)

| 원 료 | 구성 성분 | w/w(%) |
|---|---|---|
| phase A | Ammonium vinyl acetate/actylates copolymer<br>Polysorbate 80<br>Isopropyl myristate | 55.00<br>1.00<br>4.00 |
| phase B | Propylene glycol<br>Methyl paraben<br>Deionized water<br>Hectorite (and) hydroxyethylcellulose | 2.50<br>0.25<br>29.50<br>0.25 |
| phase C | Iron oxides | 7.50 |

■ **제조과정 :**

① 70℃에서 phase A를 충분히 녹인다.

② 70℃에서 phase B를 충분히 녹인다.

③ 70℃에서 ②에 phase C를 첨가하고, 저속 교반하여 색깔이 균일할 때까지 충분히 혼합 분산한다.

④ ③을 저속 교반하면서 40℃로 냉각시키고, 탈 기포한 후 마무리한다.

## 3. 아이브로우 펜슬(Eye brow pencil)

아이브로우는 눈썹을 정돈한 다음 눈썹 모양이나 색깔을 조정하기 위하여 사용한다. 아이브로우의 색상은 주로 흑색이지만 회색이나 옅은 색깔도 있다. 주요 구성성분은 유용성인 왁스, 바셀린, 스쿠알란, 라놀린 등이고 안료는 흑색, 황색산화철, 산화티탄, 탈크 등이 사용된다. 아이브로우는 카르나우바 왁스, 세레신, 마이크로크리스탈린 왁스, 바셀린, 라놀린, 스쿠알란, 이소프로필팔미테이트 등의 유용성 성분에 탈크, 흑산화철, 황산화철, 산화티탄늄 등의 분체를 고루 분산하고 혼합하여 제조한다.

◆ 그림 4-15. 아이브로우 펜슬

◆ 표 4-16. 아이브로우 펜슬(Eye Brow Pencil)

| 원 료 | 구성 성분 | w/w(%) |
|---|---|---|
| phase A | Iron oxides(black) | 20.00 |
| | Titanium dioxide | 5.00 |
| | Talc | 10.00 |
| | Kaolin | 15.00 |
| phase B | Japan wax | 20.00 |
| | Stearic acid | 10.00 |
| | Bees wax | 5.00 |
| | Hydrogenated castor oil | 5.00 |
| | Vaseline | 4.00 |
| | Lanolin | 3.00 |
| | Liquid paraffin | 4.00 |
| phase C | Antioxidant | qs |

■ **제조과정 :**

① 혼합 분쇄기에서 phase A를 가루분말로 분쇄하여 균일한 색상으로 조정될 때까지 충분히 혼합 분산한다.
② 80℃에서 phase B와 phase C를 혼합하고, 완전히 녹인다.
③ 80℃에서 ②에 ①를 첨가하고, 저속 교반하여 색깔이 균일할 때까지 충분히 혼합 분산한다.
④ ③을 저속 교반하면서 50℃로 냉각시키고, 나무 안에 넣어 연필심으로 성형하여 마무리한다.

## 4. 마스카라(Mascara)

속눈썹을 길고 짙게 하여 눈의 매력과 전체적인 이미지를 좋게 보이기 위해서 사용된다. 즉, 속눈썹을 울려주거나 길게 보이게 하거나 짙은 색상으로 풍성하게 함으로써 눈의 이미지뿐만 아니라 전체적인 얼굴의 인상과 개성을 돋보이게 할 목적이다. 마스카라는 주로 흑색이지만 얼굴 피부의 톤과 개성, 취향에 따라 색상이 다양화되고 있다. 특히 마스카라는 눈 점막과 가장 근접해하기 때문에 안전성이 최우선이지만 용매에 녹지 않는 안료가 분리되지 않아야 하는 등 안정성과 사용성 그리고 사용목적에 맞는 유용성을 충족시켜야 한다. 즉, 마스카라는 눈이나 피부에 자극이 없어야 하고 눈썹에 발림성이나 뚜렷한 색상 효과가 있어야 하며 안료가 침전되거나 뭉치지 않아야 한다. 또한 눈물이나 땀에 달라붙거나 쉽게 지워지지 않아야 한다. 일반적인 마스카라는 액상 타입과 피막형, 왁스에멀션형, 유성형 등이 있다. 마스카라의 주요 구성성분은 피막형성제, 증점제, 착색안료, 보습제, 정제수, 방부제, 향료 등이다. 색조는 주로 흑색이지만 보라, 청색, 자홍색, 붉은색, 형광색, 투명 타입 등이 있다.

◆ 그림 4-16. 마스카라

◆ 표 4-17. 왁스 에멀젼 마스카라(Solvent Mascara, Wax Emulsion type)

| 원 료 | 구성 성분 | w/w(%) |
|---|---|---|
| phase A | Petroleum distillate<br>Beeswax<br>PEG-6 sorbitan beeswax<br>Ozokerite<br>Carnauba wax<br>Propyl paraben<br>Glyceryl oleate (and) propylene glycol | to 100.00<br>18.00<br>6.00<br>4.00<br>6.00<br>0.10<br>1.50 |
| phase B | Iron oxides(black) | 15.00 |
| phase C | Petroleum distillate (and) quaternum-18 hectorite (and) propylene carbonate | 12.50 |
| phase D | Deionized water<br>Methylparaben<br>Sodium borate<br>Quaternium-15 | 15.00<br>0.30<br>0.60<br>0.10 |

■ **제조과정 :**

① 80~90℃에서 phase A를 완전히 녹이고, phase B를 첨가하여 충분히 혼합 분산한다.
② 80~90℃에서 ①에 phase C를 첨가하여 완전히 녹인다.
③ 80~90℃에서 phase D를 완전히 녹인다.
④ 80~90℃에서 ②에 ③를 서서히 첨가하면서 호모믹서를 이용하여 유화시킨다.
⑤ ④를 40℃로 냉각시키고 탈 기포하여 마무리한다.

◆ 표 4-18. 유화 방수성 마스카라(Emulsion-Resistance Mascara)

| 원 료 | 구성 성분 | w/w(%) |
|---|---|---|
| phase A | Deionized water | to 100.00 |
| | Hydroxyethyl cellulose | 1.00 |
| | Methylparaben | 0.30 |
| | Aqueous 0.10% phenyl mercuric acetate | 4.00 |
| | Triethanolamine | 1.00 |
| | Ammonium hydroxide, 2% | 0.50 |
| phase B | Iron oxides | 10.00 |
| | Ultramarine blue | 2.00 |
| phase C | Isostearic acid | 2.00 |
| | Stearic acid | 2.00 |
| | Glyceryl monostearate | 1.00 |
| | Beeswax | 9.00 |
| | Carnauba wax | 6.00 |
| | Propylparaben | 0.10 |
| phase D | Quaternium-15 | 0.10 |
| phase E | 30% Acrylic/acrylate copolymer solution in ammonium hydroxide | 20.00 |

■ **제조과정 :**

① 80~90℃에서 phase A를 완전히 녹이고, phase B를 첨가하여 호모믹서로 충분히 혼합 분산한다.

② 80~90℃에서 ①에 phase C를 완전히 녹인다.

③ 80~90℃에서 ①에 ②를 서서히 첨가하면서 호모믹서를 이용하여 유화시킨다.

④ ③을 50℃로 냉각시키고, phase D와 phase E를 순서대로 서서히 첨가하면서 호모믹서를 이용하여 2차 유화시키고, 탈 기포한다.

⑤ ④를 실온으로 냉각시키고 마무리한다.

08

# 립 메이크업 화장품(Lip Make-up Cosmetics)

립 메이크업 화장품은 포인트 메이크업 화장품 중 하나로 입술에 사용하는 제품이며, 립스틱, 립글로스, 립틴트 등이 있다. 립 메이크업 화장품은 입술에 색깔을 부여하여 매력을 더하거나 건강미를 돋보이게 할 목적으로 사용한다. 더불어 입술의 보습과 자외선 차단, 염증 완화 등 보호용으로도 활용되고 있다.

립 메이크업 화장품은 입술에 사용하는 화장품이기 때문에 무엇보다도 입술에 대한 자극이나 독성이 없어야 하고, 인체에 해롭지 않아야 하며 불쾌한 냄새나 맛이 있어서는 안 된다. 무엇보다도 안전성이 최우선이다. 그 외에 사용목적에 맞는 색채 효과나 지속성 그리고 보관 중 갈라지거나 변형되지 않아야 하는 등 립스틱이 갖추어야 할 안정성, 유용성, 사용성이 우수하여야 한다. 즉, 잘 묻어나지 않고 오랜 시간 동안 지속된다는 의미의 롱라스팅 립스틱(long lasting lipstic)이 한 예이다. 또한 립스틱을 바른 후 덧발라주는 립글로스(lip gloss)가 있으며, 주로 입술에 윤기 부여와 입술 보호를 위하여 사용한다.

립스틱의 원료는 주로 유용성 성분의 기제에 착색제를 분산한 것이다. 유성기제는 스틱상의 고형을 형성하기 위하여 왁스가 사용된다. 왁스는 주로 자연계의 카르나우바 왁스, 밀납, 칸데릴라 왁스, 목납 등이 사용된다. 그리고 광물성의 고형파라핀, 마이크로 스탈린 왁스, 세레신 등의 탄화수소계가 유성 원료로 사용된다. 상온에서 액상의 유성 성분은 카카오유, 피마자유, 호호바유, 마카다미아너츠유, 라놀린 등이 사용되고 바셀 , 유동파라핀 등의 탄화수소류, 합성한 각종 에스테르 오일도 사용된다. 일반적으로 성원료는 약간의 극성과 안료의 분산이 우수한 장점이 있으나 고유한 냄새가 나는 단 있다. 그러나 합성유는 불쾌한 냄새가 없고, 고유한 성질도 일정한 장점으로 립스 원료로 사용되고 있다. 이 밖에 립스틱 중 색소의 분산을 위해서 친유성의 비이온 등이 소량 첨가되는 경우도 있다.

◆ **표 4-19. 립스틱의 주요 원료**

| | | |
|---|---|---|
| 유용성 기재 | 고형 기름 | 탄화수소 : ceresin, microcrystallin wax, solid paraffine, polythylene etc. |
| | | 왁스류 : carnauba wax, candelilla wax, bees wax etc. |
| | | 유지 : cacao lipide, 경화유 등 |
| | 반고형 기름 | 탄화수소 : vaselin etc. |
| | | 유지 : lanolin etc. |
| | 액체유 | 탄화수소 : squalane, α-olefin olygomer etc. |
| | | 유지 : 피마자유, 올리브유, triiso stearic acid glyceryl etc. |
| | | 에스테르유 : malic acid diiso stearyl, stearic acid iso cetyl etc. |
| | | 실리콘유: methylpolyxyloxane, methylphenyl polyxyloxane |
| 분체 | 착색안료 | 벤가라, 화장품용 타르색소 |
| | 백색안료 | 산화티탄 |
| | 펄안료 | 운모티탄 |
| 기타 | 산화방지제, 색소, 향료 등 | |

립스틱에 이용되는 색소는 화장품법에서 허용하는 염료와 안료, 레이크를 이용한다. 그 외에 입술에 색상의 지속성을 위하여 염착성이 있는 염료가 사용된다. 염료는 적색 218호, 적색 223호, 오렌지색 201호 등이 사용된다. 외관을 위해서는 타르색소 외에 각종 무기안료도 사용된다. 즉 색상을 조정하기 위해서 이산화티탄, 산화제이철, 황산화철, 흑산화철을 이용하고, 진주광택을 부여하기 위해서는 운모티탄, 착색운모티탄 등 펄안료가 사용된다. 안료의 분산성과 안정성을 위하여 무기안료의 표면을 개질하여 사용한다.

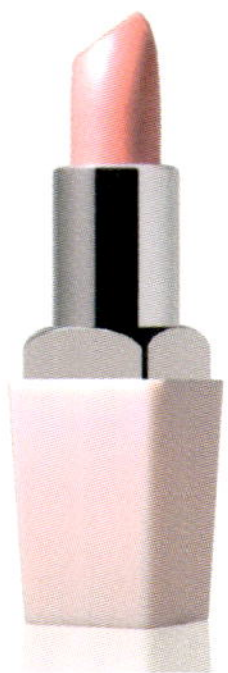

◆ 그림 4-17. 립스틱

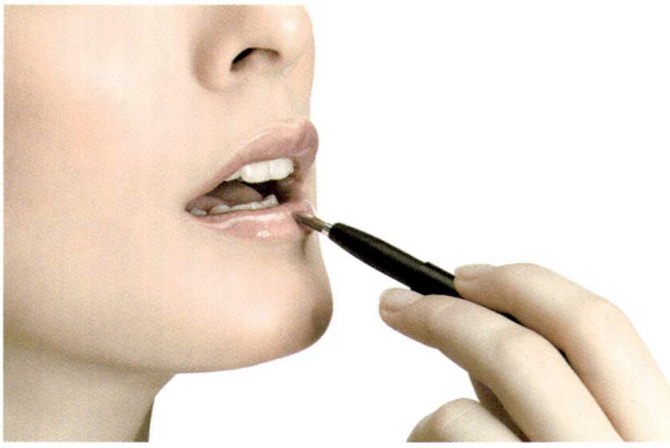

◆ 그림 4-18. 립글로스

◆ 표 4-20. 립스틱(Classical Lipstick)

| 원 료 | 구성 성분 | w/w(%) |
|---|---|---|
| phase A | Castor oil | to 100.00 |
| | Carnauba wax | 2.50 |
| | Beeswax | 20.00 |
| | Ozokerite | 10.00 |
| | Lanolin, anhydrous | 5.00 |
| | Cetyl alcohol | 2.00 |
| | Liquid paraffin | 3.00 |
| | Isopropyl myristate | 3.00 |
| | Propylene glycolricinoleate | 4.00 |
| | Preservative | qs |
| | Antioxidant | qs |
| phase B | Titanium dioxide | 5.00 |
| | FD&C Red No 6 | 1.20 |
| | FD&C Red No 8 | 2.00 |
| | FD&C yellow No 6 | 0.40 |
| | Castor oil | 10.00 |
| phase C | Fragrance | qs |

■ **제조과정 :**

① 70~80℃에서 phase A를 완전히 녹인다.

② 실온에서 롤러(roller)를 이용하여 phase B를 균일한 색상으로 충분히 혼합 분산한다.

③ 80~90℃에서 ①에 ②를 서서히 첨가하면서 호모믹서를 이용하여 유화시킨다.

④ 80~90℃에서 ①에 ②를 서서히 첨가하면서 호모믹서를 이용하여 균일한 색상으로 충분히 혼합 분산한 후 phase C를 첨가하여 혼합한다.

⑤ ③을 성형하여 급냉 후 스틱상의 립스틱을 마무리한다.

◆ 표 4-21. 유성 립스틱(Solvent Lipstick)

| 원 료 | 구성 성분 | w/w(%) |
|---|---|---|
| phase A | Synthetic wax | 6.00 |
| | Ceresin | 4.00 |
| | Isododecane | 10.00 |
| | Paraffin | 3.00 |
| | Cetyl acetate/acetylated lanolin alcohol | 5.00 |
| | Methylparaben | 0.30 |
| | Propylparaben | 0.10 |
| | BHA | 0.10 |
| phase B | D&C Red No. 7 calcium Lake | 4.00 |
| | FD&C Yellow No. 5 aluminum Lake | 3.00 |
| | Titanium dioxide/mica | 5.00 |
| | Titanium dioxide/mica/iron oxides | 3.00 |
| | Bismuth oxychloride | 10.00 |
| | Cyclomethicone | 41.50 |
| | Isostearyl trimetholpropane siloxy silicate | 5.00 |
| phase C | Fragrance | qs |

■ **제조과정 :**

① 70~80℃에서 phase A를 완전히 녹인다.
② 실온에서 롤러(roller)를 이용하여 phase B를 균일한 색상으로 충분히 혼합 분산한다.
③ 70~80℃에서 ①에 ②를 서서히 첨가하면서 호모믹서를 이용하여 균일한 색상으로 충분히 혼합 분산한 후 phase C를 첨가하여 혼합한다.
④ ③을 성형하여 유성 립스틱을 마무리한다.

◆ 표 4-22. 지속형 립스틱(Long-lasting Lipstick)

| 원 료 | 구성 성분 | w/w(%) |
|---|---|---|
| phase A | Isododecane<br>Isopropyl myristate | 10.00<br>12.00 |
| phase B | C33-5138<br>D&C Red #7 Calcium Lake<br>Titanium dioxide | 3.50<br>1.00<br>3.50 |
| phase C | Carnauba wax<br>Brij 52<br>Microcrystalline wax<br>Poluethylene glycol 300<br>Beewax | 8.50<br>3.50<br>6.00<br>3.00<br>5.50 |
| phase D | Dimethicone<br>Trimethylsiloxysilicate | 31.30<br>4.50 |
| phase E | Talc | 3.50 |
| phase F | Tocopherol acetate | 0.20 |
| phase G | Mica | 4.00 |

■ **제조과정 :**

① 70~80℃에서 phase A를 저속 교반하여 완전히 녹이고, phase B를 첨가하여 균일한 색상으로 충분히 혼합 분산한다.

② 70~80℃에서 phase C를 완전히 녹인다.

③ 70~80℃에서 ①에 ②를 첨가하고, 호모믹서를 이용하여 충분히 혼합 분산한다.

④ 70~80℃에서 ③에 phase D를 첨가하고 호모믹서를 이용하여 3~5분 동안 혼합 분산하고, 이어서 phase E, phase F, phase G를 차례로 첨가하면서 호모믹서를 이용하여 5분 동안 혼합 분산한다.

⑤ ④를 몰드에 넣은 후, 급냉하여 스틱상의 립스틱을 완료한다.

## 09

# 네일 메이크업 화장품(Nail Make-up Cosmetics)

손톱과 발톱은 손끝과 발끝의 피부를 보호하는 피부 부속기관 중 하나이며, 모발과 같이 경케라틴(hard keratin)이 주성분이다. 손톱과 발톱은 색상이나 모양 그리고 굴곡 등 다양하다. 즉, 나이가 들어감에 따라 손톱과 발톱이 작고 편평하거나 굴곡이 지며 색소침착의 무늬가 새겨지는 등 외관이나 물리적 성질이 변한다. 이는 몸에 이상이 생긴 것은 아닌지 의심해 볼 필요가 있다. 손톱이 하얗거나 푸른색을 띠면 호흡기 질환이나 간 질환을 의심해 볼 수 있고, 보라색이나 자주색의 얼룩질 때는 고혈압이나 중풍, 심근경색을 의심해 볼 필요가 있는 등 손톱의 색깔과 변형은 건강과 상관성이 있는 것으로 알려져 있다. 따라서 네일 메이크업으로 손톱관리를 할 때 손톱을 주의 깊게 살펴야 한다. 그리고 조갑에 함유된 수분의 양이나 케라틴의 조성에 따라 손톱의 상태가 다르다. 일반적으로 유아기의 손톱은 유연하고 탄력성이 풍부하나 노인의 경우는 단단하고 갈라지거나 부서지기 쉽다.

따라서 네일 메이크업 화장품은 손톱과 발톱에 피막 등으로 보강하고 색과 광택 등을 부여하여 손톱과 발톱을 미화하고 보호하기 위하여 사용하는 포인트 메이크업 화장품의 일종이다. 최근 손톱과 발톱을 아름답고 건강하게 보이기 위하여 트리트먼트나 매니큐어 뿐만 아니라 네일아트 등 전문화, 다양화되고 있다. 네일 메이크업 화장품은 네일 에나멜, 베이스 코트, 탑 코트, 네일 드라이어, 에나멜 리무버, 네일 트리트먼트 등 다양하다.

## 1. 네일 에나멜(Nail Enamel, Nail Lacquer)

네일 에나멜(enamel)은 라커(lacquer), 폴리쉬(polish), 컬러(color) 등의 용어로 혼용하고 있다. 네일 에나멜은 손톱과 발톱에 도포하면 피막을 형성하여 손톱과 발톱을 견고하게 보강하여 보호한다. 더불어 손톱과 발톱에 색상을 부여함으로써 예쁜 손과 발을 연출하는데 이용한다. 따라서 네일 에나멜은 현대인의 필수품이 되었고, 흔히 매니큐어(manicure)라고 하는 제품이다. 네일 에나멜은 손톱과 발톱에 사용하기 때문에 도포 후 신속하게 건조되어야 하고, 적정한 점도와 균일한 막의 형성, 균일한 색상과 광택 유지, 제거의 용이성과 무독성 등 품질특성을 갖추어야 한다.

◆ 그림 4-19. 네일 에나멜

네일 에나멜의 주요 구성성분은 피막형성제(film former), 가소제(plasticizer), 용매(solvent), 착색제(color agent), 침전방지제(suspending agent) 등이다. 피막형성제는 주로 니트로셀룰로오스(nitrocellulose)를 사용하고, 니트로셀룰로오스 피막의 점착성, 밀착성, 광택을 증가시키기 위하여 합성고분자인 수지(resin)를 병용하여 사용한다. 주로 사용되는 수지로는 알키드수지, 슬폰아마이드수지, 슈크로스계수지, 아크릴수지 등이 이용된다. 수지는 용매의 용해도, 니트로셀룰로오스, 착색제와의 상호작용 등을 고려하고 선택하여 사용한다. 가소제는 피막에 유연성을 부여하여 내구성을 유지시키기 위해 사용되며, 피마자유, 캄포, 구연산에스테르계 등이 있다. 용매는 니트로셀룰로오스, 수지, 가소제 등을 잘 녹이고 점도를 조절할 수 있어야 하며 휘발성이 적당해야 하기 때문에 몇 가지 용매를 혼합하여 사용한다. 즉, 셀룰로오스를 녹이는 진용제로 비점에 따라 다르지만 주로 에스테르계와 케톤계를 사용하고, 셀룰로오스의 용해도를 증가시키기 위하여 주로 알코올계를 혼합하여 사용한다. 이를 조용제라 하고, 사용감을 향상시키기는 효과가 있다. 착색제는 로다민B와 같은 염료, 리솔루빈 BCA같은 유기안료, 이산화티탄 같은 무기안료 그리고 펄안료 등이 이용된다. 침전 방지제는 무기안료나 펄안료의 분산 안정성을 위하여 사용하고, 유기변성 점토 광물(organically modified clay minerals)을 이용하며 침전을 방지할 목적으로 사용한다. 즉 벤토나이트 등 점토광물을 친유성으로 변성시켜 사용한다.

◆ **표 4-23. 크림 네일 에나멜(Cream Nail Enamel)**

| 원 료 | 구성 성분 | w/w(%) |
|---|---|---|
| phase A | Toluene sulfonamide/formaldehyde resin<br>Acrylates Copolymer | 10.00<br>0.50 |
| phase B | Nitrocellulose 0.5sec wet-film-former | 12.00 |
| phase C | Dibutyl Phthalate<br>Camphor | 5.00<br>1.50 |
| phase D | n-Butyl acetate<br>Ethyl acetate | 28.23<br>11.00 |
| phase E | Toluene: diluent<br>Isopropyl alcohol | 24.54<br>4.25 |
| phase F | D&C Red No. 6 Barium Lake<br>Titanium dioxide<br>Iron oxides | 0.08<br>0.75<br>0.15 |
| phase G | Stearalkonium hectorite | 1.00 |

■ **제조과정 :**

① phase D와 phase E를 충분히 혼합 용해한다.

② ①에 phase A, phase B, phase C를 첨가하고, 저속 교반하여 완전히 분산 용해한다.

③ ②에 phase F, phase G를 첨가하고, 저속 교반하여 균일한 색상으로 조정할 때까지 충분히 혼합 분산한 후 마무리한다.

(※ 주의사항 : 제조과정에서 사용하는 용매는 밀폐용기에서 증발이 없도록 하고, 특히 화기나 열에 주의하여야 함)

### ◆ 표 4-24. 진주광택 네일 에나멜(Pearlescent Nail Enamel)

| 원 료 | 구성 성분 | w/w(%) |
|---|---|---|
| phase A | Toluene sulfonamide/formaldehyde resin | 7.10 |
| phase B | Nitrocellulose 0.5sec wet-film-former | 14.90 |
| phase C | Dibutyl Phthalate<br>Camphor | 4.80<br>2.40 |
| phase D | n-Butyl acetate<br>Ethyl acetate | 34.04<br>11.00 |
| phase E | Toluene: diluent<br>Isopropyl alcohol, 99%: diluent<br>Bismuth oxychloride (25%) | 30.00<br>4.25<br>5.00 |
| phase F | D&C Red No. 7 calcium lake<br>D&C Red No. 34 calcium lake<br>FD&C Yellow No. 5 aluminum lake<br>Iron oxides | 0.08<br>0.05<br>0.08<br>0.15 |
| phase G | Stearalkonium hectorite<br>Benzophenone-1 | 1.20<br>0.20 |

■ **제조과정 :**

① phase D와 phase E를 충분히 혼합 용해한다.

② ①에 phase A, phase B, phase C를 첨가하고, 저속 교반하여 완전히 분산 용해한다.

③ ②에 phase F, phase G를 첨가하고, 저속 교반하여 균일한 색상으로 조정할 때까지 충분히 혼합 분산한 후 마무리한다.

(※ 주의사항 : 제조과정에서 사용하는 용매는 밀폐용기에서 증발이 없도록 하고, 특히 화기나 열에 주의하여야 함)

또한 베이스 코트(base coat)는 네일 에나멜을 도포하기 전에 손톱 표면의 주름을 메워서 네일 에나멜의 밀착성을 강화시키기 위하여 사용하는 제품이다. 탑 코트(top coat)는 네일 에나멜의 피막 위에 도포하여 피막의 광택과 내구성을 상승시키기 위하여 사용하는 제품이다. 즉 베이스 코트와 탑 코트의 주요 구성성분은 네일 에나멜의 구성성분과 유사하고, 네일 에나멜의 사용효과를 높이기 위하여 사용한다. 베이스 코트는 얇은 피막을 형성하기 때문에 신속한 건조를 위하여 비점이 낮은 용매의 사용량이 많고, 네일 에나멜에 비하여 점도는 낮다. 탑 코트는 견고하고 탄력성의 피막형성을 위하여 니크로셀룰로오스의 양이 많고, 베이스 코트와 마찬가지로 신속한 건조를 위한 용매를 사용하고 점성을 낮게 한다.

◆ **표 4-25. 베이스 코트(Base coat), 클리어 라커(Clear lacqer), 탑 코트(Top coat)**

| 구 분 | | Base coat w/w(%) | Clear lacquer w/w(%) | Top coat w/w(%) |
|---|---|---|---|---|
| phase A | Santolite resin | 10.00 | 7.50 | 4.00 |
| phase B | Nitrocellulose | 10.00 | 15.00 | 16.00 |
| phase C | Dibutyl Phthalate | 2.00 | 3.75 | 5.00 |
| phase D | n-Butyl acetate | 0.00 | 29.35 | 10.00 |
| | Ethyl acetate | 34.00 | 0.00 | 10.00 |
| phase E | Ethyl alcohol | 5.00 | 6.40 | 10.00 |
| | Butyl alcohol | 0.00 | 1.10 | 0.00 |
| | Toluene | 39.00 | 36.90 | 45.00 |

■ **제조과정 :**

① phase D와 phase E를 충분히 혼합 용해한다.

② ①에 phase A, phase B, phase C를 첨가하고, 저속 교반하여 완전히 분산 용해한 후 마무리한다.

(※ 주의사항 : 제조과정에서 사용하는 용매는 밀폐용기에서 증발이 없도록 하고, 특히 화기나 열에 주의하여야 함)

## 2. 에나멜 리무버(Enamel Remover)

에나멜 리무버는 네일 에나멜의 피막을 제거하기 위하여 사용한다. 주로 니트로셀룰로오스나 수지를 녹일 수 있는 용매를 혼합하여 이용한다. 이외에 용매의 탈수, 탈지에 의한 유분의 보급이나 보습효과를 주기 위한 보습제나 수분을 첨가한 것도 있다. 또한 크림상의 에나멜 리무버도 있다.

◆ **표 4-26. 에나멜 리무버(Enamel Remover)**

| 성 분 | 함량(wt%) |
|---|---|
| Butyl stearate | 5.0 |
| Diethylene glycol monoethyl ether | 10.0 |
| Acetone | 85.0 |

◆ **표 4-27. 크림 에나멜 리무버(Cream Enamel Remover)**

| 성 분 | 함량(wt%) |
|---|---|
| Ethyl acetate | 40.0 |
| n-Butyl acetate | 40.0 |
| Castor oil | 4.0 |
| Perfume | 0.1 |
| Ethyl cellulose (60/80 seconds) | 2.8 |
| Stearic acid | 11.0 |
| Ammonium hydroxide (conc) | 3.8 |

■ **제조과정 :**

50~60℃에서 Ammonium hydroxide를 제외하고 모든 성분을 넣고 저속 교반하여 충분히 녹인다.
그리고 나서 충분히 용해된 혼합물을 저속 교반하면서 Ammonium hydroxide를 서서히 첨가하고 충분히 용해된 후에 마무리한다.

## 3. 네일 트리트먼트 제품(Nail Treatment Preparation)

네일 트리트먼트 제품은 네일을 보호하고 건강한 네일을 유지하기 위하여 사용하는 제품이다. 네일 에나멜과 네일 리무버를 연속적으로 사용하면 큐티클이나 수분 손실 등 건조해지거나 약해지기 쉽다. 이러한 네일 케어로 네일을 보호하기 위하여 사용하는 제품이다. 네일 트리트먼트을 위한 제품은 유액, 크림, 오일, 젤 등이 있다. 네일 트리트먼트 제품은 네일 에나멜을 제거하고 나서 비누로 손을 세정한 후 수분을 완전히 제거한 다음에 사용한다. 네일 트리트먼트 제품의 주요 구성성분은 유동파라핀, 바셀린, 프로필렌글리콜, 라놀린 등이고, 정제수, 방부제, 향료 등이다.

◆ **표 4-28. 네일 트리트먼트(Nail Treatment)**

| 원 료 | 구성 성분 | w/w(%) |
|---|---|---|
| phase A | Stearic acid | 2.00 |
| | Microcrystalline wax | 3.00 |
| | Vaseline | 7.00 |
| | Lanoline | 2.00 |
| | Liquid paraffine | 22.00 |
| | Polyoxyethylene(5) oleate | 2.0 |
| phase B | Propylene glycol | 5.00 |
| | Triethanolamine | 1.00 |
| | Bentonite | 1.30 |
| | Deionized water | to 100 |
| phase C | Preservative | 5.00 |
| | Fragrance | 1.50 |

■ **제조과정 :**

① 70~80℃에서 phase A를 완전히 녹인다.
② 70~80℃에서 phase B에 phase C(Preservative)를 첨가하여 완전히 녹인다.
③ 70~80℃에서 ②에 ①를 서서히 첨가하면서 호모믹서를 이용하여 균일한 색상으로 충분히 유화한다.
④ ③을 50℃로 냉각시키고, phase C(Fragrance)를 첨가하여 충분히 혼합 분산한 후 서서히 실온으로 냉각시켜 마무리한다.

## 4. 기타 네일 제품

### 1) 큐티클 리무버(Cuticle Remover)

네일 위의 누적된 큐티클(cuticle)이나 기타 오염 물질을 제거하여 손톱을 청결과 미적 매력을 유지하기 위하여 이용하는 화장품이다. 큐티클 리무버는 인산소다나 트리에탄올아민 등 약알칼리 성분을 이용한 제품과 물리적인 제거를 위하여 스크럽제를 이용한 제품이 있다.

◆ **표 4-29. 큐티클 리무버(Cuticle Remover)**

| 원 료 | 구성 성분 | w/w(%) |
|---|---|---|
| phase A | Cetyl alcohol | 2.50 |
| | Myristyl alcohol | 3.50 |
| | Polyoxyethylene (5) lauryl ether | 1.00 |
| phase B | Glycerin | 4.00 |
| | Potassium hydroxide | 1.60 |
| | Deiozined water | to 100 |
| phase C | Preservative | qs |
| | Fragrance | qs |

■ **제조과정 :**

① 70~80℃에서 phase A를 완전히 녹인다.
② 70~80℃에서 phase B에 phase C(Preservative)를 첨가하여 완전히 녹인다.
③ 70~80℃에서 ②에 ①를 서서히 첨가하면서 호모믹서를 이용하여 균일한 색상으로 충분히 유화한다.
④ ③을 50℃로 냉각시키고, phase C(Fragrance)를 첨가하여 충분히 혼합 분산한 후 서서히 실온으로 냉각시켜 마무리한다.

### 2) 네일 가드(Nail Guard)

얇은 손톱, 유연한 손톱을 보강하여 손톱 갈라짐을 방지하거나 에나멜 지속성을 좋게 하는 화장품이다. 주요 구성성분은 네일 에나멜 도포전에 사용하는 베이스 코트의 보강제로서 합성 고분자, 분말, 나일론섬유 등이 있다.

## 3) 네일 폴리시(Nail Polish)

네일 폴리시는 네일에 도포한 후 세무가죽 등으로 마찰하여 네일 위의 굴곡을 메우고, 네일 표면을 매끈하고 광택을 부여하여 고운 네일을 유지하기 위해 사용한다. 네일 폴리쉬는 네일의 피막을 보강하고 광택을 부여한다. 주요 구성성분은 무기안료를 이용한다. 네일 폴리시는 분말상, 페이스트상, 고형 등이 있다.

◆ **표 4-29. 네일 폴리시(Nail Polish)**

| 원료 및 구성 성분 | w/w(%) |
|---|---|
| Stannic oxide | 90.0 |
| Powdered silica | 8.0 |
| Butyl stearate | 2.0 |
| Pigmnet | qs |
| perfume | qs |

◆ **그림 4-20. 네일 폴리시**

## 4) 네일 드라이어(Nail Drier)

네일 드라이어는 네일 에나멜의 광택을 부여하기 위하여 용매의 휘발성을 촉진시키기 위하여 사용한다. 일반적으로 에어로졸로 분사하는 형이고, 대부분 분사제와 소량의 유분이 함유된 원액이다.

# 제 5장
# 모발 화장품
# (Hair Care Cosmetics)

# 01 서론

모발 화장품은 일반적으로 사람의 헤어스타일을 연출하는데 사용되는 화장품을 말한다. 뿐만 아니라 두피의 세정과 모기질세포에 영양 공급 등 모발의 신진대사와 트리트먼트를 위한 목적으로 사용되는 화장품도 포함된다. 두피에는 피지선과 한선이 존재하기 때문에 피지와 땀 그리고 각질뿐만 아니라 각종 모발 화장품 잔류물 등의 오염으로 인하여 두피의 신진대사에 영향을 미치기 때문에 두피의 청결을 위한 샴푸와 린스가 중요하다. 그리고 샴푸는 사회생활의 다변화로 인하여 여러 가지 스트레스를 해소하는 방안으로도 중요한 영역에 해당한다.

따라서 모발 화장품은 두피와 모발의 세정을 위한 샴푸제와 린스제 뿐만 아니라 다양한 헤어스타일을 연출하기 위한 정발제, 퍼머넌트 웨이브제, 염모제, 탈모제와 제모제 등이 포함된다. 더불어 헤어트리트먼트제 그리고 탈모제와 제모제 등도 넓은 영역에서 모발 화장품에 해당한다. 모발 화장품을 위한 모발의 형태학적 구조와 모발 화장품의 사용 목적, 메카니즘 등에 대하여 미용과학 II에 자세하게 설명하였다. 그러나 이해를 돕기 위하여 미용과학 II의 일부를 다시 인용하여 설명한다.

◆ **표 5-1. 모발 화장품의 분류**

| | | |
|---|---|---|
| 모발 화장품 | 샴푸제, 린스제 | 샴푸제, 린스제 |
| | 퍼머넌트 웨이브제 | 퍼머넌트 웨이브 1제, 2제 |
| | 염모제, 탈색제 | 영구적인 염모제, 반영구적인 염모제, 일시적인 염모제, 탈색제 |
| | 정발제 | 헤어스프레이, 헤어무스, 헤어젤, 포마드, 헤어오일, 헤어로션, 헤어크림 등 |
| | 트리트먼트제 | 헤어블루우, 헤어코트, 헤어 팩, 헤어트리트먼트 |
| | 양모제 | 헤어토닉 |
| | 탈모제, 제모제 | 탈모제, 제모제 |

## 02
# 세정용 화장품(Hair Cleansing Cosmetics)

세정용 화장품은 두피, 모발에 부착된 오염을 제거하여 두피, 모발을 청결하게 유지하기 위하여 사용하는 화장품으로 샴푸제(shampoo)와 린스제(rinse)가 있다. 샴푸제는 주로 알칼리성으로써 두피와 모간의 세정을 목적으로 사용하고, 린스제는 두피와 모간에 샴푸 후 pH를 약산성으로 되돌려 주는 동시에 모발의 윤기나 부드러움 그리고 대전방지 등의 목적으로 사용한다.

◆ 그림 5-1. 샴푸와 린스

## 1. 샴푸제(shampoo Product)

샴푸제의 세정 메카니즘은 두피와 모간의 오염원, 계면활성제의 성질, 샴푸 시 물의 온도나 물리적인 힘 등이 관련된다. 오염원은 두피에서 분비되는 피지, 땀, 각질과 비듬 그리고 먼지 등 외부 환경으로부터 부착되는 물질, 일정한 역할을 마친 두발용 화장품의 잔류물 등이 있다. 샴푸는 두피와 모발의 다양한 오염을 제거하기 위하여 음이온성 계면활성제와 양쪽성 계면활성제를 이용한다. 계면활성제의 침투작용과 유화, 분산 작용에 의해서 오염이 제거된다.

샴푸제의 기포는 세정액이 흘러내리지 않도록 유지하여 세정 효과를 높이고 모발 간의 마찰을 줄여주는 역할을 한다. 그러나 기포가 반드시 세정 자체에 역할을 하는 것은 아니다. 샴푸제는 세정 기능 이외에도 샴푸 시 모발 손상 방지 효과가 있는 콘디셔닝 샴푸제, 비듬 및 가려움을 방지하는 비듬용 샴푸제, 저자극 샴푸제, 린스 효과를 주는 린스 일체형 샴푸제 등 다양하다. 뿐만 아니라 두피와 모발의 상태에 따라서 건성용 샴푸제, 지성용 샴푸제 그리고 중성용 샴푸제, 모발 손상용 샴푸제 등이 있다.

이러한 다양한 샴푸제는 무엇보다도 두피와 눈에 대한 가려움증이나 염증 등 독성이 없어야 한다. 즉 안전성이 중요하다. 그 외에도 적당한 기포력과 세정력이 있어야 하지만 과도한 탈지력은 오히려 모발 손상에 영향을 미칠 수 있다. 따라서 모발의 윤기와 유연성을 부여하여야 하며 빗질이 용이하고 샴푸 시 모발의 헝클러짐이 없이 마찰에 의한 모발 손상이 있어서는 안 된다. 특히 세정에 이용되는 계면활성제 중 양쪽성 계면활성제는 음이온성 계면활성제에 비하여 눈에 대한 자극성이 낮기 때문에 베이비 샴푸나 저자극 샴푸에 이용한다.

샴푸제의 품질특성은 3가지 측면, 즉, 샴푸제의 외관적인 측면, 샴푸 중 샴푸제의 특성, 샴푸 후의 모발 상태 등이 고려되어야 한다.

첫째, 샴푸제의 외관적인 측면에서 ① 샴푸제의 변색, 침전 등의 안정성, ② 사용하기 쉽고 적당한 점도와 소비자의 기호에 맞는 향 등 사용성이 우수하여야 한다.

둘째, 샴푸할 때 ① 적당한 세정력을 지니고 감촉이 우수할 것, ② 거품이 풍부하고 기포 입자가 작으며 잘 제거될 것, ③ 샴푸할 때 빗질이 잘 될 것, ④ 눈이나 두피에 자극이나 부작용이 없어야 한다.

셋째, 샴푸 후에는 ① 모발의 광택과 감촉이 우수할 것, ② 모발이 뻣뻣하지 않고 빗질이 잘 될 것, ③ 비듬이나 가려움이 없어지는 효과가 있을 것, ④ 염색 모발이나 퍼머넌트 웨이브 모발에 영향을 미치지 않을 것, ⑤ 샴푸 후 냄새가 적어야 한다.

샴푸제의 주요 구성성분은 기포 세정제이고, 그 외에 유성성분, 점증제, 정전기 방지제, 컨디셔닝제, 생리활성물질, 방부제, 향료 등 기타 첨가제를 사용한다. 샴푸제의 주요 성분으로 사용되는 기포 세정제는 음이온성 계면활성제, 양쪽성 계면활성제, 비이온성 계면활성제가 이용된다. 특히 음이온성 계면활성제는 샴푸제의 주요 기포 세정제로 사용된다. 음이온성 계면활성제 중 알킬황산에스테르염(AS)과 폴리옥시에틸렌알킬에테르황산에스테르염(AES)이 샴푸제에 가장 많이 사용되고 있는 계면활성제이다. 음이온성 계면활성제는 나트륨, 암모늄, 트리에탄올아민 등의 염(salt)이 주로 이용된다.

샴푸제의 기포세정제로 이용되는 계면활성제는 중성이고, 세정력이 우수하며 경수에 안정하고 기포력이 좋다. 계면활성제 중 Lau-로 시작되는 알킬 성분은 월계수(Laurel)의 씨에서 추출한 라우린산(lauric acid)과 라우릴 알콜(lauryl alcohol)이다. 보통 기포력이 우수하고 가격이 낮은 AS와 친수성으로 저온에서 투명하고 자극성이 낮은 AES를 혼합하여 사용하는 경우가 많다.

알킬 사슬과 폴리옥시에틸렌 사슬의 길이를 변화시켜 기포력, 자극성, 친수성을 적당히 조절할 수 있다. 또한 알킬베타인, 알킬아미드 베타인, 이미다졸리늄 베타인 등의 베타인형 양쪽성 계면활성제는 음이온성 계면활성제와 조합하여 안전성의 향상, 점도증가 등의 보조적인 목적으로 사용하기도 하고, 단독으로 사용하기도 한다.

기포성과 세정성은 음이온성 계면활성제에 비하여 떨어지지만 저작극성, 특히 눈에 대한 자극성이 적기 때문에 베이비 샴푸(baby shampoo)의 주요 성분으로 사용된다. 모노에탄올아미드(monoethanolamide), 디에탄올아미드(diethanolamide) 등 비이온성 계면활성제는 음이온성 계면활성제의 보조적인 역할을 하는 기포세정제이다. 이는 기포의 안정성 향상, 샴푸 기제의 점도 증가, 저온에서의 안정성 향상 등의 목적으로 널리 사용된다.

◆ 표 5-2. 샴푸제의 원료와 함량

| 원 료 | 구성 성분 | w/w(%) | 기 능 |
|---|---|---|---|
| Primary surfactant | Sulfates, sulfonates, etc. | 8-12 | Foaming, cleansing |
| Secondary surfactant | Betaine, sarcosinate, sulfosuccinate, taurate, ether sulfate, glucoside, glutamates, etc. | 2-5 | Foaming, cleansing, reduce irritation |
| Viscosity builder | Alkanolamide, "salt", amine oxide, PEG-distearate, etc. | 2-3 | Control viscosity |
| Foam booster | Amine oxide, sarcosinate, lactylate, etc. | 1-2 | Boost foam |
| Foam stability | Lactylate, "gum", etc. | 0.1-1 | Stabilize foam |
| Active (When appropriate) | Zinc pynithione, salicylic acid, tec. | As per FDA | Antidandruff agent |
| Suspending agent | Xanthan gum, carbomer, guar, etc. | 0.1-1.0 | Suspend zinc pyrithi-one or other materials |
| Conditioner | Polyquat., silicone, etc. | 0.1-1.0 | Hair conditioning |
| Opacifier | EGMS, EGDS, etc. | 1.0-2.0 | Pearlizer |
| Preservative | Paraben, tec. | 0.1-0.5 | Preservation |
| Fragrance | Fragrance | 0.2-1.0 | Fragrance |
| Humectant | Propylene glycol, glycerin, etc. | 0.25-1.0 | Improve clarity, reduce cloud point, modify viscosity |
| Color | Approved colorants | As needed | Color |
| Marketing additives | Vitamins, aloe, antioxidants, UV absorbers, etc. | As "dictated" | Marketing claims |
| Chelating agent | EDTA salt | 0.05-0.1 | Color/odor stability, preservative enhancer |

샴푸제의 기타 첨가제는 라놀린 유도체, 유동 파라핀, 고급지방산, 고급알코올, 에스테르유, 실리콘유 등의 유성성분이 있으며, 샴푸에 의한 탈지력으로 지질성분을 보충해주기 위하여 사용한다. 양이온성의 셀룰로오스 등 양이온성 고분자는 모발의 콘디셔닝제로 사용된다. 양이온성 고분자와 계면활성제의 복합 염은 샴푸의 세정이나 헹굴 때 미끈미끈하게 하여 모발의 마찰을 감소하기 때문에 모발 손상을 방지한다. 그리고 글리세린 등의 보습제, 고분자 화합물의 점도증가제, 점도조정제, 유탁제, 색소, 금속이온봉쇄제, 자외선 흡수제, 방부제, pH 조절제 등의 첨가제가 사용된다.

모발 보호제로 메티오닌, 티로신 등의 아미노산과 PPT, 판테놀 등이 사용되고, 비듬이나 가려움증을 방지할 목적으로 트리클로로카르바닐리드, 황, 살리실산, 징크피리치온, 이소프로필메틸페놀 등이 이용된다.

◆ **표 5-3. 투명 액상 샴푸 1(Clear Shampoo 1)**

| 구 분 | 구성 성분 | 함량(w/w%) |
|---|---|---|
| phase A | Deionized water<br>TEA lauryl sulfate (40%)<br>Lanolin alcohols<br>Coconut diethanolamide (1:1) to desired viscosity | to 100<br>45.00<br>2.30<br>6.80 |
| phase B | Citric acid (50% solution) | qs<br>(pH 7~7.5) |
| phase C | Preservatives, perfume, etc. | qs |

■ **처방특성 및 제조과정** : 투명액상 샴푸

① 70~80℃에서 phase A와 phase C 일부(Preservatives 등 수용성)를 저속 교반하면서 충분히 분산 용해한다.

② ①을 30~40℃로 냉각시키고, phase B를 ①에 첨가하여 pH 7~7.5로 조정한다.

③ 동일 온도에서 phase C의 perfume을 Propylene glycol과 1:1의 비율로 ②에 첨가하고, 교반하여 혼합 분산한다.

④ 균일한 상태의 ③을 탈 기포하여 마무리한다.

◆ **표 5-4. 투명 액상 샴푸 2(Clear Shampoo 2)**

| 구 분 | 구성 성분 | 함량(w/w%) |
|---|---|---|
| phase A | Deionized water<br>Sodium laureth sulfate<br>Cocamidopropyl betaine<br>Cocamide DEA | 53.60<br>33.00<br>3.00<br>3.00 |
| phase B | DMDM hydantoin | 0.10 |
| phase C | PEG-120 methyl glucose dioleate | 0.60 |
| phase D | Citric acid (20%) | qs |
| phase E | Silicon quaternium-16/glycidoxy dimethicone copolymer and trideceth-12 | 6.70 |
| phase F | Sodium chloride, 10% solution in distilled water | qs |

■ **처방특성 및 제조과정** : 투명액상 샴푸

① 70~80℃에서 phase A를 교반하여 섞는다.
② 70~80℃에서 phase B를 ①에 첨가하고, 교반하여 혼합 분산한다.
③ 70~80℃에서 phase C를 ②에 첨가하고, 교반하여 혼합 분산한다.
④ 70~80℃에서 ③을 교반하여 균일한 상태로 완전히 녹인다.
⑤ ④를 저속교반하면서 실온으로 냉각시키고, phase D를 첨가하여 pH 5.0~5.5로 조정한다.
⑥ 저속교반하면서 ⑤에 phase E를 첨가하여 혼합하고 나서 호모믹서로 유화시킨다.
⑦ 저속교반하면서 ⑥에 phase F를 첨가하여 점성을 조절하고 마무리한다.

### ◆ 표 5-5. 콘디셔닝 샴푸(Clear Conditioning Shampoo)

| 구 분 | 구성 성분 | 함량(w/w%) |
|---|---|---|
| phase A | Deionized water<br>Ammonium lauryl sulfate<br>Decyl glucoside<br>PEG-120 methyl glucose dioleate | 21.60<br>28.60<br>0.20<br>0.50 |
| phase B | Ammonium laureth sulfate<br>Cocamidopropyl betain<br>Cocamide DEA | 25.00<br>7.00<br>3.00 |
| phase C | Hydroxypropyl guar hydroxypropyltrimonium chloride | 0.30 |
| phase D | Deionized water | 11.20 |
| phase E | PEG-15 Stearmonium chloride | 0.30 |
| phase F | DMDM Hydantoin<br>Silicone quaternium-16 (and) undeceth-11 and butyloctanol (and) undeceth-5 | 0.30<br>2.0 |
| phase G | Citric acid | qs |
| phase H | Fragrance | qs |

■ **처방특성 및 제조과정** : 콘디셔닝 샴푸

① 70~80℃에서 phase A를 혼합하고 교반하여 균일한 상태로 완전히 녹인다.
② 70~80℃에서 phase B를 ①에 첨가하고, 교반하여 분산 용해한다.
③ 70~80℃에서 phase C와 phase E를 phase D에 첨가하고, 교반하여 충분히 분산 용해한다.
④ 70~80℃에서 ③을 ②에 첨가하고 고속 교반하여 균일한 상태로 혼합 분산한다.
⑤ ④를 40℃로 냉각시키고, phase F를 첨가하면서 교반하여 혼합 용해한다.
⑥ ⑤에 phase G를 첨가하여 pH 6.0~6.5로 조정한다.
⑦ ⑥에 phase F를 고루 분무하고, 저속 교반하여 균일한 상태가 되면 마무리한다.

◆ 표 5-6. 저자극 샴푸(Mild and Light Shampoo)

| 구 분 | 구성 성분 | 함량(w/w%) |
|---|---|---|
| phase A | Sodium laureth sulfate<br>Cocamidopropyl betaine<br>Disodium ricinoleamideo MEA sulfonosuccinate<br>Deionized water | 30.00<br>3.00<br>3.00<br>to 100.0 |
| phase B | Cocamide DEA | 4.00 |
| phase C | Guar hydroxypropyltrimonium chloride | 0.10 to 1.00 |
| phase D | PEG-120 methyl glucose dioleate | 1.00 to 2.00 |
| phase E | Lauryl PEG/PPG 18/18 methicone or PEG-12 dimethicone or Bis-PEG-18 methyl ether dimethyl silane<br>DMDM hydantoin<br>Citric acid | 2.0<br>0.1<br>qs |

■ **처방특성 및 제조과정** : 투명액상 샴푸

① 65℃에서 phase A를 교반하여 완전히 녹인다.

② 65℃에서 정제수에 phase B를 저속 교반하여 혼합 분산한다.

③ 65℃에서 정제수에 phase C를 첨가하고 저속 교반하여 혼합 분산한다.

④ 65℃에서 정제수에 phase D를 첨가하고 저속 교반하여 혼합 분산한다.

⑤ 65℃에서 ②에 ①를 첨가하고, 저속 교반하여 충분히 혼합 분산한다.

⑥ 65℃에서 ⑤에 ③을 첨가하고, 저속 교반하여 충분히 혼합 분산한다.

⑦ 65℃에서 ⑥에 phase D, phase E(Citric acid 제외)를 순서대로 첨가하고, 저속 교반하여 충분히 혼합 분산한다.

⑧ 65℃에서 ⑦에 phase E의 Citric acid를 첨가하여 중성으로 조정하고 난 후 마무리한다.

◆ 표 5-7. 비듬용 샴푸(Dandruff Shampoo)

| 구 분 | 구성 성분 | 함량(w/w%) |
|---|---|---|
| phase A | Sodium laureth sulfate<br>Deionized water | 10.00<br>to 100.0 |
| phase B | Cocamidopropyl betaine<br>Acrylates/Vinyl neodecanoate copolymer | 8.50<br>7.50 |
| phase C | Aminomethyl propanol | 0.50 |
| phase D | Phenoxyethanol (and) methylparaben (and) propylparaben (and) methylisothiazolinone<br>Zinc pyrithione<br>Fragrance | 0.30<br>2.00<br>qs |

| | | |
|---|---|---|
| phase E | Citric acid | ~0.25<br>(pH 5.5~6.0) |

■ **처방특성 및 제조과정** : 투명액상 샴푸

① 60℃에서 phase A를 교반하여 완전히 녹인다.

② 65℃에서 ①에 phase B를 순서대로 첨가하고, 저속 교반하여 충분히 혼합 분산한다.

③ 65℃에서 ② phase C를 첨가하고, pH 6.5로 될 때까지 충분히 교반하여 중화한다.

④ ③을 30~40℃로 냉각시키고, phase D를 첨가하면서 저속 교반하여 균일한 상태로 충분히 녹인다.

⑤ ④에 phase E를 서서히 첨가하면서 저속 교반하여 pH 5.5~6.0으로 조정하고, 탈 기포하여 마무리한다.

## 2. 린스제(Hair Rinse Product)

린스제는 샴푸제로 모발을 세정한 후에 모간(hair shaft) 표면의 pH를 조정하고, 모발의 매끄러움을 부여하기 위하여 사용하는 모발 화장품이다. 이외에도 린스제는 모발에 광택을 부여하고, 빗질을 용이하게 하며 대전방지를 위한 목적으로도 사용한다. 모발 세정에 비누를 사용하였을 때는 비누의 알칼리와 금속비누를 중화시키기 위하여 구연산 등이 함유된 산성 린스제가 사용된다. 산성 린스제는 퍼머넌트 웨이브나 염색할 때에도 사용된다.

린스제의 주요 구성성분인 양이온성 계면활성제는 모발의 큐티클 층의 표면에 흡착하여 모발의 표면을 매끄럽게 하는 작용을 한다. 즉 린스제는 양이온 계면활성제와 유성성분이 주요 구성성분이다. 따라서 샴푸제에 의하여 제거된 모발의 유분을 보충해 주고, 음이온을 띠는 모발의 표면에 양이온성 계면활성제가 흡착됨으로써 모발의 손상을 억제하고 모발의 정전기 발생을 막아준다. 헤어트리트먼트(hair treatment) 또는 헤어팩(hair pack)은 린스제의 기능을 보완하여 모발을 보호하는 모발 화장품이다. 이러한 제품은 린스제와 같이 모발에 고루 도포 후 씻어 내는 타입의 모발 화장품이다.

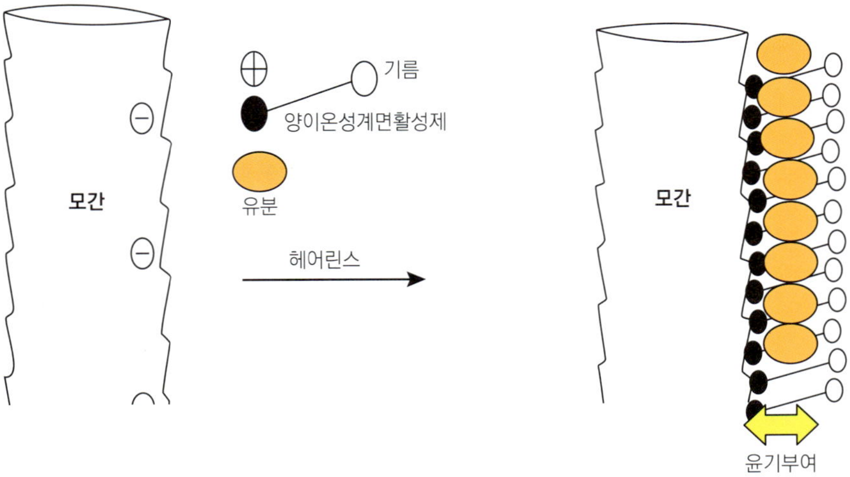


◆ 그림 5-2. 양이온성 계면활성제의 큐티클층 흡착

린스제의 주요성분은 양이온성 계면활성제이며, 그 외에 유동파라핀, 고급 알코올, 에스테르류, 실리콘유, 합성오일과 천연오일 등의 유성성분, 글리세린, 프로필렌글리콜, 1,3-부틸렌글리콜, 폴리에틸렌글리콜 등의 보습제, 카르복시메틸셀룰로오스, 아라비아검, 젤라틴, 폴리비닐알코올 등의 점증제가 사용되고 청량감, 비듬방지, 염증완화 등의 생리활성물질이 첨가제로 사용된다.

◆ 표 5-8. 헤어 린스제(Hair Rinse Product)

| 구 분 | 구성 성분 | 함량(w/w%) |
|---|---|---|
| phase A | Deionized water | to 100.0 |
| | Propylene glycol | 3.00 |
| | Cetrimonium chloride | 4.00 |
| phase B | Polyoxyethylene (20) sorbitan monostearate | 0.40 |
| | Cethyl alcohol | 2.00 |
| | Stearyl alcohol | 1.00 |
| | Polyoxyethylene arachyl ether (and) Stearyl alcohol | 2.50 |
| phase C | Preservatives | qs |
| | Chelate | qs |
| | Citric acid | qs |
| | Fragrance | qs |

■ **처방특성 및 제조과정** : 투명액상 샴푸

① 70~80℃에서 phase A와 phase C의 일부(수용성)을 저속 교반하여 완전히 녹인다.
② 70~80℃에서 phase B와 phase C의 일부(유용성)을 저속 교반하여 완전히 녹인다.
③ 70~80℃에서 ①에 ②를 서서히 첨가하면서 호모믹서를 이용하여 유화한다.
④ ③을 30~40℃로 냉각시키고, phase D의 Fragrance와 Citric acid를 순서대로 첨가하면서 저속 교반하여 균일한 상태로 혼합하고, 탈 기포하여 마무리한다.

## ◆ 표 5-9. 린스 일체형 샴푸(Two-in-One Shampoo)

| 구 분 | 구성 성분 | 함량(w/w%) |
|---|---|---|
| phase A | Deionized water | to 100.0 |
| | Stearyltrimethylammonium chloride | 2.00 |
| | Imidazolinium betaine | 16.00 |
| phase B | Cocoamide DEA | 4.00 |
| | Sodium N-lauryl-N-methyl-$\beta$-alaninate | 1.00 |
| | Dimethicone | 1.00 |
| | Polyoxyethylene alkylpolyamine | 1.00 |
| phase C | Preservatives | qs |
| | Chelate | qs |
| | Citric acid | qs |
| | Fragrance | qs |

■ **처방특성 및 제조과정** : 린스 일체형 샴푸

① 70~80℃에서 phase A와 phase C의 일부(수용성)을 저속 교반하여 완전히 녹인다.
② 70~80℃에서 phase B와 phase C의 일부(유용성)을 저속 교반하여 완전히 녹인다.
③ 70~80℃에서 ①에 ②를 서서히 첨가하면서 호모믹서를 이용하여 유화한다.
④ ③을 30~40℃로 냉각시키고, phase D의 Fragrance와 Citric acid를 순서대로 첨가하면서 저속 교반하여 균일한 상태로 혼합하고, 탈 기포하여 마무리한다.

◆ 표 5-10. 염색 후의 컨디셔닝제(After-Dye Conditioner)

| 구 분 | 구성 성분 | 함량(w/w%) |
|---|---|---|
| phase A | Deionized water | to 100.0 |
| | Quaternium-91 (and) cetrimonium methosulfate (and) cetearyl alcohol | 2.14 |
| | Amodimethicone (and) trideceth (and) cetrimonium chloride | 3.00 |
| phase B | Stearyl alcohol | 3.86 |
| | Phenoxyethanol (and) propylparaben (and) butylparaben (and) methylparaben (and) ethylparaben | 1.00 |
| phase C | Chelate | qs |
| | Citric acid | qs |
| | Fragrance | qs |

■ **처방특성 및 제조과정** : 염색 후의 컨디셔닝 효과

① 70~80℃에서 phase A와 phase C의 일부(수용성)을 저속 교반하여 완전히 녹인다.

② 70~80℃에서 phase B와 phase C의 일부(유용성)을 저속 교반하여 완전히 녹인다.

③ 70~80℃에서 ①에 ②를 서서히 첨가하면서 호모믹서를 이용하여 유화한다.

④ ③을 30~40℃로 냉각시키고, phase D의 Fragrance와 Citric acid를 순서대로 첨가하면서 저속 교반하여 균일한 상태로 혼합하고, 탈 기포하여 마무리한다.

03

# 퍼머넌트웨이브 용제(Permanent Waving Solution)

## 1. 웨이브의 형성 원리

퍼머넌트웨이브 용제는 모발의 영구적인 웨이브를 형성하여 헤어스타일을 연출하는 데 사용되는 모발 화장품 중 하나이다. 모간(hair shaft)의 형태학적 구조는 모소피(cuticle), 모피질(cortex), 모수질(medullar)로 구성되어 있다. 모소피는 모발의 가장 바깥을 구성하고 있고, 모피질은 모발의 대부분을 차지하는 층으로 물리적, 화학적인 역할이 가장 크다. 그리고 모수질은 모발의 중심을 구성하는 층으로 모발의 특성에 영향을 미치지 않는다.

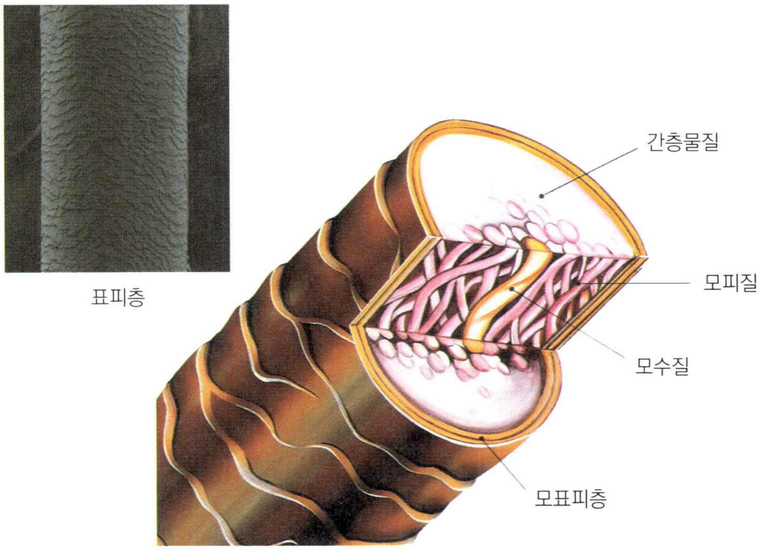


◆ 그림 5-3. 모간(hair shaft)의 형태학적 구조

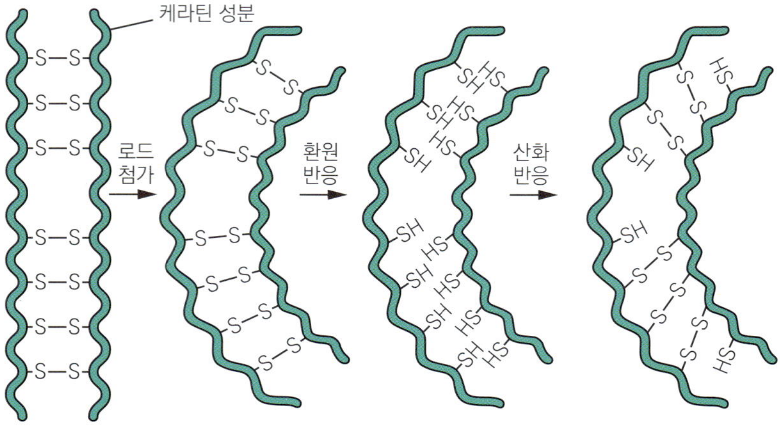


◆ 그림 5-4. 퍼머넌트 웨이브의 형성

모발의 웨이브는 모피질(cortex)을 구성하는 케라틴의 시스틴 결합을 환원제에 의한 환원반응과 산화제에 의한 산화반응에 의하여 형성된다. 모피질을 구성하는 케라틴은 폴리펩티드 사슬(polypeptide chain)이 여러 개의 측쇄결합으로 연결된 그물구조이다. 퍼머넌트 웨이브를 형성하는데 있어서 중요한 것은 여러 개의 측쇄결합 중에서 이황화결합(disulfide bond, -S-S-), 즉 케라틴 간의 시스틴(cystine)이다. 이황화결합은 환원제에 의하여 절단되어 시스테인(cysteine, Ker-SH)으로 되며, 산화제에 의하여 다시 새로운 시스틴을 형성하게 함으로써 영구적인 웨이브가 만들어진 것이다. 이는 케라틴의 폴리펩티드 사슬을 로드에 말아서 잡아당긴 상태로 환원제에 의하여 측쇄의 이황화결합을 절단하고 나서 산화제를 작용시킴으로써 가장 가까운 위치에 있는 시스테인끼리 새로운 이황화결합(시스틴)이 형성되어 영구적인 웨이브가 형성된 것이다.

## 2. 퍼머넌트웨이브 용제의 구성 성분

퍼머넌트웨이브 용제는 1제와 2제로 구성되어 있다. 보통 2제를 중화제(neutralizing agent)라고도 한다. 퍼머넌트웨이브 용제의 1제는 환원제(reducing agent)가 주성분이고, 그 외에 알칼리제, 유연제, 계면활성제, 보습제, 금속이온봉쇄제, 향료, 색소 등의 첨가제로 구성되어 있다. 퍼머넌트웨이브 용제의 2제는 산화제가 주성분이고, 그 외 첨가제로 구성되어 있다.

◆ 표 5-11. 퍼머넌트웨이브 용제의 주요성분과 특성

| 구 분 | 주요 성분 | 특 성 |
|---|---|---|
| 제1제 | 환원제 | ▸ 티오글리콜산과 그 염<br>• 티오글리콜산<br>• 티오글리콜산염(암모늄염, 모노에탄올아민염)<br>▸ 시스테인과 그 염<br>• L-시스테인<br>• L-시스테인 HCl<br>▸ 산성펌제 : 글리세릴모노티오글리콜레이트 |
| | 알칼리제 | ▸ 주로 물과 암모니아를 혼합한 암모니아수<br>▸ 모노에탄올아민, 탄산암모늄 등<br>▸ 모표피를 팽윤시켜 환원제의 침투를 용이하게 함 |
| | 첨가제 | ▸ 계면활성제, 유연제, 보습제, 점증제, 킬레이트제, 완충제, pH 조절제, 방부제, 향 등 |
| 제2제 | 산화제 | ▸ 붕산나트륨($NaBrO_3$), 붕산칼륨($KBrO_3$), 과붕산나트륨(sodium perborate)<br>▸ 과산화수소($H_2O_2$) |
| | 첨가제 | ▸ 유연제, 보습제, 점증제, 킬레이트제, 완충제, pH 조절제, 방부제, 향 등 |

## 1) 퍼머넌트웨이브 용제의 1제

퍼머넌트웨이브 용제의 1제에 사용되는 환원제는 주로 티오글리콜산(thioglycolic acid)과 시스테인(cysteine) 그리고 그 염이다. 티오글리콜산은 철, 구리 등 금속이온과 반응하여 환원력이 감소하고 용제의 색상을 변화시키기 때문에 정제수나 증류수를 이용한다. 또한 이러한 금속이온의 비활성화를 위하여 EDTA(Ethylene Diamine Tetraacetic Acid)와 그 염 등 금속이온봉쇄제를 사용한다. 그리고 시스테인은 티오글리콜산에 비하여 모발 손상과 냄새가 적은 장점이 있으나 환원력이 약하여 웨이브 형성이 좋지 않은 단점이 있다. 시스테인은 환원작용을 하고 나면 자신은 산화되어 시스틴으로 전환되고, 물에 난용성의 백색분말이 되는데 티오글리콜산암모늄을 첨가하면 시스틴 분말이 생성되는 것을 막을 수 있다.

1제의 알칼리제는 암모니아(ammonia), 모노에탄올아민(mono ethanol amine, MEA), 암모늄염(ammonium salt) 등이 사용된다. 암모니아는 높은 휘발성으로 모간에 잔류하지 않아서 시술 후 모발 손상이 적은 장점이 있으나 눈에 대한 자극과 냄새가 심한 단점이 있다. 반면에 모노에탄올아민은 냄새가 없고 눈에 대한 자극이 심하지 않는 장점이 있으나 휘발성이 없기 때문에 모간에 잔류되어 모발 손상의 원인이 된다.

따라서 시술 후 모노에탄올아민은 세정제에 의하여 모간에 잔류되지 않도록 충분히 제거하여야 한다. 그 이외에 첨가제로서 킬레이트제, 계면활성제, 유분 등이 사용된다. 모간의 웨이브 형성력은 환원제의 종류와 양 그리고 알칼리제에 의하여 조정된다. 일반적으로 퍼머넌트웨이브 용제의 1제는 pH 9.0~9.5 정도의 알칼리성 용제이다.

그러나 퍼머넌트웨이브 용제의 1제가 pH 6~7의 산성인 경우도 있는데, 이를 산성퍼머용제라고 명명한다. 산성퍼머용제의 1제는 글리세릴모노티오글리콜레이트(glyceryl monothioglycolate)가 주성분이다. 산성퍼머용제는 알칼리성 퍼머넌트웨이브 용제에 비하여 웨이브 형성력이 약하지만 탄력성이 우수한 웨이브를 형성하고 모발의 손상이 적은 장점이 있다. 따라서 산성퍼머용제는 버진 헤어(virgin hair) 보다 잦은 화학처리와 자외선 등에 의하여 큐티클 층(cuticle layer)이 손상되었거나 탈색된 모발에 효과적이다.

◆ **표 5-12. 퍼머넌트웨이브 용제의 1제**

| 구 분 | 구성 성분 | 함량(w/w%) |
|---|---|---|
| phase A | Deionized water | to 100.0 |
| | Monoethanolamine | 0.80 |
| | Etidronic acid(Tupinal SL) | 0.20 |
| | Propylene glycol | 1.00 |
| | ammonium bicarbonate | 1.00 |
| | sodium laurylsulfate | 0.20 |
| phase B | Chelate(FINCOL FEO, 1-Hydroxy ethane-1,1-Diphosphonic acid) | qs |
| | Citric acid | qs |
| | Fragrance | qs |
| | etc. | |
| phase C | Ammonium thioglycolate(60%) | 9.60 |
| | Ammonia water(28%) | 0.80 |

■ **처방특성 및 제조과정** : 티오글리콜산이 주성분인 퍼머넌트웨이브 용제의 1제

① phase A를 저속 교반하여 완전히 녹인다.

② ①에 phase B를 첨가하고 저속 교반하여 완전히 녹인다.

③ ②에 phase C의 60% Ammonium thioglycolate를 서서히 첨가하면서 저속 교반하여 충분히 혼합한다.

④ ③에 phase C의 28% Ammonia water를 서서히 첨가하면서 저속 교반하여 충분히 혼합하고, 탈 기포하여 마무리한다.

◆ 표 5-13. 퍼머넌트웨이브 용제의 1제

| 구 분 | 구성 성분 | 함량(w/w%) |
|---|---|---|
| phase A | Deionized water | to 100.0 |
| | Monoethanolamine | 4.86 |
| | Triethanolamine | 1.00 |
| | Urea | 0.20 |
| | Propylene glycol | 1.00 |
| | Cetyltrimethylammonium chloride(CTAC) | 0.10 |
| phase B | Chelate | qs |
| | Citric acid | qs |
| | Fragrance | qs |
| | etc. | qs |
| phase C | L-cysteine Hcl | 6.00 |
| | Ammonium thioglycolate(60%) | 1.80 |

■ **처방특성 및 제조과정** : L-cysteine이 주성분인 퍼머넌트웨이브 용제의 1제

① phase A를 저속 교반하여 완전히 녹인다.

② ①에 phase B를 첨가하고 저속 교반하여 완전히 녹인다.

③ ②에 phase C의 L-cysteine HCl을 서서히 첨가하면서 저속 교반하여 충분히 혼합한다.

④ ③에 phase C의 60% Ammonium thioglycolate를 서서히 첨가하면서 저속 교반하여 충분히 혼합하고, 탈기포하여 마무리한다.

## 2) 퍼머넌트웨이브 용제의 2제

퍼머넌트웨이브 용제의 2제에 사용되는 산화제는 주성분이 브롬산나트륨($NaBrO_3$), 브롬산칼륨($KBrO_3$), 과붕산나트륨(Sodium perborate)인 경우와 과산화수소수($H_2O_2$)인 경우로 구분할 수 있다. 브롬산칼륨과 과붕산나트륨은 용해도가 낮아서 기온이 낮으면 침전되기 때문에 사용하지 않고, 과산화수소는 산화력이 강해서 모발의 색깔을 변화시키고 모발이 거칠어지기 때문에 잘 사용하지 않는다.

2제의 산화제는 주로 브롬산나트륨(sodium bromate)을 사용하며, 2제의 pH는 5.5~6.5 정도의 약산성으로 조정한다. 그러나 낮은 산성용액에서는 브롬산나트륨이 분해되어 산화력의 기능을 잃게 되거나 산화력이 증가되어 웨이브의 고정효과가 높고, 알칼리 용액에서는 브롬산나트륨이 분해되지 않지만 산화력이 떨어지기 때문에 모발의 등전점 근처의 pH로 조절하여 사용한다.

또한 2제는 일정한 pH를 유지하기 위하여 완충용액(buffed solution)을 사용한다. 2제의 완충용액은 주로 인산염(sodium phosphorate)을 사용한다. 그 외에 2제의

원료는 1제와 같은 목적으로 계면활성제, 유분 등을 적절하게 사용한다. 특히 $KBrO_3$는 온화한 다이나마이트의 기폭제로 사용되는 강한 산화제이고 ATG(Ammonium thioglycolate), Thiomin, Cysteine-HCl 등은 환원제이므로 두 물질이 섞이면 폭발하기 때문에 항상 접촉하지 않도록 주의하여야 한다.

◆ **표 5-14. 퍼머넌트웨이브 용제의 2제**

| 구 분 | 구성 성분 | 함량(w/w%) |
|---|---|---|
| phase A | Deionized water | to 100.0 |
| | Sodium bromate | 4.00 |
| | Propylene glycol | 1.00 |
| | Cetyltrimethylammonium chloride(CTAC) | 0.60 |
| | Lauryltrimethylammonium chloride(LTAC) | 0.60 |
| phase B | Chelate | qs |
| | Citric acid | qs |
| | Fragrance | qs |
| | etc. | qs |

■ **처방특성 및 제조과정** : Sodium bromate가 함유된 퍼머넌트웨이브 용제의 2제

① phase A를 저속 교반하여 완전히 녹인다.

② ①에 phase B를 첨가하고 저속 교반하여 균일한 상태로 완전히 녹인다.

③ ②를 탈 기포하여 마무리한다.

## 3. 헤어스트레이트 펌제(Hair Straight Permanent Solution)

헤어스트레이트 펌제는 곱슬머리나 퍼머머리를 직모로 펴고자 할 때 사용되는 모발 화장품이다. 헤어스트레이트 펌제의 구성성분은 퍼머넌트웨이브 용제의 1제, 2제와 유사하다. 그러나 헤어스트레이트 펌제는 퍼머넌트웨이브 용제에 비하여 강알칼리성이고, 크림 타입으로 제조한다. 반면에 퍼머넌트웨이브 용제는 모발을 로드에 와인딩하기가 어렵고, 산화제의 침투가 어렵기 때문에 크림 타입을 사용하지 않는다.

헤어스트레이트 펌제의 1제는 고무로 텐션을 주면서 모발에 도포하고, 15~25분간 반복된 빗질과 방치한 후 샴푸한다. 크림 타입의 2제를 1제와 동일한 방법으로 도포하고, 10~20분간 방치한 후 샴푸 후 마무리하면 곱슬머리를 직모로 변화시킬 수 있다.

◆ 표 5-15. 스트레이트 펌제의 1제

| 구 분 | 구성 성분 | 함량(w/w%) |
|---|---|---|
| phase A | Deionized water | to 100.0 |
| | Monoethanolamine | 2.80 |
| | Etidronic acid(Tupinal SL) | 0.02 |
| | PVP/PVA copolymer | 0.50 |
| phase B | Stearic acid | 2.80 |
| | Cetyl alcohol | 12.50 |
| | Eumulgin B-2 | 1.40 |
| | GMS-205 | 2.80 |
| phase C | Chelate | qs |
| | Fragrance | qs |
| | etc. | qs |
| phase D | Monoethanolamine thioglycolate(50%) | 12.00 |

▪ **처방특성 및 제조과정** : 스트레이트 펌제의 1제

① 70~80℃에서 phase A와 phase C(수용성)를 저속 교반하여 완전히 녹인다.
② 70~80℃에서 phase B를 phase C(유용성)를 저속 교반하여 완전히 녹인다.
③ 70~80℃에서 ②를 ①에 첨가하면서 호모믹서를 이용하여 유화한다.
④ 70~80℃에서 ③에 phase D를 첨가하면서 2차 유화한다.
⑤ ④의 유화가 완료되면 30~40℃로 냉각시키고, phase C의 Fragrance를 균일한 상태로 혼합 분사하고, 탈기포하여 마무리한다.

◆ 표 5-16. 스트레이트 펌제의 2제

| 구 분 | 구성 성분 | 함량(w/w%) |
|---|---|---|
| phase A | Deionized water | to 100.0 |
| | Sodium bromate | 4.00 |
| | Propylene glycol | 1.00 |
| | Nutrilan-H | 0.60 |
| | Cetyltrimethylammonium chloride(CTAC) | 0.60 |
| | Lauryltrimethylammonium chloride(LTAC) | 0.40 |
| phase B | Chelate | qs |
| | Citric acid | qs |
| | Fragrance | qs |
| | etc. | qs |

▪ **처방특성 및 제조과정** : Sodium bromate가 함유된 스트레이트 펌제의 2제

① phase A를 저속 교반하여 완전히 녹인다.

② ①에 phase B를 첨가하고 저속 교반하여 균일한 상태로 완전히 녹인다.

③ ②를 탈 기포하여 마무리한다.

04

# 염모제(Hair Colouring Product)

염모제와 헤어 블리치제는 화학적 반응으로 모발의 색상을 변화시킴으로써 헤어 디자인에 활용하여 개성과 아름다움을 연출하는 데 사용하는 모발 화장품을 말한다. 염모제는 본래의 모발 색상과는 다르게 염색을 하는데 이용하고, 헤어 블리치제는 모발의 멜라닌 색소의 발색단과 조색단을 파괴시킴으로써 탈색시켜서 모발의 색상을 변화시키는데 사용하는 제품이다.

◆ 그림 5-5. 모발 염색

염모제의 모발에 대한 염색 작용은 모발의 염착된 부위와 염료의 물리, 화학적 작용에 의한다. 염모제의 모발에 대한 염색은 색소와 모발의 가장 바깥 표면, 즉 모표피(cuticle)의 최외표피(epicuticle)와의 접촉에서 시작된다. 1차적으로 염료인 색소가 액체-고체의 계면에서 젖음, 흡착 등의 계면현상을 볼 수 있다. 다음으로 큐티클 층과 세포막복합체(CMC)를 통하여 모표피(cuticle), 모피질(cortex) 내로의 침투, 확산 현상이 일어난다. 마지막으로 모피질 내에 침투된 염료의 중합 반응으로 생성된 발색단과 조색단에 의하여 발현된 색상이 모발의 염색이다.

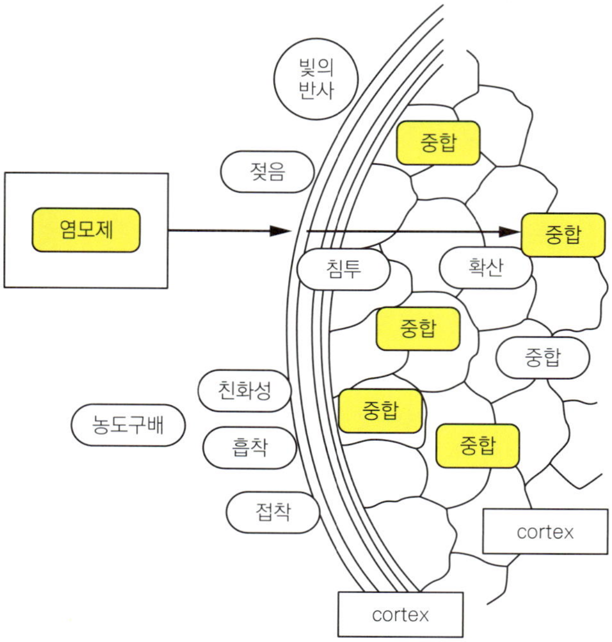


◆ 그림 5-6. 염모제의 모발에 대한 염색

염모제는 영구 염모제(permanent hair dye), 반영구 염모제(semi-permanent hair dye), 일시적인 염모제(temporary hair dye)로 구분할 수 있다. 영구 염모제는 장기간 동안 염색이 유지되는 염모제이고, 반영구 염모제는 일정 기간 동안 염색이 유지되는 염모제이다. 그리고 일시적인 염모제는 샴푸 후에 바로 제거되는 염모제로서 주로 단시간의 일회용으로 사용된다.

## 1. 영구 염모제(Permanent Hair Dye)

영구 염모제는 산화염모제(oxidation hair dye), 식물성 염모제, 금속성 염모제가 있다. 영구 염모제는 주로 산화염모제가 사용된다. 식물성 염모제는 색상이 다양하지 않고 염색성의 선명도 낮으며 금속성 염모제는 인체에 유해하기 때문에 특별한 목적이 아닌 한 거의 사용되지 않는다. 산화염모제는 색상을 다양하게 염색할 수 있고, 선명도도 우수하기 때문에 대부분 모발 염색은 산화염모제를 사용한다. 산화염모제는 1제와 2제로 구성되어 있고, 염색할 때는 1제와 2제를 혼합하여 사용한다.

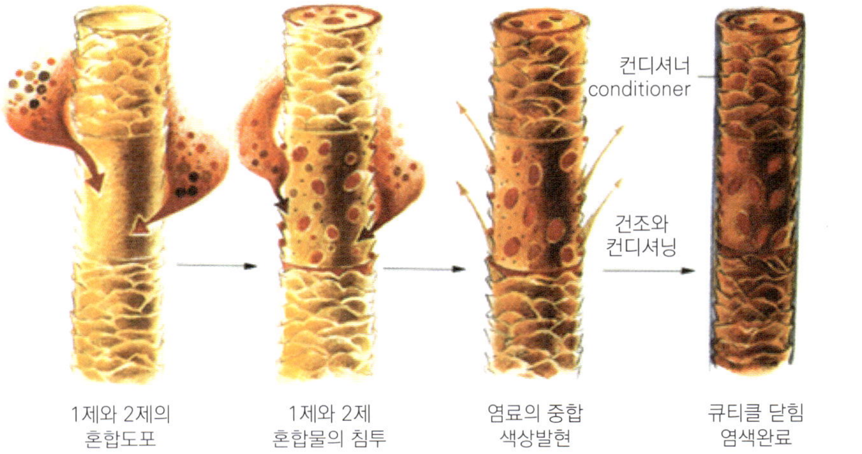


◆ 그림 5-7. 산화염료의 침투 및 염색 과정

산화염모제는 분말, 용액, 크림 등이 있으나 주로 용액과 크림의 제형을 사용한다. 산화염모제의 pH는 9~10 정도이다. 산화염모제 사용 시 염료에 의하여 알레르기를 유발할 수 있기 때문에 반드시 첩포 시험(patch test)을 하고 사용한다.

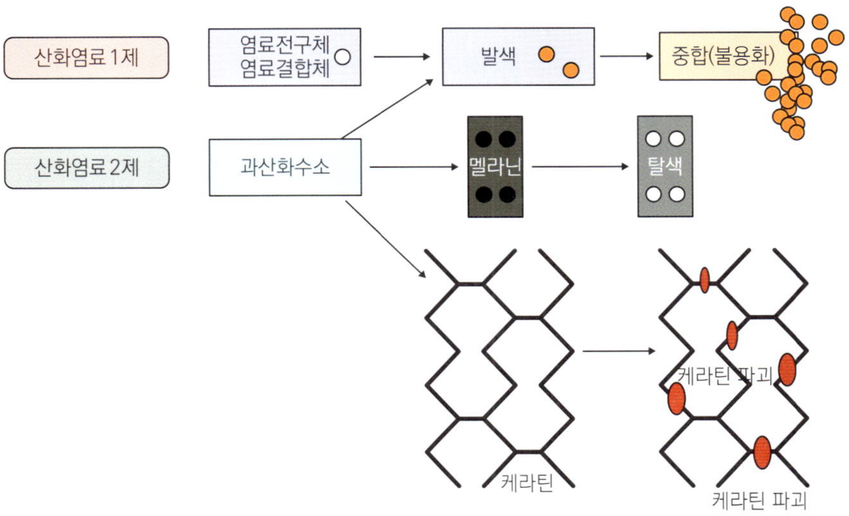


◆ 그림 5-8. 산화염료 1제와 2제의 중합과정(염색)

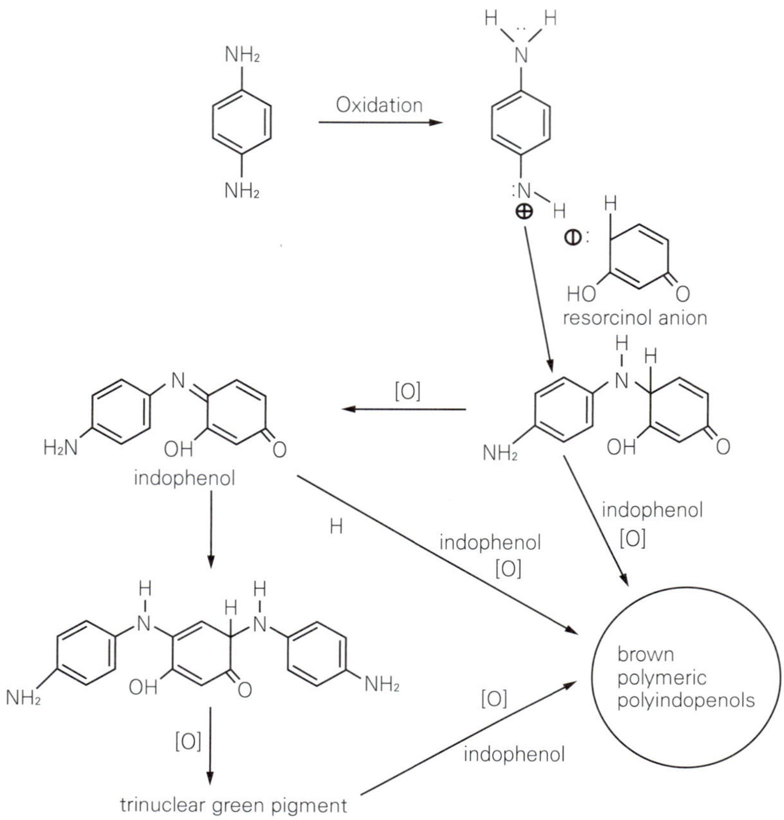


◆ **그림 5-9. 산화제에 의한 산화염료의 중합 메카니즘**

산화제에 의한 산화염모제의 중합 메카니즘은 크게 3단계로 구분된다. 1단계는 알칼리제의 작용으로 모표피가 팽윤되어 염료전구체, 염료결합체, 산화제가 모피질 내에 침투한다. 2단계는 과산화수소에 의하여 모피질 내의 산화, 즉 멜라닌 색소의 발색단과 조색단을 파괴시킴으로써 탈색된다. 3단계는 염료전구체가 과산화수소에 의해 산화되어 활성중간체인 디이미늄이온을 형성한다. 이어서 그 활성중간체가 전자밀도가 높은 염료결합체와 축합하여 이량체를 형성하고, 추가적인 축합산화 반응이 일어나 삼량체, 중합체의 인도염료 혼합물의 새로운 발색단과 조색단이 생성됨으로써 염색된다. 모발 중의 구핵성기가 인도염료에 부가하여 염료분자와 모발 사이에 공유결합을 형성한다. 모피질 내의 축합물은 분자량이 큰 불용성이고, 이미 분자량이 커진 상태인 반면에 모간의 큐티클 수렴된 상태이기 때문에 샴푸를 하더라도 제거되지 않고 염색이 장기간 지속된다.

◆ 표 5-17. 산화염료의 구성과 주요 성분 및 그 특성

| 구 분 | 주요 성분 | 특 성 |
|---|---|---|
| 1제 | 염 료 | ▸ 전구체와 결합체로 구성<br>• p-phenylenediamine : 검정<br>• p-toluenediamine : 갈색<br>• m-dihydroxybenzene : 회색<br>• p-aminophenol : 붉은 갈색<br>▸ 전구체나 결합체 자체는 무채색이고 분자크기가 작지만 이들이 산화되어 중합되면 분자의 크기가 커지고, 유채색으로 모발의 모피질 내에 착색하게 됨 |
| | 알칼리제 | ▸ 주로 암모니아수를 이용<br>▸ 모표피를 팽윤시켜 염료와 산화제의 침투를 용이하게 함<br>▸ 산화제인 과산화수소의 반응성을 높임<br>• 멜라닌 색소의 산화반응을 촉진하여 탈색시킴 |
| | 산화방지제 | ▸ 염모제의 산화를 방지하여 제품의 변질을 예방<br>▸ 모발 보호 및 염모제 도포 후 샴푸 시 염색제의 제거를 용이하게 하기 위한 거품제 포함 |
| 2제 | 과산화수소 | ▸ 우리나라의 경우 3~6% 과산화수소가 이용, 외국의 경우 사용목적에 따라 3~12% 과산화수소 사용 가능<br>▸ 2제의 기능<br>• 전구체와 결합체를 산화시켜서 중합반응에 의한 색상 발현<br>• 모피질 내의 멜라닌 색소를 산화시켜 탈색 유발<br>※ 광선이나 산소 등에 불안정한 물질로서 주의를 요함 |

## 1) 산화염모제(Oxidation Hair dye)의 1제

산화염모제는 1제의 주요성분인 산화염료, 알칼리제, 계면활성제, 산화방지제 등과 방부제, 킬레이트제, 안정화제, 향료 등의 첨가제로 구성된다. 산화염료는 염료 전구체(dye precursors)와 염료 결합체(dye couplers)의 중합에 의하여 여러 가지 색상을 발현한다. 산화염료의 전구체는 오르토(ortho-), 파라(para-)위치의 페닐렌디아민(phenylenediamine)과 그 유도체, 아미노페놀(aminophenol)과 그 유도체, 벤조산(benzoic acid)의 유도체, 크레졸(cresol)의 유도체 등이 사용된다. 산화염료의 결합체는 레조시놀(resorcinol)과 그 유도체, 메타(metha-)위치의 페놀유도체, 톨루엔(toluene) 유도체, 페놀나프탈렌(naphthalene) 유도체 등이다.

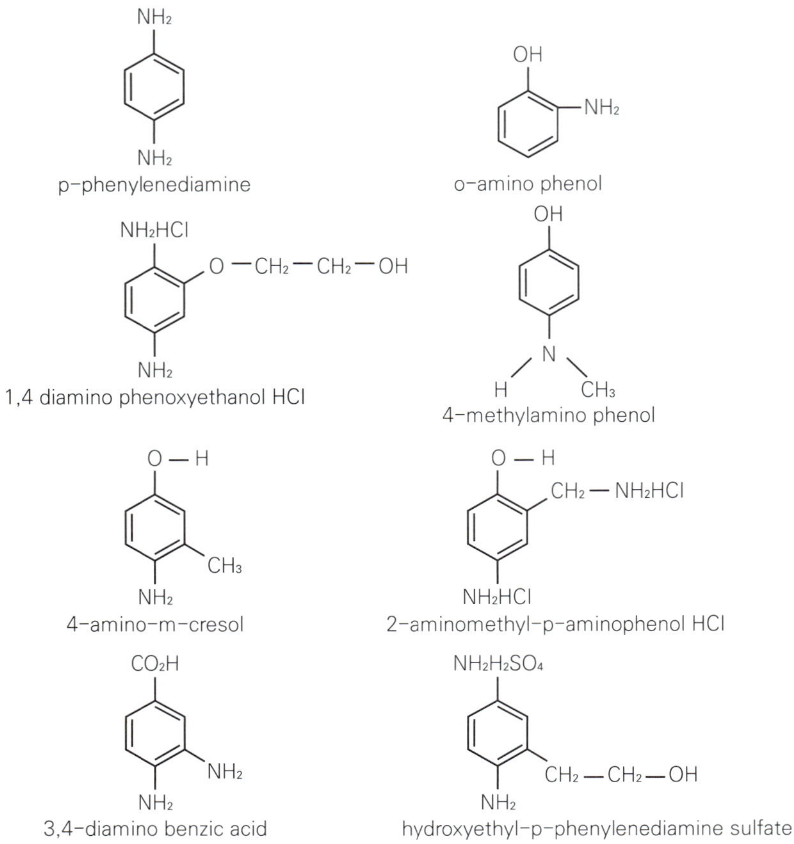


◆ **그림 5-10. 산화염료 전구체(dye precursors)**

산화염료의 전구체는 결합체가 없는 상태에서 산화되면 통상 회색 또는 흑갈색을 띠는 화합물을 형성한다. 또한 결합체 자신을 산화시켜도 일반적으로 색깔 변화는 거의 없으나 전구체와 산화제 존재 하에서 산화하면 중합반응이 일어남으로써 발색된다. 산화염모제는 5~7가지 또는 그 이상의 염료전구체와 결합체를 조합하여 처방한다. 알칼리제는 모발을 팽윤시켜서 염료 전구체와 결합체의 침투를 용이하게 하고, 2제의 주성분인 산화제의 분해를 촉진하여 멜라닌 색소를 파괴함으로써 탈색되도록 한다. 일반적으로 알칼리제는 액상형의 경우 암모니아(ammonia)를 이용하고, 크림형의 경우 모노에탄올아민(monoethanolamine, MEA)이 주로 사용된다. 암모니아는 휘발성 물질로 쉽게 제거되기 때문에 모발의 손상이 적은 장점이 있으나 냄새가 심하고 자극이 있는 단점이 있고, 모노에탄올아민은 비휘발성으로 모발에 잔류되기 때문에 모발의 손상을 유발시킬 수 있는 단점이 있는 반면에 냄새와 자극이 적은 장점이 있다.

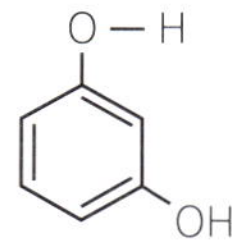

resorcinol

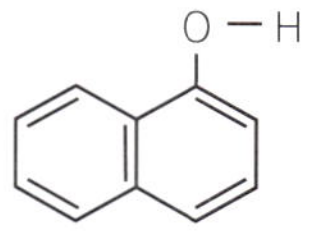

l-naphthol

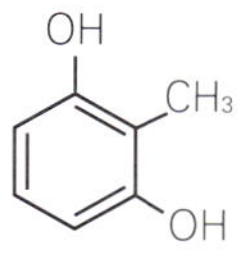

2-methylresorcinal

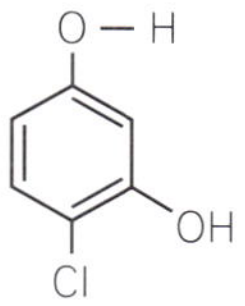

4-chlororesorinol

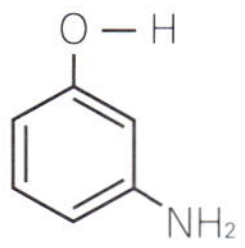

m-amino phenol

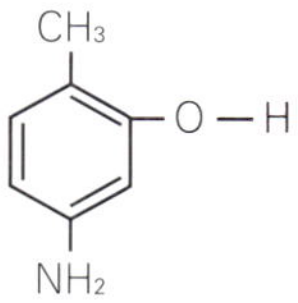

4-amino-2-hydroxytoluens

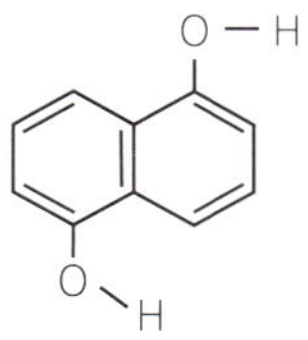

1,5-naphthalenediol

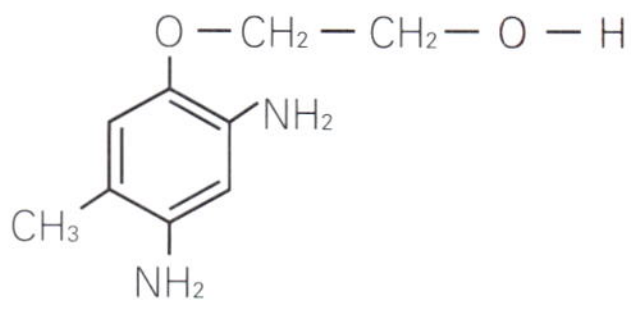

2,4-diamin-5-methtl phenoxyethanol

◆ 그림 5-11. 산화염료 결합체(dye couplers)

◆ 표 5-18. 산화염모제의 1제

| 구 분 | | 구성 성분 | | 함량 (wt%) |
|---|---|---|---|---|
| | | Blonde | Black | |
| Base | phase A | Oleic acid<br>Laureth-4 | | 20.00<br>9.00 |
| | phase B | Deionized water<br>Nonoxynol-9<br>Isopropyl alcohol<br>Sodium broate<br>Sodium sulfite<br>Octoxynol-5 | | 15.60<br>18.30<br>17.50<br>1.50<br>0.70<br>9.00 |
| | phase C | EDTA-3Na<br>Fragrance<br>etc. | | 0.40<br>qs<br>qs |
| | phase D | Ammonium hydroxide | | 8.00 |
| Dye precursos & Dye couplers | | p-Phenylene diamine | p-Phenylene diamine | 0.50 |
| | | p-Methylaminophenol sulfate | - | 0.16 |
| | | Resorcinol | Resorcinol | 0.2/0.5 |
| | | p-Aminophenol | - | 0.20 |
| | | α-naphthol | - | 0.09 |
| | | - | 2,5 diaminoanisol sulfate | 0.20 |

▪ **처방특성 및 제조과정** : 산화염모제의 1제(크림 형)

산화염모제의 Base는 모든 산화염모제의 1제의 기질로 사용하도록 표준화할 수 있는 제형을 구성하고 염료의 전구체와 결합체를 첨가하여 제조한다.

① 60~70℃에서 phase A와 phase C의 일부(유용성)를 저속 교반하여 완전히 녹인다.

② 60~70℃에서 phase B와 phase C의 일부(수용성)를 저속 교반하여 완전히 녹인다.

③ 60~70℃에서 ②를 ①에 서서히 첨가하면서 호모믹서를 이용하여 유화시킨다.

④ 60~70℃에서 ③에 phase D를 첨가하면서 2차 유화하고, 탈 기포하고, 냉각시켜서 산화염모제의 Base를 준비한다.

⑤ 60~70℃에서 ④에 산화염모제의 전구체와 결합체를 첨가하고 충분히 녹이고, 3차 유화하하고, 탈 기포한 후 실온으로 냉각시켜서 마무리한다.

◆ 표 5-19. 산화염료 전구체와 결합체에 의한 모발 염색

| 전구체 | 결합체 | 모발 염색 |
| --- | --- | --- |
| p-Phenylenediamine | m-Phenylenediamine | purple |
| | m-Toluylenediamine | purple |
| | 2,4-Diaminoanisole | blue purple |
| | m-Aminophenol | dark purple gray |
| | Diethyl-m-aminophenol | olive brown |
| | Chloro-m-Phenylenediamine | black with red cast |
| | 2,6-Diaminopyridine | blue |
| p-Toluylenediamine | m-Phenylenediamine | deep blue |
| | m-Aminophenol | gray violet |
| | p-Amino-o-cresol | deep violet |
| | 3-Amino-4-methoxyphenol | reddish brown |
| | 2,6-Diaminopyridine | blue |
| p-Aminophenol | 2,4-Diaminoanisole | red |
| | m-Aminophenol | red brown |
| | p-Amino-o-cresol | deep orange |
| | 3-Amino-4-methoxyphenol | mahogany blond |
| | Diethyl-m-aminophenol | green brown |
| p-Aminodiphenylamine | 2,4-Diaminoanisole | bright blue |
| | p-Amino-o-cresol | grey purple |
| | Diethyl-m-aminophenol | red brown |
| | 2,6-Diaminopyridine | light blue green |

## 2) 산화염모제(Oxidation Hair Dye)의 2제

산화염료의 전구체는 아닐린 유도체로서 분자량이 작은 유기화합물이고, 과산화수소 등 산화제에 의하여 디이미늄이온(diiminium ion)의 활성중간체를 형성한다. 그 활성중간체는 전자가 부족한 상태이기 때문에 전자 밀도가 풍부한 결합체와의 중합반응으로 중합체를 생성함으로써 발색하여 염색된 것이다. 산화염료의 전구체나 활성중간체의 자체는 색깔이 없거나 회색 또는 흑갈색이다. 또한 결합체나 그 산화물도 거의 색깔이 없다.

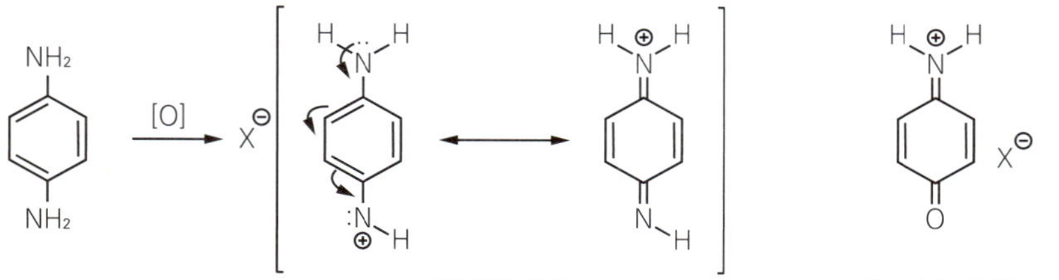


◆ **그림 5-12. 염료 전구체의 산화제에 의한 활성중간체 형성**

따라서 산화염모제의 2제인 산화제는 주로 과산화수소(hydrogen peroxide, $H_2O_2$)와 과붕산나트륨(sodium perborate)을 사용한다. 액상이나 크림 타입의 산화염모제에는 과산화수소가 이용되고, 분말 타입은 과붕산나트륨을 이용한다. 또한 과산화수소는 멜라닌 색소를 파괴하기 때문에 탈색이 동시에 일어나지만 불안정하여 자체적으로 쉽게 분해되기 쉽기 때문에 탈색효과도 감소한다. 이러한 현상을 막기 위하여 과산화수소 용액에 안정제로 킬레이트제, pH 조정제 등을 첨가하여 약산성 상태로 보존한다.

◆ 표 5-20. 산화염모제의 2제

| 구 분 | 구성 성분 | 함량(w/w%) |
|---|---|---|
| phase A | Deionized water | to 100.0 |
| | Propylene glycol | 0.50 |
| | Buthylene glycol | 0.25 |
| | Cetrimonium chloride | 0.50 |
| | EDTA-2Na | 0.20 |
| phase B | Liquid paraffin | 1.90 |
| | Cetostearyl alcohol | 1.70 |
| | POE-cethyl ether | 1.30 |
| | Phenacetin | 0.08 |
| phase C | Phosphoric acid | 0.02 |
| phase D | Hydrgen peroxide(35%) | 16.80 |

▪ **처방특성 및 제조과정** : 산화염모제의 2제

① 80~85℃에서 phase A를 저속 교반하여 완전히 녹인다.

② 80~85℃에서 phase B를 저속 교반하여 균일한 상태로 완전히 녹인다.

③ 80~85℃에서 ②를 ①에 첨가하면서 5분 동안 유화한다.

④ ③을 계속 교반하면서 45℃까지 냉각한 다음 phase C를 첨가하고, 저속 교반하여 충분히 혼합한다.

⑤ ④를 저속교반하면서 30℃까지 냉각한 다음 phase D를 첨가하고, 저속 교반하여 혼합하고 나서 탈 기포하여 마무리한다.

## 2. 반영구 염모제(Semi-permanent Hair Dye)

반영구 염모제는 보통 2~6주 정도 염색이 지속되는 염모제이다. 반영구 염모제는 주로 탈색된 모발의 염색에 사용되며 모발의 특정 부위에 하이라이트를 주는데 효과적이다. 반영구 염모제는 1제와 2제로 구분되지 않고 1제로만 구성되며 액상, 젤리상, 크림상이 있다. 반영구 염모제는 산성 염료와 염기성 염료가 있으나 주로 아조계의 산성염료가 사용된다. 반영구 염모제는 pH 2.5~4 정도의 염모제로써 산성 염모제라고도 한다. 반영구 염모제는 주성분인 산성 염료와 염료의 침투를 위하여 벤질 알코올(benzyl alcohol), 페닐에틸알코올, N-메틸피롤리돈 등의 용제, 그리고 산성 상태에서 염색 효과를 높이기 위하여 pH 조절제인 구연산(citric acid) 등의 첨가제로 구성된다.

### ◆ 표 5-21. 반영구 염모제(red shade)

| 구 분 | 구성 성분 | 함량(w/w%) |
|---|---|---|
| phase A | Deionized water<br>Glycerin<br>Carbopol 934 | to 100<br>1.00<br>3.00 |
| phase B | 1-Methylamino-2-nitro-4-(2-hydroxyethyl) aminobenzene<br>Isopropanol | 2.00<br>17.00 |
| phase C | Monoethanolamine<br>Triethanolamine | 2.00<br>1.00 |
| phase D | pH adjuster<br>etc. | qs<br>qs |

■ **처방특성 및 제조과정** : red shade의 반영구 염모제

① 실온에서 phase A를 저속 교반하여 완전히 녹인다.
② 실온에서 phase B를 저속 교반하여 균일한 상태로 분산 혼합한다.
③ 실온에서 ②를 ①에 첨가하면서 교반하여 충분히 혼합 분산한다.
④ ③을 계속 교반하면서 phase C를 순서대로 첨가하고, 저속 교반하여 충분히 혼합한다.
⑤ 저속 교반하면서 ④에 phase D를 첨가하고, pH 3으로 조정한 후 탈 기포하여 마무리한다.

### ◆ 표 5-22. 반영구 염모제(blue violet shade)

| 구 분 | 구성 성분 | 함량(w/w%) |
|---|---|---|
| phase A | Deionized water<br>Methylcellulose | to 100<br>3.00 |
| phase B | N-(2-Methoxyethyl)-2, 4-dinitroaniline<br>Isopropanol | 0.30<br>0.50 |
| phase C | Diethylenetriamine<br>Lauric diethanolamide | 3.00<br>4.00 |
| phase D | pH adjuster<br>etc. | qs<br>qs |

■ **처방특성 및 제조과정** : blue violet shade의 반영구 염모제

① 실온에서 phase A를 저속 교반하여 완전히 녹인다.
② 실온에서 phase B를 저속 교반하여 균일한 상태로 분산 혼합한다.
③ 실온에서 ②를 ①에 첨가하면서 교반하여 충분히 혼합 분산한다.
④ ③을 계속 교반하면서 phase C를 순서대로 첨가하고, 저속 교반하여 충분히 혼합한다.
⑤ 저속 교반하면서 ④에 phase D를 첨가하고, pH 3으로 조정한 후 탈 기포하여 마무리한다.

## 3. 일시적인 염모제(Temporary Hair Dye)

일시적인 염모제는 모표피(cuticle)의 최외표피(epicuticle)에 안료 또는 염료를 일시적으로 고정시킴으로서 모발의 색깔을 변화시키는 모발 화장품을 말한다. 일반적인 색상에서 특이한 색상에 이르기까지 모발의 색을 일시적으로 쉽게 변화시킬 수 있고, 사용법이 간단하고 쉬운 장점이 있다. 또한 안전성이 높고, 샴푸로 쉽게 제거할 수 있다. 일시적인 염모제는 카본블랙 등의 안료가 주성분이고, 산성염료가 이용되는 경우도 있다. 암모니아나 과산화수소가 함유되지 않기 때문에 여러 번 사용할지라도 모발이 건조해지거나 쉽게 부스러지지 않는다. 일시적인 염모제는 유성 염모제라고도 하며, 컬러스틱, 컬러무스, 컬러크레용, 컬러스프레이, 헤어매니큐어 등 다양하다.

◆ **표 5-23. 일시적인 염모제(Color stick)**

| 구 분 | 구성 성분 | 함량(w/w%) |
|---|---|---|
| phase A | Bees wax | 15.00 |
| | Japan wax | 10.00 |
| | Castor oil | 66.8 |
| | POE(20) Sesquioleate | 1.20 |
| phase B | Carbon black | 2.00 |
| phase C | Perfume | qs |
| | Antioxidant | qs |
| | etc. | qs |

■ **처방특성 및 제조과정** : Color stick

① 60~75℃에서 phase A를 저속 교반하여 완전히 녹인다.
② 60~75℃에서 phase B를 ①에 첨가하면서 교반하여 충분히 혼합 분산한다.
③ ②를 40~50℃에서 냉각시킨 다음 phase C를 첨가하고, 저속 교반하여 충분히 혼합 용해한다.
④ ③을 계속 교반하면서 phase C를 순서대로 첨가하고, 저속 교반하여 충분히 혼합한다.
⑤ ④를 탈 기포한 후 실온으로 냉각시키고, 마무리한다.

05

# 모발 탈색제(Bleaching Human Hair)

모발의 탈색제는 모간의 콜텍스 층(cortex layer)에 분포되어 있는 멜라닌 색소를 산화 분해하여 탈색시키고, 모발의 색상을 밝게 하게 위하여 사용하는 제품이다. 일반적으로 모발의 탈색은 산화제의 산화반응에 의하여 멜라닌 색소의 발색단과 조색단을 파괴시킴으로써 본래의 모발 색깔이 옅어지는 것을 말한다. 탈색제는 산화염모제와 마찬가지로 1제와 2제로 구성되어 있으며, 모발을 탈색할 경우에는 혼합하여 사용한다. 1제의 주요 성분은 암모니아($NH_3$)이며 알칼리제로서의 역할을 하고, 2제의 주요 성분은 과산화수소(hydrogen peroxide, $H_2O_2$)이며 산화제의 역할을 한다. 강력한 탈색제는 과황산 염류(암모늄염, 나트륨염, 칼륨염)를 촉진제(booster)로 첨가하거나 피로아황산소다를 1제에 첨가하여 산화 환원의 반응열을 이용하는 발열 타입도 있다. 탈색제의 1제와 2제는 조건에 따라 다를 수 있으나 주로 1:2의 비율로 혼합하여 사용한다. 일반적으로 pH 9~11의 탈색제를 사용하며, 과산화물의 분해속도를 감소시키기 위하여 킬레이트제와 같은 안정화제를 사용한다.

## 1. 탈색제의 1제

탈색제의 1제는 제형에 따라 분말과 액체의 조합, 오일상, 크림상, 유액상 등이 있다. 크림상이나 오일상의 경우 비교적 자극이 적지만 반응속도가 느린 단점이 있다. 1제의 주요성분은 알칼리제로 암모니아가 주로 사용되며, 모표피의 팽윤과 산화반응을 촉진시킨다. 탈색작용을 활성화시키는 촉진제(booster) 혹은 활성제는 과황산 암모늄($(NH_4)_2SO_4$), 과황산 나트륨(sodium persulfate, $Na_2SO_4$), 과황산 칼륨(potassium persulfate, $K_2SO_4$) 등이다.

◆ 표 5-24. 탈색제의 1제

| 구 분 | 구성 성분 | 함량(w/w%) |
|---|---|---|
| phase A | Palmitic acid<br>Ethyl alcohol<br>Polyoxyethylene(10) oleyl alcohol<br>Polyoxyethylene(20) distearate | 4.00<br>10.00<br>20.00<br>10.00 |
| phase B | Deionized water<br>EDTA-2Na | to 100<br>qs |
| phase C | Perfume<br>Antioxidant<br>etc. | qs<br>qs<br>qs |
| phase C | Ammonium hydroxide | 9.0 |

■ **처방특성 및 제조과정** :

① 60~75℃에서 phase A와 phase C의 일부(유용성)를 저속 교반하여 완전히 녹인다.
② 60~75℃에서 phase B와 phase C의 일부(수용성)를 저속 교반하여 완전히 녹인다.
③ 60~75℃에서 ①을 ②에 첨가하고, 호모믹서를 이용하여 균일한 상태로 유화한다.
④ ③을 30~40℃로 냉각시키고, phase C를 첨가하면서 저속 교반하여 충분히 혼합한다.
⑤ ④를 탈 기포한 후 실온으로 냉각시키고, 마무리한다.

## 2. 탈색제의 2제

탈색제의 2제는 산화제인 과산화수소(hydrogen peroxide, $H_2O_2$)가 주요 성분이다. 모발을 탈색할 경우 주로 6% 과산화수소가 사용되며, 약 20볼륨(volume)의 산소가 생성된다. 또한 1볼륨의 산소가 과산화수소에서 생성되는데 소요되는 시간은 약 1분정도 걸린다. 그러므로 6%의 과산화수소에서 20볼륨의 산소가 생성되는데 걸리는 시간은 약 20~30분 정도이다.

$$2H_2O_2(l) \rightarrow H_2O(l) + O_2(g)\uparrow$$

과산화수소에서 발생되는 산소는 모발의 멜라닌 색소를 무색의 옥시멜라닌 형태로 산화반응을 시킨다. 결국 6%의 과산화수소에 의한 모발의 탈색은 약 20~30분 정도 걸리며, 반응 시간에 따라 멜라닌 색소의 조색단과 발색단이 파괴되어 모발의 색깔이 점점 옅어지게 된다.

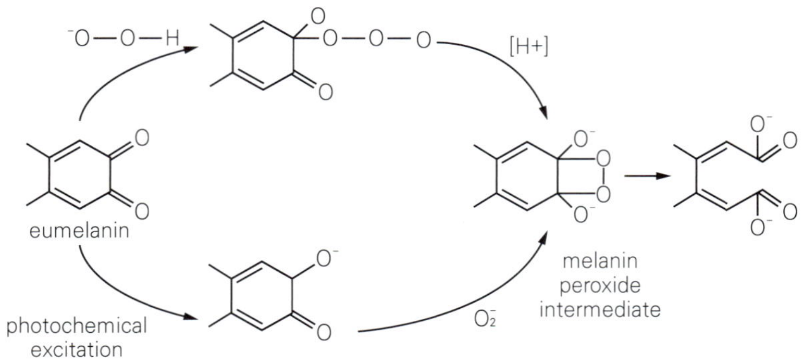


◆ 그림 5-13. 과산화수소에 의한 멜라닌 색소의 분해반응 메카니즘

과산화수소에서 발생되는 산소가 모발에 남아 있는 한 탈색은 멈추지 않고 지속된다. 즉 20볼륨의 과산화수소와 혼합된 탈색제의 경우 거의 35분 동안 탈색 과정이 지속되기 때문에 탈색 과정에서 반응시간에 따라 모발의 명도를 확인하여야 한다. 탈색제 도포 후 35분이 지나면 더 이상 탈색은 일어나지 않고, 알칼리제의 작용에 의하여 모발 손상이 유발된다. 따라서 30분이 지나도록 원하는 모발의 명도가 유발되지 않을 경우 모발을 미지근한 물로 헹궈 내고, 모발을 건조시킨 후 새로 혼합한 탈색제를 도포하고 원하는 모발을 확인하면서 탈색 과정을 계속한다.

일반적으로 사용되는 과산화수소는 물 중에 $H_2O_2$의 농도를 중량 %로 나타내지만 이를 볼륨으로 환산된다. 과산화수소는 염색제의 산화제로서 명도를 조절할 경우에 이용되며, 사용목적에 따라 과산화수소의 농도를 달리하는 경우도 있다.

◆ 표 5-25. 과산화수소의 농도와 산소 생성량

| 과산화수소의 농도 | 산소 생성량(volume, Vol) |
|---|---|
| 3% | 10Vol |
| 6% | 20Vol |
| 9% | 30Vol |
| 30% | 100Vol |

과산화수소는 불안정하여 자체적으로 쉽게 분해되기 때문에 탈색 효과가 감소한다. 이러한 현상을 막기 위하여 과산화수소 용액에 안정제를 첨가하며, 약산성 상태로 보존한다. 그러나 과산화수소는 알칼리성 상태에서 분해반응이 촉진되기 때문에 모발을

탈색시킬 때에는 암모니아로 알칼리도를 조절하여야 한다. 따라서 탈색제는 알칼리성 상태의 1제와 과산화수소가 함유된 2제를 혼합하여 사용한다. 농도가 높은 과산화수소를 사용하면 모발이 극단적으로 손상되므로 탈색 시간을 단축시키기 위하여 촉진제(booster)를 사용한다.

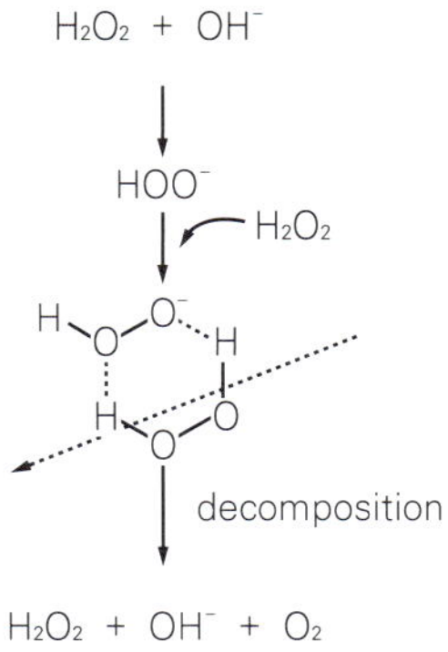


◆ 그림 5-14. 알칼리성 상태에서 과산화수소의 분해 반응

◆ 표 5-26. 탈색제의 2제

| 구 분 | 구성 성분 | 함량(w/w%) |
|---|---|---|
| phase A | Stearyl alcohol<br>Cetyl alcohol | 2.00<br>3.00 |
| phase B | Deionized water<br>Nonoxynol-9<br>Dodecylbenzene sulfonate(50%) | to 100<br>6.00<br>16.00 |
| phase C | Chelate<br>Perfume<br>etc. | qs<br>qs<br>qs |
| phase C | Hydrogen peroxide(30%)<br>Phosphoric acid | 17.00<br>1.00 |

■ **처방특성 및 제조과정** :

① 70~80℃에서 phase A와 phase C의 일부(유용성)를 저속 교반하여 완전히 녹인다.
② 70~80℃에서 phase B와 phase C의 일부(수용성)를 저속 교반하여 완전히 녹인다.
③ 70~80℃에서 ①을 ②에 첨가하고, 호모믹서를 이용하여 균일한 상태로 유화한다.
④ ③을 30~40℃로 냉각시키고, phase C를 첨가하면서 저속 교반하여 충분히 혼합한다.
⑤ ④를 탈 기포한 후 실온으로 냉각시키고, 마무리한다.

06

# 마무리용 모발 화장품(Hair Styling Products)

마무리용 모발 화장품은 주로 샴푸 후에 헤어스타일을 연출하는데 이용하는 모발 화장품을 말한다. 마무리용 모발 화장품은 크게 2가지, 즉 샴푸 후 모발을 고정하고 세팅하는 헤어스타일링제와 모발의 광택, 감촉, 질감, 손질을 좋게 하는 헤어트리트먼트제가 있다. 그리고 사용성이나 편리성을 위하여 헤어스타일과 헤어트리트먼트의 기능을 겸하는 제품이 있다.

## 1. 헤어스타일링제

헤어스타일을 연출하기 위하여 모발의 고정과 세팅은 실온에서 고형 또는 페이스트(paste)상이나 점성이 있는 액상의 유지류를 이용하는 타입, 고분자 수지를 이용하는 타입 그리고 점성이 있는 보습제를 사용하는 타입 등이 있다. 유지와 보습제를 이용하는 타입은 유지류 또는 보습제의 점성을 이용하고, 고분자 타입은 합성 고분자의 수지(resin)에 의하여 형성된 필름을 이용한 것이다. 이들은 모두 모발을 물리적으로 밀착하고 고정시켜서 헤어스타일을 연출한 것이다.

### 1) 헤어 무스(Hair Mousse)

헤어 무스는 헤어스타일을 연출하기 위하여 사용하는 모발 화장품으로 '헤어 폼(hair foam)이라고도 한다. '무스(mousse)'라는 용어는 프랑스어로 '거품(foam)'을 의미한다. 무스는 에어로졸 스프레이(aerosol hair spray)로도 조제된다. 무스는 합성수지를 사용함으로써 모발을 풍성하게 해주고 컨디셔닝 효과도 동시에 부여하는 등 기능을 다양화할 수 있다. 무스는 점도의 제약이 없고, 사용하기 전에 흔들어서 사용하기 때문에 가역적인 분리가 허용되는 특성으로 다기능화 할 수 있다. 헤어 무스의 주된 사용목적이 모발의 세팅, 트리트먼트, 광택과 보습 등이 있고, 구성 성분을 적절하게 처방함으로써 각각의 기능을 부여할 수 있다. 헤어 무스의 구성 성분은 카라야검 등 천연검류와 합성고분자의 세팅제, 실리콘 오일 등의 유성성분, 보습제, 계면활성제 등이다.

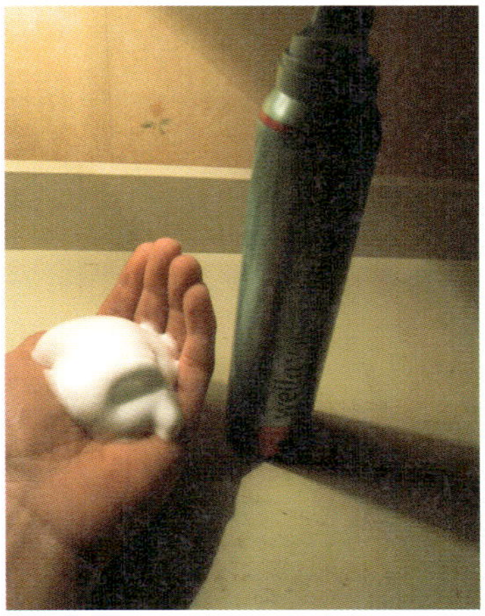

◆ 그림 5-15. 헤어 무스(Hair Mousse)

◆ 표 5-27. 스타일링 무스(Styling mousse)

| 구 분 | 구성 성분 | 함량(w/w%) |
|---|---|---|
| phase A | Deionized water | to 100 |
| | Silicone Emulsion | 1.20 |
| | Ceteareth-50 | 0.30 |
| | Phenoxyethanol | 0.40 |
| | PEG-40 Hydrogenated Castor Oil | 0.20 |
| | Ethanol | 7.50 |
| | Propane/Butane | 8.00 |
| | Fragrance (parfum) | 0.20 |

■ **처방특성 및 제조과정** :

① 실온에서 phase A를 저속 교반하여 완전히 혼합 분산하여 녹이고, 탈 기포한 후 실온으로 냉각시켜서 마무리한다.

◆ 표 5-28. 컨디셔닝 무스(Conditioning mousse)

| 구 분 | 구성 성분 | 함량(w/w%) |
|---|---|---|
| phase A | Deionized water<br>DMDM hydantoin<br>Polyquaternium-10<br>PEG-60 hydrogenated castor oil | to 100<br>0.10<br>0.10<br>0.50 |
| phase B | Cocamidopropyl betaine<br>Decyl glucoside | 4.00<br>1.00 |
| phase C | Cetyl dimethicone | 1.00 |
| phase D | Silicone quaternium-16/glycidoxy dimethicone copolymer and trideceth-12 | 11.00 |
| phase E | Chelate<br>Perfume<br>etc. | qs<br>qs<br>qs |

■ **처방특성 및 제조과정** :

① 60~70℃에서 phase A와 phase E의 일부(수용성)를 저속 교반하여 완전히 혼합 분산하여 녹인다.

② 60~70℃에서 phase B를 저속 교반하여 완전히 녹인다.

③ 60~70℃에서 ②를 ①에 첨가하고, 저속 교반하여 균일한 상태로 혼합 분산하여 녹인다.

④ 60~70℃에서 phase C와 phase D를 ③에 순서대로 첨가하고, 저속 교반하여 균일한 상태로 혼합 분산하여 녹인다.

⑤ ④를 30~40℃로 냉각시키고, 탈 기포한 후 실온으로 냉각시켜서 마무리한다.

◆ 표 5-29. 볼륨형 무스(Silky-smooth styling/volumizine mousse)

| 구 분 | 구성 성분 | 함량(w/w%) |
|---|---|---|
| phase A | Deionized water<br>Disodium EDTA | to 100<br>0.05 |
| phase B | Deionized water<br>PEG-75 meadowfoam seed oil<br>Fragrance (perfume) | 2.00<br>0.50<br>0.50 |
| phase C | Sodium methyl cocoyl taurate<br>Panthenol<br>Diazolidinyl urea and iodopropynyl bytylcarbamate<br>Silk amino acids<br>Hydrolyzed silk | 1.50<br>0.20<br>0.35<br>0.20<br>0.20 |
| phase D | Styrene/acrylates/ammonium methacrylate copolymer | 15.00 |

■ **처방특성 및 제조과정** :

① 30~40℃에서 phase A를 저속 교반하여 완전히 혼합 분산하여 녹인다.
② 30~40℃에서 phase B를 저속 교반하여 완전히 녹인다.
③ 30~40℃에서 ①에 ②를 첨가하고, 저속 교반하여 균일한 상태로 가용화한다.
④ 30~40℃에서 ③에 phase C를 첨가하고, 저속 교반하여 균일한 상태로 충분히 혼합 분산하여 녹인다.
⑤ 30~40℃에서 ④에 phase D를 첨가하고, 저속 교반하여 균일한 상태로 충분히 혼합 분산하여 녹인다.
⑥ ⑤를 탈 기포한 후 실온으로 냉각시켜서 마무리한다.

## 2) 헤어스프레이(Hair Spray)

헤어스프레이는 세팅한 모발 위에 분무하여 연출한 헤어스타일을 유지하는 목적으로 사용하는 모발 화장품이다. 헤어스프레이는 분사제의 유무에 따라 헤어미스트로 구분하지만 사용 목적은 동일하다. 헤어스프레이의 주성분은 피막형성제이며, 고급알코올, 라놀린유도체, 실리콘 오일 등을 사용하여 피막의 유연성을 부여한다. 특히 실리콘 오일은 모발을 코팅하여 모발을 보호하고 광택을 낸다. 피막형성제인 폴리비닐피롤리돈(polyvinylpyrrolidone)은 수용성이고, 비수용성인 폴리디메틸실록산(polydimethylsiloxane)은 피막의 지속성 부여한다. 또한 초산비닐공합체나 말레산의 공중합체도 사용된다. 헤어스프레이의 용제는 정제수나 에탄올 등이 사용된다.

◆ 그림 5-16. 헤어스프레이(Hair Spray)

◆ 표 5-30. 젤리 스프레이(Jelly hair spray)

| 구 분 | 구성 성분 | 함량(w/w%) |
|---|---|---|
| phase A | Deionized water<br>DMDM hydantoin | to 100<br>0.10 |
| phase B | PEG-150/decyl alcohol/SMDI copolymer | 5.00 |
| phase C | Glycerin<br>SD alcohol 40 | 6.00<br>4.00 |
| phase D | Silicone quaternium-16/glycidoxy dimethicone copolymer and trideceth-12 | 6.70 |
| phase E | Chelate<br>Perfume<br>etc. | qs<br>qs<br>qs |

■ **처방특성 및 제조과정** :

① 50℃에서 phase A와 phase E의 일부(수용성)를 저속 교반하여 완전히 혼합 분산하여 녹인다.

② 50℃에서 ①에 phase B를 서서히 첨가하면서 저속 교반하여 균일한 상태로 완전히 혼합 분산한다. 점성이 점점 증가한다.

③ 50℃에서 ②에 phase C를 첨가하고, 저속 교반하여 균일한 상태로 혼합 분산한다.

④ 50℃에서 ③에 phase D, phase E의 Perfume을 순서대로 첨가하고, 저속 교반하여 균일한 상태로 혼합 분산하여 녹인다.

⑤ ④를 탈 기포한 후, 실온으로 냉각시켜서 마무리한다.

◆ 표 5-31. 광택 스프레이(Shine and styling pump spray)

| 구 분 | 구성 성분 | 함량(w/w%) |
|---|---|---|
| phase A | Deionized water<br>DMDM hydantoin | to 100<br>0.10 |
| phase B | Glycerin<br>SD alcohol 40<br>PEG/PPG-15/15 dimethicone | 6.00<br>30.00<br>2.00 |
| phase C | Silicone quaternium-16/glycidoxy dimethicone copolymer and trideceth-12 | 11.70 |
| phase D | Chelate<br>Perfume<br>etc. | qs<br>qs<br>qs |

■ **처방특성 및 제조과정** :

① 50℃에서 phase A와 phase E의 일부(수용성)를 저속 교반하여 완전히 혼합 분산하여 녹인다.
② 50℃에서 phase B와 phase E의 일부를 저속 교반하여 완전히 녹인다.
③ 50℃에서 ②를 ①에 첨가하고, 저속 교반하여 균일한 상태로 가용화한다.
④ 50℃에서 phase C와 phase D를 ③에 순서대로 서서히 첨가하고, 저속 교반하여 균일한 상태로 혼합 분산하여 녹인다.
⑤ ④를 탈 기포한 후 실온으로 냉각시켜서 마무리한다.

## 3) 헤어 젤(Hair Gel)

헤어 젤은 수용성 고분자를 정제수에 분산시킨 젤 상태의 투명한 헤어스타일링제 이다. 즉 수용성의 점증제에 세팅제를 혼합한 헤어스타일링제로 촉촉한 느낌의 자연스러운 헤어스타일 효과를 부여한다. 헤어 젤의 주요 성분은 카르복시비닐폴리머, 메틸셀룰로오스, 카라기난 등의 수용성 고분자, 폴리비닐피롤리돈, 폴리비닐피롤리돈/초산비닐폴리머 등의 세팅제, 보습제, 계면활성제, 킬레이트제 등이다.

◆ 그림 5-17. 짧은 머리의 헤어 젤에 의한 정발 효과

◆ 표 5-32. 스타일링 젤(Styling gel)

| 구 분 | 구성 성분 | 함량(w/w%) |
|---|---|---|
| phase A | Deionized water | to 100 |
| | Carbomer | 25.00 |
| | Propylene glycol (and) diazolidinyl urea (and) iodopropynyl butylcarbamate | 0.50 |
| | Disodium EDTA | 0.05 |
| phase B | Triethanolamine, 99% | 0.26 |
| phase C | Deionized water | 18.00 |
| | Polyimide-1 | 6.67 |
| | Triethanolamine(99%) | 0.26 |

■ **처방특성 및 제조과정** :

① 실온에서 phase A를 저속 교반하여 혼합 분산하고, 완전히 녹인다.

② 실온에서 ①에 phase B를 첨가하고, 저속 교반하여 균일한 상태로 완전히 혼합한다.

③ 실온에서 phase C를 저속 교반하여 균일한 상태로 충분히 혼합 분산한다.

④ 실온에서 ②에 ③을 폭기를 막기 위하여 한꺼번에 첨가하고, 고속 교반하여 균일한 상태에 이르기까지 혼합 분산한다.
30~40℃에서 ①에 ②를 첨가하고, 저속 교반하여 균일한 상태로 가용화한다.

⑤ 30~40℃에서 ③에 phase C를 첨가하고, 저속 교반하여 균일한 상태로 충분히 혼합 분산하여 녹인다.

⑥ pH 6.8, 점성도를 확인하고 마무리한다.

## 4) 세팅 로션(Setting Lotion)

세팅 로션은 카라야검 등의 검류나 합성 고분자의 수지류를 정제수나 에탄올 그리고 그 혼합 용액에 녹여서 헤어스타일을 연출하는 데 사용하는 마무리용 모발 화장품 중 하나이다. 주로 샴푸 후 브러시 등을 이용하여 헤어스타일을 연출할 때 사용한다. 세팅 로션의 주요성분은 트라검, 카라야검 등의 검류와 합성 고분자이다. 합성 고분자는 폴리비닐피롤리돈(polyvinylpyrrolidone), 폴리비닐피롤리돈/초산비닐 공중합체(vinylpyrrolidone/vinyl acetate copolymer) 등의 비이온성 고분자(nonionic polymer), 아크릴산에스테르/메타크릴산 공중합체(acrylic ester/methacrylate copolymer), 비닐메칠에텔/말레인산부틸 공중합체(vinylmethylether/buthylmalate copolymer) 등의 음이온성 고분자(anionic polymer), 비닐피롤리돈/디메틸아미노에틸메타아크릴레이트공중합체(vinylpyrrolidone/dimethylaminoethylmethacrylate copolymer)이 양이온성 고분자(cationic polymer), 아크릴산히드록시프로필/메타크릴산부틸아미노에틸/아크릴산옥틸아미드공중합체(hydroxypropyl acrylate/aminoethylbuthylmethacrylate copolymer) 등의 양쪽성 고분자(amphoteric polymer) 등이다. 수지만으로는 피막이 박리되어 흰 가루를 날리는 경향이 있기 때문에 글리세린, 1.3-부틸렌그릴콜 등의 보습제나 합성에스테르, 실리콘유도체 등의 가소제를 첨가한다.

### ◆ 표 5-33. 세팅 로션(Setting lotion with holding and grooming properties)

| 구 분 | 구성 성분 | 함량(w/w%) |
|---|---|---|
| phase A | Deionized water | to 100 |
| | Cationic cellulose ether derivatives(Quaternium-19) | 0.30 |
| | Ethlene oxide polymer(PEG-8) | 4.00 |
| | Dipropyleneglycol | 0.70 |
| | Benzethonium chloride | 0.10 |
| phase B | Ethanol | 50.00 |
| | Diisopropyl adipate | 1.00 |
| | Perfume | 0.40 |
| | Colour | 0.37 |

■ **처방특성 및 제조과정** :

① 50~60℃에서 phase A를 저속 교반하여 혼합 분산하고, 완전히 녹인다.

② 50~60℃에서 phase B를 저속 교반하여 균일한 상태로 완전히 녹인다.

③ 50~60℃에서 ①에 ②를 첨가하고, 교반하여 균일한 상태로 가용화한다. 실온에서 phase C를 저속 교반하여 균일한 상태로 충분히 혼합 분산한다.

④ ③을 탈 기포하고, 냉각시켜 마무리한다.

### ◆ 표 5-34. 헤어 스타일링 로션(Hair styling lotion)

| 구 분 | 구성 성분 | 함량(w/w%) | |
|---|---|---|---|
| | | A 제품 | B 제품 |
| phase A | Mineral oil | 3.00 | 3.00 |
| | Cyclopentasiloxane | 2.00 | 2.00 |
| | Phenyl trimethicone | 2.00 | 2.00 |
| | Steareth-2 | 2.00 | 2.00 |
| phase B | Deionized water | to 100 | to 100 |
| | Glycerin | 4.00 | 4.00 |
| | DMDM hydantoin | 0.10 | 0.10 |
| | Steareth-20 | 2.00 | 2.00 |
| phase B | Silicon quaternium-16/glycidoxy dimethicone copolymer and trideceth-12 | 6.70 | 11.70 |

■ **처방특성 및 제조과정** :

① 70~80℃에서 phase A를 저속 교반하여 혼합 분산하고, 완전히 녹인다.

② 70~80℃에서 phase B를 저속 교반하여 균일한 상태로 완전히 녹인다.

③ 50~60℃에서 ②에 ①를 첨가하고, 교반하여 균일한 상태로 유화한다.

④ ③을 실온으로 서서히 냉각시키고, phase C를 서서히 첨가하면서 저속 교반하여 균일한 상태로 충분히 혼합 분산한다.

⑤ ④를 탈 기포하고 마무리한다.

## 5) 헤어 리퀴드(Hair liquid)

헤어 리퀴드는 자연스럽고 깔끔한 헤어스타일을 연출하는 데 사용하는 마무리용 모발 화장품 중의 하나이며, 샴푸에 의하여 쉽게 제거되는 장점이 있다. 헤어 리퀴드의 주요 성분은 프로필렌글리콜(polyalkylene glycol)이고, 프로필렌글리콜의 부가몰수를 다르게 함으로써 화합물의 점도와 알코올 용해성 등을 조정할 수 있다. 또한 점착성과 보습성이 있는 PPG-40 butyl ether 등의 합성 에스테르유를 사용한다.

◆ **표 5-35. 헤어 리퀴드(Hair liquid)**

| 구 분 | 구성 성분 | 함량(w/w%) |
|---|---|---|
| phase A | SD alcohol 40<br>Polyoxypropylene(40) butyl ether<br>Polyoxyethylene hydrogenated castor oil | to 100<br>20.00<br>1.00 |
| phase B | Deionized water<br>dye | 28.00<br>qs |
| phase C | Preservatives<br>Perfume<br>etc. | qs<br>qs<br>qs |

■ **처방특성 및 제조과정** :

① 실온에서 phase A와 phase C를 첨가하고, 저속 교반하여 완전히 녹인다.

② 실온에서 phase B를 저속 교반하여 완전히 녹인다.

③ 실온에서 ②를 ①에 첨가하고, 교반하여 균일한 상태로 충분히 녹이고, 여과하여 마무리한다.

## 6) 포마드(Pomade)

포마드는 모발에 매끄러움과 광택을 부여하고, 헤어스타일을 연출하는 데 사용되는 정발제이다. 스틱은 스틱상의 고형 정발품으로 특히 뻣뻣한 모발을 정돈하는 데에 이용된다. 포마드는 피마자 오일과 올리브 오일, 목납 등 식물성 오일과 액체 파라핀, 바셀린 등 광물성 오일이 주로 사용된다. 포마드는 식물성 오일을 사용하는 경우 광택이 있고 반투명하며 적당한 점성이 유지된다. 광물성 오일을 사용하는 경우 포마드는 다소 정발력은 좋지 않으나 끈적이지 않고 산뜻한 느낌을 준다. 특히 광물성 오일은 자체적으로 냄새가 없기 때문에 모발에 향기를 다양하게 부여할 수 있다. 포마드에 고형의 유지를 사용하면 스틱 상의 정발제가 가능하고, 적당한 카본블랙(carbon black)을 첨가할 경우 백발을 은폐할 목적으로 사용된다.

◆ 표 5-36. 포마드(Pomade)

| 구 분 | 구성 성분 | 함량(w/w%) | |
|---|---|---|---|
| | | A 제품 | B 제품 |
| phase A | Petroleum jelly | 70.00 | 87.00 |
| | Carnauba wax | 5.00 | - |
| | Paraffin wax | 5.00 | 3.00 |
| | Lanolin(anhydrous) | - | 2.00 |
| | Lanolin alcohol | - | 3.00 |
| | Mineral oil | 20.00 | 5.00 |
| phase B | Perfume | qs | qs |
| | antioxidant | qs | qs |
| | etc. | qs | qs |

■ **처방특성 및 제조과정** :

① 70~80℃에서 phase A와 phase B의 일부를 완전히 녹인다.

② ①에 phase B의 Perfume을 첨가하여 균일한 상태로 혼합한 후, 0℃ 이하로 급냉시켜 고화시키고 마무리한다.

◆ 표 5-37. 포마드(Pomade for blonde)

| 구 분 | 구성 성분 | 함량(w/w%) |
|---|---|---|
| phase A | Bees wax | 6.50 |
| | Candelilla wax | 3.00 |
| | Shea butter | 24.00 |
| | Polyglyceryl-3-diisostearate | 19.25 |
| | Octyldodecanol | 16.15 |
| | Mango seed butter | 14.50 |
| | Preservatives | 0.10 |
| phase B | Corn starch | 7.00 |
| | Sodium polystyrene sulfonate | 1.00 |
| phase C | Calcium aluminum borosilicate (and) titanium dioxide (and) silica (and) tin oxide | 7.00 |
| | Mica (and) titanium dioxide (and) silica (and) iron oxide (and) tin oxide | 1.50 |

■ **처방특성 및 제조과정** :

① 80~90℃에서 phase A를 저속 교반하여 균일한 상태로 혼합 분산하여 완전히 녹인다.

② ①에 phase B, phase C를 순서대로 첨가하고, 저속 교반하여 균일한 상태로 충분히 혼합 분산한다.

③ ②를 충분히 혼합 분산한 후, 0℃ 이하로 급냉시켜 고화시키고 마무리한다.

## 2. 헤어트리트먼트(Hair Treatment)

모발은 외모 등 첫인상에 영향을 미칠 뿐만 아니라 두피를 보호하고 심리적인 부분에 이르기까지 내·외적으로 중요한 역할을 한다. 따라서 모발은 거의 매일 시행하는 샴푸 그리고 시시때때로 시행하는 퍼머넌트 웨이브 및 염색과 탈색 등 화학적으로 노출되었을 뿐만 아니라 샴푸와 빗질 등 물리적인 요인에 의하여 손상된다. 뿐만 아니라 자외선 등 환경적인 요인 그리고 각종 스트레스와 다이어트 등 생리적 요인 등에 의하여 손상된다.

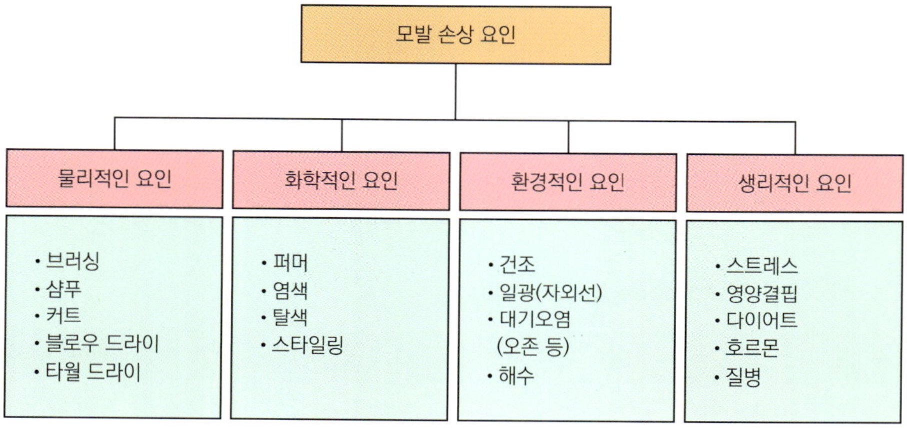


◆ 그림 5-18. 모발의 손상 요인

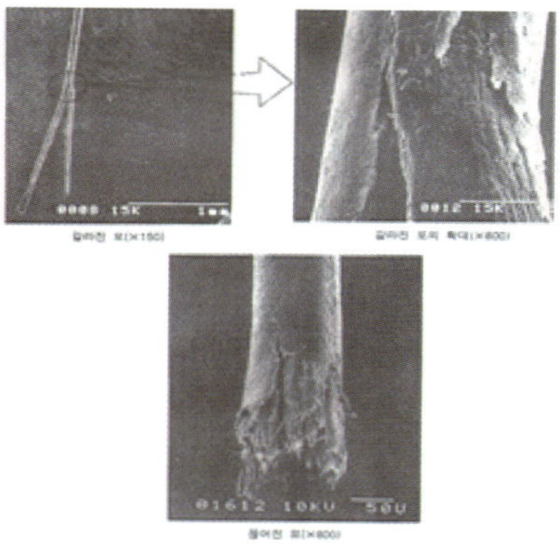

◆ 그림 5-19. 갈라지고 끊어진 모발

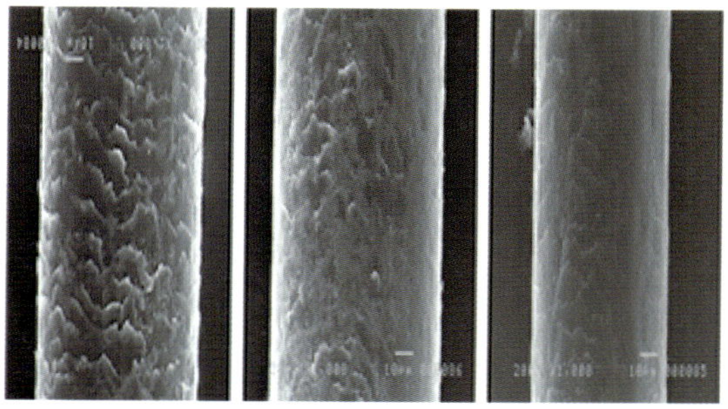

◆ 그림 5-20. 염색에 의한 모발의 손상

여러 가지 요인에 의하여 손상된 모발은 모표피(cuticle)가 벗겨지거나 갈라진다. 그리고 모피질(cortex)의 간충물질이 빠져나가고 단백질이 변성 및 파괴됨으로써 모발이 푸석거리고, 윤기가 없으며 모발이 거칠어진다. 또한 광택이 없고 탄력이 떨어진다. 따라서 헤어트리트먼트는 손상된 모발에 유분과 수분을 공급하고, 코팅함으로써 손상된 모발을 본래의 건강한 상태로 회복시키고, 모발 손상을 방지하기 위하여 사용하는 모발 화장품이다. 헤어트리트먼트제의 주요 성분은 유분, 양이온성 계면활성제, 폴리펩티드와 아미노산 그리고 자외선 차단제 등이다.

## 1) 헤어크림(Hair Cream)

헤어크림은 모발에 유분과 수분을 공급하여 유연성, 탄력성, 광택을 부여하며 빗질을 용이하게 하고 정발제의 효과를 부여한다. 헤어크림은 모발에 커디셔닝 효과도 부여하며 사용감이 좋다. 헤어크림도 스킨케어 화장품과 마찬가지로 O/W형과 W/O형이 있다. O/W형은 끈적임이 적고 사용감이 좋은 반면에 W/O형은 유지의 특성이 강하여 모발의 윤기와 정발 효과가 좋다. 헤어크림의 주요 성분은 올리브유, 동백유, 트리글리세라이드 등의 유지, 유동파라핀, 바셀린, 세레신 왁스, 마이크로크리스탈린 왁스 등의 탄화수소 화합물, 밀납, 라놀린, 라우린산, 미리스틴산 등의 고급지방산, 미리스틴산이소프로필, 스테아린산부틸 등의 고급지방산에스테르, 세탄올, 스테아릴알코올 등의 고급알코올, 실리콘유, 계면활성제, 프로필렌글리콜, 글리세린 등의 보습제, 카르복시비닐폴리머, 산탄검 등의 점증제, 유기아민 또는 무기알칼리, 방부제, 킬레이트제 등이다.

◆ 표 5-38. 헤어트리트먼트(Nourishing hair treatment)

| 구 분 | 구성 성분 | 함량(w/w%) |
|---|---|---|
| phase A | Deionized water | to 100 |
| | Xanthan gum | 0.60 |
| phase B | Caprylic/capric triglyceride | 3.00 |
| | Myristyl myristate | 3.00 |
| | Cetyl alcohol | 1.50 |
| | Emulsifying wax NF | 2.50 |
| | Sodium methylparaben | 0.2 |
| | Soidum propylparaben | 0.1 |
| | Tetahydropiperine | 0.1 |

| | | |
|---|---|---|
| phase C | Coconut fruit juice<br>Cyclomethicone<br>Perfume | 5.00<br>3.00<br>qs |

▪ **처방특성 및 제조과정** :

① 50℃에서 phase A를 저속 교반하여 균일한 상태로 충분히 혼합 분산한다.
② 70~80℃에서 phase B를 저속 교반하여 균일한 상태로 완전히 녹인다.
③ 70~80℃에서 ①에 ②를 첨가하고, 호모믹서를 이용하여 균일한 상태로 20분간 유화한다.
④ ③을 40℃로 냉각시키고, phase C를 첨가하여 균일한 상태로 2차 유화한다.
⑤ ④를 탈 기포하고, 저속 교반하면서 실온으로 냉각시켜 마무리한다.

### ◆ 표 5-39. 손상모발의 트리트먼트(Damaged hair treatment)

| 구 분 | 구성 성분 | 함량(w/w%) |
|---|---|---|
| phase A | Steareth-21<br>Steareth-2<br>Cetyl alcohol<br>Mineral oil<br>Isopropyl palmitate<br>Dicaprylyl ether | 5.60<br>1.20<br>4.00<br>5.00<br>5.00<br>3.00 |
| phase B | Deionized water<br>Hydrolyzed sericin | to 100<br>3.00 |
| phase C | Glycerin<br>Phenoxyethanol (and) methylparaben (and) ethylparaben (and) propylparaben (and) butylparaben (and) isopropylparaben | 5.00<br>0.50 |
| phase D | Perfume | 0.30 |

▪ **처방특성 및 제조과정** :

① 70℃에서 phase A를 저속 교반하여 균일한 상태로 완전히 녹인다.
② 70~80℃에서 phase B를 저속 교반하여 균일한 상태로 혼합 분산한다.
③ 70~80℃에서 ②에 ①를 첨가하고, 호모믹서를 이용하여 균일한 상태로 유화한다.
④ ③을 40℃로 냉각시키고, phase C, phase D를 순서대로 첨가하여 균일한 상태로 2차 유화한다.
⑤ ④를 탈 기포하고, 저속 교반하면서 실온으로 냉각시켜 마무리한다.

## 2) 헤어 블로우(Hair blow)

헤어 블로우는 드라이를 이용하여 헤어스타일을 마무리할 때 열이나 빗질에 의한 마찰로 발생하는 모발이 손상을 막기 위하여 사용하는 모발 화장품이다. 헤어 블로우는 린스처럼 모발의 컨디셔닝 효과와 함께 헤어스타일링 효과를 동시에 주며, 특히 컨디셔닝 효과를 위한 모발 화장품을 블로우 로션(blow lotion) 혹은 트리트먼트 로션(treatment lotion)이라 한다. 따라서 헤어 블로우는 모발에 유분과 수분을 공급하고, 특히 최외각표피(epicuticle)에 양이온성 계면활성제를 부착하거나 흡착시켜서 모발의 대전방지효과와 윤기를 부여한다. 따라서 헤어 블로우의 구성 성분은 실리콘 오일 등 유성 원료와 보습제, 양이온성 계면활성제 그리고 첨가제 등이다.

◆ 표 5-40. 헤어 블로우(Hair blow)

| 구 분 | 구성 성분 | 함량(w/w%) |
|---|---|---|
| phase A | SD alcohol 40 | to 100 |
| | Deionized water | 44.5 |
| | Sunscreen agent | qs |
| phase B | Glycerin | 1.00 |
| | 1.3-Butylene glycol | 2.00 |
| | Methylphenyl siloxane | 1.00 |
| | Stearyltrimethylammonium chloride | 1.00 |
| phase C | Preservatives | qs |
| | Perfume | qs |
| | etc. | qs |

■ **처방특성 및 제조과정** :

① 실온에서 phase A와 phase C를 저속 교반하여 완전히 녹인다.

② 실온에서 phase B를 저속 교반하여 균일한 상태로 혼합 분산하여 충분히 녹인다.

③ 실온에서 ①에 ②를 첨가하고, 교반하여 유화한다.

④ ③을 탈 기포하고 마무리한다.

### 3) 헤어 코팅로션(Hair coationg lotion)

여성의 긴 머리는 여러 가지 물리적, 화학적 요인에 의하여 모발이 끊어지거나 모발의 끝이 갈라짐으로써 모발이 거칠어지는 느낌을 준다. 모발이 끊어지거나 갈라지는 현상을 막거나 회복하기 위한 목적으로 사용하는 모발 화장품이 헤어 코팅로션(hair coationg lotion)이다. 따라서 헤어 코팅로션은 디메틸폴리실록산(dimethylpolysiloxane) 등의 합성 고분자 실리콘, 비점이 낮은 이소파라핀(isoparaffin) 등의 휘발성 유성성분이 주된 원료이다. 특히 고분자 실리콘은 모발의 코팅, 윤활성, 밀착성, 내수성의 특성이 있기 때문에 중요한 구성 성분이다.

◆ **표 5-41. 헤어 코팅로션(Hair coationg lotion)**

| 구 분 | 구성 성분 | 함량(w/w%) |
|---|---|---|
| phase A | Liquid isoparaffin<br>Silicone oil<br>dimethylpolysiloxane | to 100<br>20.00<br>10.00 |
| phase B | Preservatives<br>Perfume<br>etc. | qs<br>qs<br>qs |

■ **처방특성 및 제조과정** :
① 실온에서 phase A와 phase B를 저속 교반하여 균일한 상태로 완전히 혼합 분산하고 녹인다.

07

# 헤어토닉(Hair Tonic)

헤어토닉은 에탄올을 이용하여 생리활성물질을 추출하는 용액으로써 살균 및 소염 작용과 혈액순환 및 모낭기능의 활성화 등으로 영양공급과 모모세포 분열을 촉진시키고 모발 성장에 도움을 준다. 에탄올은 살균 및 소염작용과 두피를 자극하고 청량감을 위하여 사용하고, 보통 50~70%의 용액을 사용한다. 그 외의 토닉 성분은 두피의 기능과 혈액순환을 활성화시킴으로써 발모, 육모 촉진 및 탈모방지, 비듬, 가려움 방지 효과를 갖는다. 즉, 모모기질세포에 영양소를 공급해 주고, 건조하거나 갈라짐, 빠짐, 각질화 등을 방지하거나 개선하는 데에 도움을 주는 측면에서 기능성화장품 중 하나로 분류된다. 또한 탈모의 원인을 제거함으로써 육모를 촉진할 수 있다. 탈모의 원인은 정확하게 알려지지 않았으나 남성호르몬에 의한 모낭의 기능저하, 두피 생리의 기능저하와 혈액순환장애, 영양부족, 스트레스, 약물에 의한 부작용, 유전적인 요인 등 복합적인 요인으로 알려져 있다.

◆ **표 5-42. 모발의 생리활성 성분**

| 작 용 | 생리활성 성분 |
|---|---|
| 혈액순환 활성화 | 오리자놀, 고추틴크, 인삼 추출물, 칸타리스틴크, 장뇌, 노닐산바닐아미드, 월년초 추출물, 비타민 E 및 그 유도체, 세파란틴, 미녹시딜 |
| 모낭기능의 재생 | 벤질니코티네이트, 히노키티올, 플라센타 추출물, 판토텐산 |
| 항남성 호르몬 | 에스트라디올, 에스트론 |
| 항지루 | 판테놀, 비타민 $B_6$ |
| 각질용해 | 살리실릭애씨드, 레조르신, 황 |
| 살균 | 징크피리치온, 살리실릭애씨드, 히노키티올, 염화벤잘코늄 |
| 소염 | 알란토인, 글리시레티닉산 및 그 유도체, 멘톨, 이노시톨 |
| 기타 | 아미노산, 바이오틴, 생약 추출물 등 |

모발의 생리활성 성분으로 추틴크, 칸타리스틴크, 장뇌, 노닐산바닐아미이드, 월년초 추출물, 비타민 E 및 그 유도체, 니코티산벤질에스테르, 세파란틴, 미녹시딜 등은 모세혈관을 확장하여 혈액순환을 촉진시킴으로써 영양 공급과 노폐물을 제거한다. 모낭기능의 재생 작용을 하는 성분은 히노키티올, Vit. E와 그 유도체, 그리고 살리실릭애씨드와 염화벤잘코늄은 항균작용이 있기 때문에 비듬방지 효과가 있다. 에스트라디올, 에스트론 등은 항남성 호르몬 작용이 있으며, 항지루제는 황, 타옥소론, 비타민 $B_6$ 등이 사용된다. 그리고 각질용해작용, 살균작용이 있는 살리실릭애씨드, 레조르신, 염화벤잘코늄 등은 비듬 생성을 억제함으로써 두피 청결에 기여한다. 두피의 염증을 완화시키기 위하여 사용하는 글리칠리친산과 그 유도체, 멘톨 등은 소염작용이 있다. 그 외에 모낭에 영양공급, 효소의 활성화를 위하여 아미노산, 비타민, 각종 추출물 등이 사용된다.

◆ **표 5-43. 헤어 토닉(Hair tonic)**

| 구 분 | 구성 성분 | 함량(w/w%) |
|---|---|---|
| phase A | SD Alcohol 40 | to 100 |
| | Capsicum Annuum Fruit Extract | qs |
| | Hinokitiol | qs |
| | Vit. E | qs |
| | Vit. $B_6$ | qs |
| | Perfume | qs |
| | Solubilizer | qs |
| phase B | Deionized water | 37.50 |
| | Propylene glycol | 2.00 |

▪ **처방특성 및 제조과정** :

① 실온에서 phase A를 저속 교반하여 균일한 상태로 완전히 녹인다.

② 실온에서 ①에 phase B를 서서히 첨가하면서 가용화하고, 여과하여 마무리한다.

### ◆ 표 5-44. 탈모관리 토닉(Anti-hair loss tonic)

| 구 분 | 구성 성분 | 함량(w/w%) |
|---|---|---|
| phase A | Deionized water<br>Citric acid<br>Trisodic acid<br>Potassium sorbate | to 100<br>0.25<br>1.20<br>0.10 |
| phase B | Methylparaben<br>PPG-5 ceteth 20 | 0.20<br>2.00 |
| phase C | Butylene glycol (and) D.I. water (and) PPG-26—buteth-25 (and) PPG-40 hdrogenated castor oil (and) apigenin (and) oleic acid (and) biotinoyl tripeptide-1 | 3.00 |
| phase D | Polysorbate 20<br>Perfume | 1.00<br>0.10 |

■ **처방특성 및 제조과정** :

① 실온에서 phase A를 저속 교반하여 균일한 상태로 완전히 녹인다.
② 실온에서 phase B를 저속 교반하여 균일한 상태로 완전히 녹인다.
③ ①에 ②를 첨가하고, 교반하여 균일한 상태로 혼합 분산한다.
④ ③에 phase C를 첨가하고, 교반하여 균일한 상태로 충분히 혼합 분산한다.
⑤ ④에 phase D를 첨가하고, 교반하여 균일한 상태로 충분히 혼합 분산하고 마무리한다.

## 08

# 탈모제와 제모제(Epilatory and Depilatory)

몸의 털은 탈모제(epilatory)와 제모제(depilatory)를 이용하여 제거한다. 탈모제는 물리적으로 제거하는 방법, 즉 왁스를 녹여서 몸에 도포한 후 냉각시켜서 굳어진 왁스를 제거할 때 몸의 털이 동시에 제거된다. 왁스 이외에도 점착력이 강한 테이프를 이용하기도 한다. 그리고 제모제는 화학적으로 제거하는 방법, 즉 화학적으로 신체의 털을 녹여서 제거한다. 물리적인 방법은 통증이 있는 단점이 있으나 화학적인 방법은 통증은 적으나 제모 시간이 길다. 제모제의 주성분은 티오글리콜산 칼슘(calcium thioglycolate), 티오글리콜산 스트론튬(strontium thioglycolate)이고, 알칼리제로 주로 수산화칼슘이 사용되며 pH 11~13 정도의 강알칼리성으로 조정한다. 제모제는 강알칼리성이기 때문에 사용 후에는 화장수와 로션 등으로 피부를 진정시켜야 한다.

◆ **표 5-45. 탈모제(Epilatory)**

| 구 분 | 구성 성분 | 함량(w/w%) |
|---|---|---|
| phase A | Rosin<br>Beeswax<br>Paraffin wax | 52.00<br>25.00<br>17.00 |
| phase B | Petrolatum | 5.00 |
| phase C | Perfume | 1.00 |

▪ **처방특성 및 제조과정** :

① 70~80℃에서 phase A를 균일한 상태로 완전히 녹인다.
② 70~80℃에서 ①에 phase B를 저속 교반하여 균일한 상태로 완전히 녹인다.
③ ②를 50~60℃로 냉각시키고 나서 phase C를 첨가하고, 교반하여 균일한 상태로 혼합 분산한다.
④ ③을 몰드에 넣어서 성형하여 마무리한다.

◆ 표 5-46. 제모제(Cream type depilatory)

| 구 분 | 구성 성분 | 함량(w/w%) |
|---|---|---|
| phase A | Cetyl alcohol<br>Brij 35<br>Chalk (1t PPT)<br>Deionized water | 4.73<br>1.37<br>24.64<br>46.25 |
| phase B | Calcium thioglycolate<br>Calcium hydroxide<br>Strontium hydroxide<br>Deionized water | 5.40<br>6.80<br>3.40<br>15.00 |
| phase C | Perfume | 0.40 |

■ **처방특성 및 제조과정** :

① 90℃에서 phase A의 정제수에 Brij 35를 균일한 상태로 혼합 분산하고, 서서히 교반하면서 Chalk를 첨가한다. 80℃로 냉각시키고 완전히 녹인 Cetyl alcohol을 첨가하여 충분히 혼합한 후 서서히 교반하면서 60℃로 냉각시킨다.

② 실온에서 ①의 에멀젼을 1일 정도 방치한다.

③ 60~70℃에서 phase B를 저속 교반하여 균일한 상태로 완전히 녹인다.

④ 60~70℃에서 ③을 paste상으로 용해된 ②에 첨가하고 충분히 교반하여 균일한 상태로 혼합 분산한다.

⑤ ④를 50℃로 냉각시키고, phase C를 첨가하여 충분히 혼합 분산한 후 실온으로 냉각시켜 마무리한다.

# 제 6장
# 방향 화장품과 아로마 오일

# 01 서론

방향족 화합물(aromatic compound)은 탄소와 수소로만 구성된 화합물로써 분자 속에 벤젠 고리를 가진 유기화합물을 통틀어 이르는 말이다. 대체로 좋은 냄새를 풍기며 테르펜(terpene)이 주성분이다. 숲속에서 풍기는 향긋한 자연 향은 식물이 발산하는 다양한 테르펜 유도체들이다. 모든 식물들은 테르펜을 기본 단위로 독특하고 다양한 유기화합물을 만들어 향기를 발산하는데, 이는 해충이나 세균들로부터 자신을 스스로 보호하기 위해서이다. 허브는 향초라고도 하고, 향기가 있는 풀을 가리키며 다양한 테르펜을 향기로 발산한다. 테르펜은 공기 중의 방부, 항바이러스 그리고 약간의 진통 효과, 부신을 자극하는 등 다양한 생리활성 성분이다. 허브에서 추출한 아로마 오일은 다양한 테르펜 유도체들이 함유되어 있기 때문에 생리적 효과를 이용하여 방향요법 혹은 향기요법에 적용하고 있다. 그러나 식물에서 추출하는 천연향료는 생산성 등 여러 가지 한계가 있어서 테르펜의 기본 구조를 바탕으로 향료를 합성하는데 이를 합성향료라 한다.

방향 화장품은 퍼퓸, 오데코롱, 방향 파우더 등 향기를 주성분으로 하는 화장품의 총칭이다. 향기는 공기 중에 향이 발산되어 사람의 후각 신경을 자극함으로써 좋은 감정을 유발시키는 휘발성 유기화합물이다. 향은 라틴어로 Fragrance(냄새를 맡다), 영어로 per(through)와 fume(smoke)의 합성어인 Perfume으로 통용된다. 향장품은 향수와 화장품의 총칭이다. 즉 향의 발산을 주목적으로 하는 향수와 피부보호 및 미화를 주목적으로 하는 화장품을 통틀어서 향장품이라 하는데, 이를 넓은 의미에서 화장품으로 통용되고 있다. 화장품에 다양한 향료를 사용하는 목적은 화장품의 원료 고유의 냄새를 차폐(masking)시키고, 사람의 심리적인 안정감이나 호감 등으로 화장품의 고유한 브랜드 가치를 창출하기 위함이다. 결국 화장품의 향기로 하여금 매력적인 이미지나 상품가치를 높이기 위하여 화장품에 향료를 사용하고, 사람의 채취를 은폐하고 호감도를 유발시키기 위하여 향수를 이용한다.

# 02

# 방향 화장품

## 1. 향료의 분류

향료는 좋은 향기를 내는 데 이용하는 휘발성 유기화합물로써 천연향료, 합성향료, 조합향료로 구분한다. 천연향료는 동식물 등 천연에 존재하는 방향 물질을 추출, 농축, 압착, 증류 등의 분리 조작을 통해서 채취한 휘발성 유기화합물이다. 식물성 향료는 식물에서 채취한 향료이고, 동물성 향료는 동물에서 채취한 향료이다. 합성향료는 천연물질에서 분리시킨 유리향료와 화학반응에 의하여 제조한 합성향료가 있다. 천연향료와 합성향료를 조합하여 만든 혼합물을 조합향료라 한다.

| | | | |
|---|---|---|---|
| | 천연 향료 | 식물성 향료 | |
| | | 동물성 향료 | |
| 향 료 | | | 조합 향료 |
| | 합성 향료 | 유리 향료 | |
| | | 합성 향료 | |

◆ **그림 6-1. 향료의 구분**

### 1) 천연 향료(Natural Perfumes)

#### (1) 동물성 향료

동물성 향료는 주로 4종류, 즉 사향(Musk), 영묘향(Civet), 해리향(Castoreum), 용연향(Ambergris)이 있다. 사향은 사향노루 수컷의 생식선 분비물로 Muscone이 주성분이고, 향기가 신비롭고 강하지만 휘발성이 낮기 때문에 향료의 보류제로 사용된다. 영묘향은 사향고양이의 향낭 분비물로 Civeton이 주성분이고, 불쾌한 냄새를 풍기지만 알코올에 희석하면 매력적인 향기를 발산하며 향수의 조향제 혹은 보류제로 이용된다. 해리향은 비버(Beaver)의 향낭에서 채취하는 향으로 냄새가 불쾌하지만 알코올로 희석하면 고급스런 냄새를 풍긴다. 용현향은 향유고래의 내장에서 생기는 병적 생성물로 주성분이 Ambrein이며 온화한 발삼의 향기를 풍기고 향수의 잔향을 높이기 위한 보류제로 사용한다.

### (2) 식물성 향료

식물성 향료는 식물의 꽃, 열매, 씨앗, 가지, 잎, 나무껍질, 뿌리 등에서 채취한 향료이다. 식물성 향료는 약 1500여 종에 이르지만 대략 100여 종이 널리 사용된다. 꽃향(Floral)은 장미(Rose), 자스민(Jasmine), 라일락(Lilac), 뮤게(Muguet) 등으로 꽃에서 채취한 향료가 대표적이며 모든 향수는 꽃향기를 기본으로 한다. 싱글 플로럴(Single floral)은 한 종류의 꽃향기로 만든 향수이고, 플로럴 부케(Florlal Bouquet)는 여러 종류의 꽃향기를 조합한 향수이다. 감귤향(Citrus)은 레몬(Lemon), 오렌지(Orange), 베르가모트(Bergamot), 그레이프후루츠(Grape Fruits) 등의 열매에서 채취한 향료이다. 나무향(Woody)은 산달우드(Sandal wood), 시더우드(Cedar wood), 베티버(Vetiver), 패추리(Patchouli), 오크모스(Oakmoss) 등의 잎, 줄기, 뿌리에서 채취한 향료이다. 허브 향은 라벤더(Lavender), 로즈마리(Rosemary), 타임(Thyme), 유칼립투스(Eucalyptus) 등의 꽃, 잎, 줄기에서 채취한 향료이다. 스파이시향(Spicy)은 신나몬(Cinnamon), 쥬니퍼베리(Juniper berry), 정향(Clove) 등의 꽃, 잎, 줄기에서 채취한 향료이다. 발삼향(Balsam)은 발삼이라는 식물에서 채취한 반고형의 점성이 있는 액체상의 향료이다. 특히 식물에서 추출된 천연향료를 에센셜 오일(essential oil)이라 한다. 에센셜 오일을 추출하는 방법은 수증기 추출(steam distillation), 용매 추출(solvent extraction), 압착 추출(expression extraction)로 3가지 추출 방법이 주로 이용된다.

#### ① 수증기 추출법(steam distillation)

식물의 잎이나 줄기 또는 뿌리 등을 채집, 그늘에서 건조하여 절단 분쇄한 후, 물에 넣고 가열하여 증발된 수증기를 냉각시켜 응축, 분리하여 식물성 천연향료를 채취한다. 이는 일반적으로 가장 널리 사용되고 있는 천연향료를 채취하는 방법이고, 이와 같이 식물에서 얻어지는 천연향료를 에센셜 오일(Essential oil)이라 한다. 주요 성분은 테르펜(terpene)이다. 그러나 고온에서 향기 성분이 파괴되거나 불안정한 경우는 적합하지 않다.

#### ② 용매 추출법(solvent extraction)

용매는 저온에서 향료 추출이 가능한 휘발성 용매와 비휘발성 용매를 이용한다. 휘발성 용매는 메탄올 혹은 에탄올 등의 극성 용매와 헥산 혹은 에테르 등의 비극성 용매가 주로 사용된다. 휘발성 용매 추출은 각 식물의 꽃을 일정기간 동안 냉암소에서 용매에 침적시킨 후 향료를 분리하여 얻는 방법으로 대부분 꽃에서 향료를 추출하고자 할 때 사용한다. 휘발성 용매는 향료뿐만 아니라 왁스와 색소 등에 대한 용해도가 높기 때문에 점성이 있고, 엽록소에 의한 색상이 동시에 추출된다. 비휘발성 용매는 식물성 오일을 이용한다. 식물성 오일을 유리판에 얇게 도포하고, 추출 대상의 장미꽃이나 자스민 꽃 등을 올려두면 향기 성분이 식물성 오일에 흡수되어 채취하는 방법이다.

#### ③ 압착 추출법(expression extraction)

압착 추출법은 감귤류, 즉 레몬, 오렌지, 베르가모트, 라임 등의 껍질을 압착하여 향료를 추출할 때 이용된다. 주로 에센셜 오일의 함량이 많은 경우에 이용하고, 추출된 성분은 불순물이 많기 때문에 원심 분리한다. 일반적으로 향기 성분을 보존하기 위하여 채취하고자 하는 부위를 냉동한 후 압착하여 향료를 채취한다.

## 2) 합성 향료(Aroma Chemicals)

합성향료는 유리향료를 포함하여 4,000여 종이 있지만 주로 250여 종이 사용된다.

### (1) 유리 향료

유리 향료는 천연 향료의 추출과 정유 등에 의하여 분리한 향료로서 엄밀히 천연향료에 준한다. 즉 유리 향료는 식물성 향료 중에서 분리한 향료이다. 유리 향료는 시트로넬라유(Citronella oil), 레몬그라스유(Lemongrass oil), 클로브유(Clove oil), 제라니올(Geraniol), 시트랄(Citral), 유게놀(Eugenol) 등이다.

### (2) 순합성 향료

합성향료로 사용하는 정유 성분은 테르펜(terpene)의 탄화수소 화합물 유도체이다. 일반적으로 테르펜은 이소프렌(isoprene) 단위체에 의한 사슬(chain) 혹은 환상(cyclo)의 탄화수소 화합물(hydrocarbon compound)이고, 합성향료의 원료로 사용한다.

◆ **표 6-1. 주로 사용되는 합성향료**

<table>
<tr><th colspan="2">구 분</th><th>향 료</th><th>향 기</th></tr>
<tr><td rowspan="2">Hydrocarbone</td><td>monoterpene</td><td>limonene</td><td>오렌지</td></tr>
<tr><td>sesquiterpene</td><td>β-caryophyllene</td><td>나무</td></tr>
<tr><td rowspan="4">Alcohol</td><td>aliphatic alcohol</td><td>cis-3-hexenol</td><td>신록의 어린잎</td></tr>
<tr><td>monoterpene alcohol</td><td>linalool</td><td>은방울 꽃</td></tr>
<tr><td>sesquiterpene alcohol</td><td>famesol</td><td>녹색 톤의 꽃</td></tr>
<tr><td>aromatic alcohol</td><td>β-phenylethyl</td><td>장미</td></tr>
<tr><td rowspan="3">Aldehyde</td><td>aliphatic aldehyde</td><td>2,6-nonadienal</td><td>오이, 제비 꽃</td></tr>
<tr><td>terpene aldehyde</td><td>citral</td><td>강한 레몬</td></tr>
<tr><td>aromatic aldehyde</td><td>α-hexyl cinnamic aldehyde</td><td>쟈스민</td></tr>
<tr><td rowspan="3">Ketone</td><td rowspan="2">cyclic ketone</td><td>β-ionone</td><td>제비 꽃(희석)</td></tr>
<tr><td>cyclopentadecanone</td><td>사향(musk)</td></tr>
<tr><td>terpene ketone</td><td>carvone</td><td>스페아민트</td></tr>
<tr><td rowspan="2">Ester</td><td>terpene ester</td><td>linalylacetate</td><td>라벤더, 베르가모트</td></tr>
<tr><td>aromatic ester</td><td>benzyl benzoate</td><td>약한 발삼</td></tr>
<tr><td colspan="2">Lactone</td><td>γ-unde</td><td>복숭아</td></tr>
<tr><td colspan="2">Phenol</td><td>eugenol</td><td>클로브(clove)</td></tr>
<tr><td colspan="2">Ether</td><td>rose oxide</td><td>푸른 꽃</td></tr>
</table>

테르펜 화합물은 탄화수소 화합물이고, 테르펜의 탄소 골격에 알코올기(alcohol group), 알데히드기(aldehyde group), 케톤기(ketone group), 에스테르기(ester group) 등 여러 가지 작용기(functional group)에 따라 고유한 향기를 방출하는 향료이다. 순합성 향료는 석탄계의 벤젠(benzene), 톨루엔(toluene), 크레졸(cresol), 나프탈렌(naphthalene) 등을 원료로 사용하고, 석유계의 아세틸렌(acetylene), 이소프렌(isoprene) 등과 피넨(pinene)을 원료로 사용한 향료이다.

## 3) 조합 향료(Fragrance Compound)

조합향료는 천연향료, 합성향료, 유리향료 등을 이용하여 사용 목적에 맞게 혼합한 향료이다. 특히 화장품에 사용하는 조합향료의 경우는 천연 향기를 재현한 향기뿐만 아니고 환상적이고 창조적인 향조(Note)를 가진 조합 향료를 만들어 이용한다. 향조는 한 가지 향료 혹은 여러 가지 향료를 혼합하여 발산하는 한 가지의 향기에 대한 후각적인 느낌을 가리키는 용어이다. 조합향료는 수 종 내지 수 십 종의 천연향료 및 합성향료를 적당한 비율로 혼합한 것이다. 향료를 조합하는 행위는 음악가가 작곡을 하거나 화가가 물감으로 백지에 그림을 그리는 것과 마찬가지로 천연향료 혹은 합성향료를 소재로 환상적인 향기를 창조하는 또 하나의 예술이다. 따라서 조합향료는 사람의 연령, 성별, 계절, 패션 등 개성과 기호 그리고 유행에 따라 다르기 때문에 처방이 특정되지 않고 조향사의 경험과 전문성, 후각적인 감각 등에 의존한다.

### (1) 조합향료의 구성

각 향료는 조합향료의 기초제(Base), 조화제(Harmonizer), 변조제(Modifier), 보류제(Fixer)로서 역할을 한다. 기초제는 향기를 특정 짓는 향료의 주요 성분이자 향료의 근간이다. 조합향료의 기초제는 탑 노트(Top note), 미들 노트(Middle note), 베이스 노트(Base note)로 구성된다. 탑 노트는 보류성이 낮고 휘발성이 높은 향료로써 조합향료의 첫 인상을 나타낸다. 탑 노트의 향료는 알데히드(Aldehyde), 시트러스(Citrus), 후루티(Fruity), 그린(Green), 스파이시(Spicy) 등이다. 미들 노트는 중간의 휘발성과 보류성을 가진 향료로써 조합향료의 특징, 즉 main body의 역할을 한다. 미들 노트의 향료는 장미(Rose), 자스민(Jasmine), 라일락(Lilac), 뮤게(Muguet) 등의 후로랄(Floral)이다. 베이스 노트는 라스트 노트(last note)라고도 하며 휘발성이 낮고 보류성이 풍부한 향료로써 조합향료의 잔향을 형성한다. 베이스 노트의 향료는 애니멀릭(Animalic), 무스크(Musk), 발사믹(Balsamic), 레더(Leather), 우디(Woody), 앰버(Amber), 파우더리(Powdery) 등이다.

◆ **표 6-2. 조합향료의 기초제 구성과 특성**

| 구 성 | 특 성 | 함량 (w/w%) |
|---|---|---|
| 탑 노트(top note) | 향수를 뿌린 후 향기의 첫 느낌. 주로 휘발성이 높은 향료.<br>예) 시트러스, 그린 | 20~30 |
| 미들 노트(Middle note) | 알코올이 휘발한 다음 나타나는 향기로 대부분 꽃향과 과일향.<br>예) 후로랄, 후루티 | 15~25 |
| 베이스 노트(Bottom note) | 어느 정도 시간 지나서 체취와 섞여 나는 향기로 휘발성이 낮은 향료.<br>예) 무스크, 우디 | 50~60 |

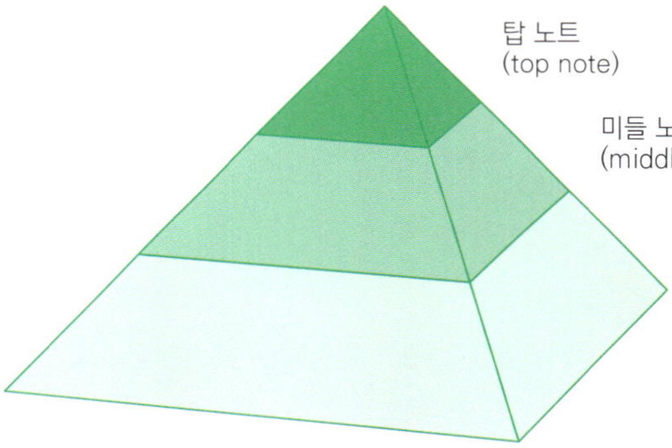


◆ **그림 6-2. 조합향료의 구성**

조화제는 각종 향료의 향기를 조화롭게 하고, 변조제는 향기의 상태에 변화를 주며 보류제는 시간이 경과해도 향조가 변하지 않고 장시간 향기를 유지시키기 위하여 조합 향료의 휘발성을 저지하기 위한 목적으로 사용한다. 일반적으로 사용되는 보류제는 사향, 시벳, 앰버스리스 등의 동물성 보류제와 시더우드, 베티버 등의 식물성 보류제를 이용한다. 조합 향료에 이용되는 첨가제는 물, 알코올, 프로필렌글리콜, 유지 등의 용매, 고급알코올, 계면활성제, 색소 등을 사용한다. 첨가제는 향료의 향기를 방해하지 않도록 가능한 무취의 고순도 원료를 사용한다.

### (2) 조합향료의 제조 과정

조합향료의 기본 단위를 어코드(accord)라하고, 어코드의 조화에 의하여 사용목적에 맞는 향기를 표현할 수 있다. 이러한 조화는 향료의 휘발성에 따라서 차이가 있기 때문에 첫 향기의 느낌을 개선하기 위해서는 탑 노트(top note)의 함량을 조절하고, 미들 노트(middle note)는 향기의 강도를 조절하며 잔향을 개선하기 위해서는 바텀 노트(bottom note)를 조절하는 등 향료의 조성을 변화시켜 조합향료를 구성한다. 따라서 조합향료는 향기의 주제를 구성하는 기본 조합을 베이스(Base)라하고, 특수한 목적을 위한 조향을 스페셜티(specialty)라 한다. 조합향료의 일반적인 제조과정은 다음과 같다.

① 향기의 근간이 되는 베이스 노트(base note)를 구성한다.

② 베이스 노트(base note)에 미들 노트(middle note)를 첨가하여 불쾌한 냄새를 억제하고 좋은 향을 첨가한다. 중간 정도의 휘발성과 보류성을 가진 향료는 변조제의 역할을 한다.

③ ②에 탑 노트(top note)를 첨가하여 액센트(accent)를 부여한다.

④ ③에 조화제를 첨가하여 향기의 조화를 이룬다.

⑤ 향료의 균일한 휘발성을 위하여 보류제를 첨가한다.

조합향료의 한 예로 시프레(Chypre)는 우선 중후함을 주는 animal과 woody를 중심으로 혼합하고, oakmoss를 첨가하여 Base note를 구성한다. 변조제는 Oibanum, myrrh, opoponax 등의 resin류와 rose, jasmine 등의 floral을 첨가하고, 액센트로 상쾌한 느낌을 주는 감귤류의 citrus를 첨가하여 완성한다.

◆ 표 6-3. 조합향료의 대표적인 기초제(Base)의 종류와 특성

| 향 조 | | 특 성 |
|---|---|---|
| Floral | Single floral | - 장미, 쟈스민, 은방울꽃, 라일락 등 단일의 꽃 향기<br>- 순수함, 청순한 이미지의 향기 |
| | Floral bouquet | - 다수의 꽃이 혼합된 꽃다발의 향기<br>- 우아하고 세련된 이미지의 향기 |
| Citrus | | - 레몬, 베르가모트, 오랜지, 포도과일, Lime 등 감귤류의 향기<br>- 신선하고 상쾌감을 풍기는 향기 |
| Green | | - 푸른 잎과 푸른 풀을 비빌 때에 느끼는 풋내 나는 향기 혹은 오이, 토마토, 피망 등에서 느껴지는 풋내 나는 향기<br>- 개성이 강하고 고급스런 느낌의 향기 |
| Chypre | | - 오크모스, 베르가모트, 쟈스민, 장미 나무, 무스크 등의 콤비네이션이 특징인 향기<br>- 성숙한 여성미를 느끼고 개성적인 향기 |
| Woody | | - 건조하면서 힘이 강하고, 더욱이 고상한 베티버류, 중후하면서 부드럽고 다소 섹시한 산달우드류, 강하고 이국적인 패츄리류, 그 외에 샌달우드류, 파인류 등의 나무 향기 |
| Oriental | | - 나무, 분말, 동물 자극적인 특징이 강한 향기<br>- 농염하고 섹시하며 개성이 강하게 느껴지는 성인의 향기 |

◆ 표 6-4. 조합향료의 대표적인 변조제(Modifier)의 종류와 특성

| 향 조 | 특 성 |
|---|---|
| Fruity | - 감귤 외의 과실의 향기, 딸기, 버찌, 포도, 사과 등이 대표적 |
| Spicy | - 자극적인 향기, 클로브, 후추, 시나몬, 너트맥, 로즈메리, 타임 등이 대표적 |
| Aldehyde | - 지방족 알데히드류의 강렬하고 예리한 향기<br>- 소량 사용으로 깊은 향기 발산 |
| Animal | - 무스크, 암버그리스, 시베트, 카스트륨의 동물성 향기<br>- 섹시하고 농염한 이미지의 향기 |
| Balsamic | - 수지의 향기<br>- 달콤한 향기 |

◆ 표 6-5. Single Floral Rose의 향조

| 구성 성분 | 함량(w/w%) |
|---|---|
| Phenylethy alcohol | 25.00 |
| Geraniol | 5.00 |
| Citronellol | 48.00 |
| Linalool | 12.00 |
| Eugenol | 2.00 |
| Nerol | 1.00 |
| Aldehyde C 11 undecylenic 10% | 1.00 |
| Aldehyde C 12 lauric 10% | 2.00 |
| Amyl phenylacetate | 5.00 |
| Rose oxide | 0.50 |
| Geranyl acetate | 2.50 |
| Damascone alpha 10% | 1.00 |

◆ 표 6-6. Single Floral Jasmine의 향조

| 구성 성분 | 함량(w/w%) |
|---|---|
| Benzyl acetate | 17.00 |
| Hexyl cinnamic aldehyde | 43.00 |
| Indol 10% | 2.00 |
| Hexyl salicylate | 8.00 |
| Methyl dihydrojasmonate | 10.00 |
| Eugenol 10% | 4.00 |
| Mayol | 4.00 |
| Undecalactone gamma 10% | 8.00 |

### (3) 조합향료의 화장품에 응용

화장품 중에서 향료는 아름다움과 매력을 목적으로 사용하는 화장품이 좋은 향기를 발산함으로써 자신과 타인의 기분을 상쾌하게 하고 만족감과 매력을 더해 준다. 따라서 향료는 향기 자체를 목적으로 하는 방향 화장품은 물론이고 스킨케어 화장품, 메이크업 화장품, 모발 화장품에 적용하여 화장품별 특성과 매력을 더하는 등 다양하게 사용된다. 또한 향료는 차폐(masking) 효과를 목적으로 사용한다. 화장품을 구성하는 원료 자체의 특유한 냄새를 효과적으로 차단하는 것도 중요한 역할이다. 향료에 의한 화장품의 향기는 사용감이나 효과적인 측면, 즉 향기에 의한 생리적, 심리적 효과가 피부의 상태나 개선에 긍정적인 영향을 미치는 것으로 알려져 있다. 결론

적으로 화장품의 향기는 사람의 감정이나 정서에 좋은 영향을 미칠 뿐만 아니라 인체의 자율신경계, 호르몬 및 면역계에 영향을 미쳐서 피부의 항상성의 유지에 도움을 기 때문에 대부분의 화장품에 향료가 사용된다. 따라서 대부분의 화장을 제조할 경우 40~50℃ 이하에서 부향을 하며, 부향율은 화장품별로 다소 차이가 있다. 그러나 일반적으로 가용화 제품의 부향율은 0.05~0.15% 정도, 유화 제품은 0.15~0.60% 정도, 메이크업 화장품의 파우더류는 0.2~0.4% 정도, 립스틱은 0.15~0.3% 정도, 모발화장품은 0.3~1.0% 정도, 샴푸와 린스는 0.4~1.5%, 비누는 1.0~2.0% 정도 이다.

## 2. 향 수(Perfume)

향수는 동식물에서 추출한 천연향료와 합성향료를 적절하게 혼합한 조합향료를 알코올에 용해시킨 방향 화장품이다. 단지 향료를 알코올에 녹일 뿐이므로, 향료의 용해도를 충분히 고려하여야 한다. 알코올 농도는 향기의 질, 향료의 용해도를 고려하여 결정한다. 향수는 신선감(freshness), 확산성(diffusion), 잔향(tenacity), 조화(harmony), 안정성(stability), 안전성(safety), 독창성(originality), 패션(fashion) 등을 고려하여 제조한다. 향수는 부향율에 따라 5가지로 분류할 수 있다.

1) 퍼퓸(Perfume)은 부향율이 15~25%인 향수이다. 향수 중 향료의 농도가 가장 짙고, 5~7시간 정도 향기가 지속된다.
2) 오데퍼퓸(Eau de Perfume)은 부향율이 10~15%인 향수이다. 향료의 농도는 퍼퓸과 오데토일레의 중간정도이나 퍼퓸에 가까운 향기를 느낄 수 있으며 5시간 정도 향기가 지속된다.
3) 오데토일렛(Eau de Toilet)은 부향율이 5~10%인 향수이다. 향료의 농도는 오데퍼퓸과 오데코롱의 중간정도이고, 3~4시간 정도 향기가 지속된다.
4) 오데코롱(Eau de Cologne)은 부향율이 3~5%인 향수이다. 상쾌한 향기를 1~2시간 정도 지속하기 때문에 기분전환이나 향수를 처음 접한 경우에 적합하다.
5) 샤워코롱(Shower Cologne)은 부향율이 1~3%로서 가장 낮은 향료를 함유한 향수이다. 샤워나 운동 전, 후에 사용하며 가볍고 신선한 느낌을 주는 향수이다.

◆ 표 6-7. 부향율에 따른 향수의 분류

| 구 분 | 부향율(%) | 알코올(%) | 지속(시간) | 특성 및 용도 |
|---|---|---|---|---|
| 퍼퓸 | 15~25 | 96 | 5~7 | - 향수 중 최고품<br>- 화려하고 깊은 느낌<br>- 적당량을 특정 부위에 사용 |
| 오데퍼퓸 | 10~15 | 85~90 | 5 | - 향수에 가까운 효과, 경제적임<br>- 보편적인 향수, 전신 사용 |
| 오데토일레 | 5~10 | 80~85 | 3~4 | - 가벼운 느낌, 전신 사용<br>- 부드럽고 상쾌한 느낌 |
| 오데코롱 | 3~5 | 75~80 | 1~2 | - Refreshing 효과, 가벼운 느낌<br>- 처음 사용한 경우 적합 |
| 샤워코롱 | 1~3 | 70~75 | 1시간 이내 | - 바디용 향수, 가볍고 신선함<br>- 목욕 후, 스포츠 전후에 사용 |

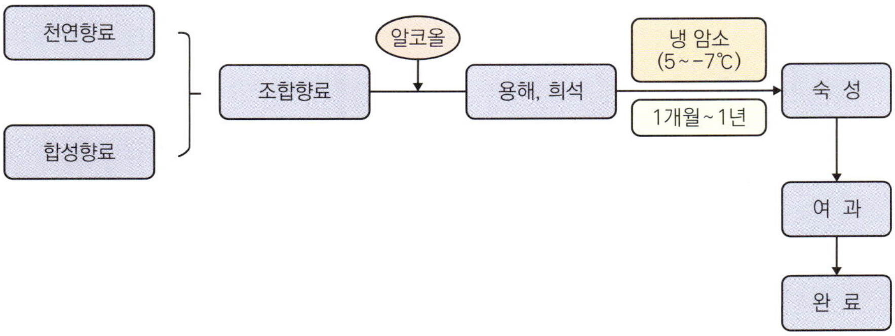


◆ 그림 6-3. 향수의 제조 과정

향수는 조합향료를 알코올에 용해시키고 희석하고 난 후, 냉암소에서 1개월~1년 정도 숙성시키고 나서 침전물을 여과하여 제조한다. 조합향료는 향조에 따라 숙성기간이 다르다. 숙성을 거치면 알코올의 향기가 없어지고, 부드럽고 은은한 향기가 된다. 숙성 중에는 에스테르의 생성, 에스테르 전환, 아세탈의 생성, 아세탈 교환, 자동산화, 중합 등 화학반응이 일어난다. 각 향료의 성분은 화학 반응이 극미량이지만, 숙성과 함께 생긴 여러 종류의 화학 변화로 인하여 부드럽고 은은한 향기에 영향을 미친다.

◆ 표 6-8. 퍼퓸(Perfume)

| 구 분 | 향 조 | 함량(w/w%) |
|---|---|---|
| phase A | Ethanol<br>Fragrance Compound<br>PEG-60 hydrogenated castor oil | 70.00<br>5.00~25.00<br>1.50 |
| phase B | Deionized water<br>color | to 100<br>qs |

■ **처방특성 및 제조과정** :

① 실온에서 phase A를 균일한 상태로 완전히 녹인다.

② 실온에서 ①에 phase B를 첨가하면서 균일한 상태로 가용화한다.

③ ②를 5~-7℃의 냉암소에서 1개월~1년 동안 숙성시킨 후 여과하여 마무리한다.

◆ 표 6-9. 오데코롱(Eau de Cologne)

| 구 분 | 향 조 | 함량(w/w%) |
|---|---|---|
| phase A | Ethanol<br>Fragrance Compound<br>PEG-60 hydrogenated castor oil | 70.00<br>5.00<br>1.50 |
| phase B | Deionized water<br>color | to 100<br>qs |

■ **처방특성 및 제조과정** :

① 실온에서 phase A를 균일한 상태로 완전히 녹인다.

② 실온에서 ①에 phase B를 첨가하면서 균일한 상태로 가용화한다.

③ ②를 5~-7℃의 냉암소에서 1개월~1년 동안 숙성시킨 후 여과하여 마무리한다.

03

# 허브(Herb)와 아로마 오일(Aroma oil)

## 1. 허브

허브는 '푸른 풀'이라는 라틴어 허바(Herba)에서 유래된 용어로 식용, 약용, 향료 등으로 사용되며 향기를 방출하는 식물을 총칭하여 허브라 한다. 본래 식물이나 동물은 적으로부터 자신을 보호하고 종족의 번영을 위한 성정의 표시로 특유한 향기를 발산한다. 허브하면 일반적으로 라벤더(lavender), 로즈마리(rosemary), 캐모마일(chamomile) 등이 잘 알려져 있다. 과거에 허브는 주로 약초나 관상용으로 사용되었지만 현제는 차 등의 식용이나 화장품의 향료, 아로마테라피(aromatherapy)와 아로마콜로지(aromachology) 등 활용도가 다양화되고 있다. 이러한 목적으로 사용되는 허브는 세계적으로 수 백여 종으로 알려져 있다. 본 저서는 주로 화장품의 향료와 아로마테라피에 사용되는 허브와 그 아로마 오일에 대하여 일부 다루고자 한다.

## 2. 아로마 오일(Aroma oil)

에센셜 오일(essencial oil)은 일반적으로 식물성 향료를 의미하고, 아로마 오일은 사람에게 유효한 식물성 향료로 에센셜 오일과 혼용하고 있다. 그 중 아로마 오일은 주로 허브의 꽃, 열매, 잎, 줄기, 뿌리 등에서 추출하고, 다양한 천연향료의 성분이 함유되어 있기 때문에 그 특성이나 생리적인 기능도 다양하다. 아로마 오일은 허브의 세포와 세포 사이에 존재하며 생리적 기능을 조절하는 호르몬과 같은 역할을 한다. 식물의 병이나 해충으로부터 보호하며 성장과 번식에 중요한 역할을 한다. 즉 아로마 오일은 허브가 외부 환경에 적응할 수 있도록 조절하는 물질이다. 이러한 아로마 오일은 사람의 면역기능을 높여지고 내부장기 및 호르몬의 기능에 영향을 미치며 바이러스나 곰팡이에 대한 저항력을 높여주는 것으로 알려져 있다. 그리고 신경을 자극시켜 주고 근육을 강화시키거나 이완시키는 기능이 있기 때문에 정신적인 안정과 불면증에 이용된다. 이러한 아로마 오일은 미용학적 측면, 화장품의 향료뿐만 아니라 아로마테라피와 아로마콜로지 등 다양하게 활용되고 있다. 즉 아로마 오일에 함유된 생리활 성분을 호흡기, 목욕 그리고 마사지를 통하여 체내에 흡입하거나 침투시킴으로써 생체 내의 생리기능 조절과 면역증진 그리고 피부상태 개선에 이용하고 있다. 또한 심신안정 및 스트레스 해소와 통증 완화, 해열 등 자연요법으로 이용하는 것으로도 알려져 있다. 그러나 신체에 활용 시 독성을 유발하나 아로마 오일을 과도하게 적용할 경우에 부작용을 유발 수 있고, 임산부나 특정 질병에 악영향을 미치기 때문에 허브나 아로마 오일에 대한 전문적인 지식이 요구되고 유의하여야 한다. 일반적으로 정신적, 생리적으로 유익한 것으로 알려진 몇 종류의 아로마 오일과 허브에 대하여 정리하였다.

◆ **표 6-10. 피부 타입별 활용되는 아로마 오일**

| 피부 타입 | 아로마 오일 |
|---|---|
| 모든 피부 | 라벤더, 자스민, 네롤리, 장미 |
| 지성 피부 | 베르가모트, 제라늄, 사이프러스, 주니퍼베리, 레몬, 라임, 만다린, 오렌지 |
| 복합성 피부 | 라벤더, 제라늄, 팔마로사, 일랑일랑 |
| 건성 피부 | 팔마로사, 로즈, 샌달우드, 로즈우드 |
| 노화 피부 | 캐롯씨드, 미르, 프랑킨센스, 라벤더, 파출리, 로즈, 로즈우드, 샌달우드 |
| 탈수된 피부 | 팔마로사, 로즈, 로즈우드, 샌달우드 |
| 민감성 피부 | 저먼카모마일, 쟈스민, 라벤더, 에버레스팅, 네롤리, 로즈, 로즈우드, 샌달우드 |
| 여드름 피부 | 라벤더, 티트리, 그레이프 프루트, 베르가모트, 레몬, 사이프러스, 클라리세이지 |
| 활력없는 피부 | 그레이프 프루트, 로즈마리, 레몬그라스, 페파민트, 베티버 |
| 갈라진 피부 | 미르, 샌달우드, 패출리 |

### 1) 라벤더(Lavender)

가장 널리 사용되는 허브 중 하나로 원산지는 지중해 연안이다. 라벤더의 꽃에서 추출하는 아로마 오일은 주로 소염, 살균 작용이 있다. 따라서 상처 치유, 일광 화상 등 피부 질환에 이용되고, 불면증이나 정신적인 스트레스와 긴장 완화 등에 효과적이다.

### 2) 캐모마일(Chamomile)

캐모마일은 유럽, 북아프리카, 아시아에 걸쳐 널리 자생하는 허브 중 하나이다. 식물 전체가 달콤한 사과의 향을 가지고 있어서 고대 그리스인은 '대지의 사과(Monzanilla)'라고 불리는 허브이다. 캐모마일은 주로 꽃에서 추출하는 아로마 오일이며, 달콤한 사과 향을 발산한다. 캐모마일은 허브차로도 사용되며 열탕에 침출시켜 목욕에도 사용하였다. 심신 피로 회복 및 스트레스 해소에 도움을 주고, 수렴과 소염 작용으로 피부 개선에 도움을 준다.

### 3) 로즈마리(Rosemary)

로즈마리는 라틴어로 Rose(이슬)+Marinus(바다)의 합성어로 '바다의 이슬(sea dew)'이라는 의미를 갖는 허브 중 하나이다. 로즈마리는 강한 향기가 있는 허브로 병충해에도 강한 편이며 로즈마리의 향조는 방향 화장품으로도 널리 사용된다. 로즈마리의 꽃과 잎에서 추출하는 아로마 오일은 기억력을 증진시키고, 혈행 촉진 및 진통 작용이 있으나 임산부나 고혈압에는 사용을 금지하고 있다.

### 4) 바질(Basil)

바질은 윤기 있고 부드러운 잎에서 클로브와 비슷하고 강한 향기를 발산하며 공기를 정화시키는 허브 중의 하나로 인도, 아프리카 등지가 원산지이다. 바질은 주로 잎에서 아로마 오일을 채취한다. 바질은 오래 전부터 신경 장애, 류마티스 통증 완화제로 이용해 왔다. 그리고 바질의 아로마 오일은 심신 안정과 머리를 맑게 하고 두통 완화에 효과적이다.

### 5) 쟈스민(Jasmine)

쟈스민은 해가 진 후에 더 강한 향기를 발산하기 때문에 인도에서 '밤의 여왕'이라 불리는 허브 중의 하나이다. 주로 꽃에서 채취한 쟈스민의 아로마 오일은 우아하고 고급스런 향기를 발산하며 스트레스 해소 및 긴장 완화에 효과적이다. 그리고 건성, 지성, 민감성 피부에 사용되며 호르몬의 조절에 의한 피부의 항상성 유지에 효과적이다.

### 6) 클라리세이지(Clary sage)

클라리세이지는 라틴어로 Clary(맑다)+Sage(치료하다)라는 합성어로 2년초 또는 다년초 식물이다. 주로 꽃 봉우리와 잎에서 아로마 오일을 추출하며, 바닐라와 발삼향을 강하게 발산한다. 클라리세이지는 여성호르몬과 유사한 물질을 함유하고, 살균 및 피부 재생과 심신 안정으로 피부 개선과 스트레스 해소에 효과적이다.

### 7) 베르가모트(Bergamot)

베르가모트는 꽃과 잎에서 나는 향기가 감귤의 일종인 베르가모트 오렌지 향과 비슷해서 명명되었다. 베르가모트의 껍질을 냉동 압착하여 아로마 오일을 채취하고, 달콤한 과일 향과 부드러운 꽃향기를 발산한다. 베르가모트는 스트레스 완화, 진정, 해열 작용이 있고, 모공 수축 및 피지 제거 효과가 있다. 주로 지성피부, 여드름 피부에 적용한다.

### 8) 페퍼민트(Peppermint)

페퍼민트는 유럽과 아시아가 원산지인 여러해살이 풀이다. 잎에서 아로마 오일을 추출하기 위하여 재배하며, 산뜻하고 시원한 박하 향을 발산한다. 페퍼민트는 피로 회복, 심신 안정이나 불면증에 효과적이며, 차를 비롯하여 조미료와 방향제로 널리 사용된다. 항염증, 항박테리아 작용에 의한 여드름 피부 그리고 거칠어진 피부에 활력을 부여한다. 임산부나 심장병이 있는 사람은 사용을 금지하고 있다.

### 9) 사이프러스(Cypress)

사이프러스는 지중해 동쪽과 서아시아 지방이 원산지이고 야생에서 발견되는 식물이다. 잎에서 달콤한 발사믹 향기를 발산하기 때문에 잎에서 아로마 오일을 추출한다.

### 10) 레몬(Lemon)

레몬은 전 세계에 널리 분포된 과일 나무로 열매는 타원형이고 익으면 노란색으로 변하며 향기가 강하다. 주로 열매 껍질을 냉동 압착 혹은 수증기 증류하여 아로마 오일을 추출하며, 신선하고 달콤한 향기를 발산한다. 레몬은 구연산과 비타민 C의 함량이 풍부하기 때문에 피로 회복 및 혈액 순환을 원활하게 하고 면역 증진에 도움을 준다. 그리고 살균, 미백작용으로 기미, 주근깨에 효과적이다. 단, 체질에 따라 알레르기를 유발하기 때문에 주의하여야 한다.

### 11) 유칼립투스(Eucalyptus)

유칼립투스는 세계에서 가장 큰 나무 중의 하나로 오스트리아 남부가 원산지이며 나뭇잎은 원주민들이 주로 상처 치유와 해열제로 널리 사용되었다. 유칼립투스는 나뭇잎에서 아로마 오일을 채취하며 소염, 살균, 방부 효과가 있다. 피부에 청량감을 부여하고 여드름 피부나 비듬성 두피에 효과적이다.

### 12) 타임(Thyme)

타임은 지중해 연안이 원산지이나 유럽, 서아시아, 북아프리카 등 세계 각지에 자생하는 식물이다. 학명이 티무스(Thymus)인 타임은 그리스어로 thuo(소독하다)에서 유래되었다. 타임은 향이 백리까지 퍼지기 때문에 백리향이라고도 불리며, 잎과 꽃봉오리에서 아로마 오일을 추출한다. 타임은 소독과 살균 작용에 의한 항염증, 방부 효과가 있다.

### 13) 티트리(Tea tree)

티트리는 호주의 토종 식물인 멜라루카 알터니폴리아라는 나무이지만 잎을 차로 사용하였다는 이유로 티트리(tea-tree)라고 명명되었다. 그 잎에서 추출한 아로마 오일은 장뇌 향기를 발산하며 살균, 소독 작용이 강하기 때문에 여드름 피부와 비듬성 두피에 효과적이다.

### 14) 시더우드(Cedarwood)

시더우드는 나무 줄기에서 추출한 아로마 오일이며, 상쾌하면서도 그윽한 발사믹 향기를 발산한다. 시더우드의 아로마 오일은 긴장하거나 불안한 상태일 때 명상에 도움을 준다. 또한 수렴, 살균, 방부 작용과 피지 분비를 조절하기 때문에 여드름 피부 이 외에 피부 재생과 피부염, 마른버짐 등의 개선에 효과적이다.

### 15) 샌달우드(Sandalwood)

샌달우드는 단향과로 염주의 소재 등 인도의 종교의식에 널리 사용되었으며, 나무줄기의 심부와 뿌리에서 에센셜 오일을 추출한다. 샌탈우드의 아로마 오일은 묵직하면서도 차분하고 부드러운 향기를 발산하기 때문에 신경 안정제, 진정제로서 스트레스 해소에 효과적이며, 다른 아로마 오일과 조합했을 때 보존제로도 이용된다. 샌달우드의 아로마 오일은 진정, 항염증, 보습작용으로 여드름 피부와 피부 염증에 효과적이다.

### 16) 장미(Rose)

장미는 그리스어로 로돈(rodon)에서 유래된 '꽃의 여왕'이라 할 정도로 좋은 향기를 발산하는 식물 중 하나이다. 장미는 장미꽃에서 에센셜 오일을 추출하며, 깊고 달콤한 향기를 발산한다. 용매로 물을 사용하여 에센셜 오일을 추출할 경우 물에 장미의 향조가 잔류된 상태를 장미수(rose water)라 하고, 미스트 등 미용에 다양하게 이용된다. 로즈는 감정을 조절해주고 피부의 재생 효과가 있으며 수렴이나 진정 작용을 한다.

### 17) 일랑일랑(Ylang-Ylang)

일랑일랑은 동남아시아가 원산지인 상록교목이며 1년 내내 꽃이 피는 꽃의 이름이다. 일랑일랑은 타갈로그어로 '꽃 중의 꽃(Flower of flower)'이라는 의미이며, 꽃에서 아로마 오일을 추출하며, 플로럴 발삼의 스파이시한 향기를 발산한다. 꽃의 향기는 감미롭고 기분을 좋게 하여 우울증 개선이나 최음작용을 위해 사용된다. 아로마 오일은 피부정화기능이 우수하고, 지성피부의 피지를 제거하고 건성 피부의 보습력을 부여하는 등으로 복합성 피부에 효과적이다.

## 18) 히솝(Hyssop)

히솝은 우슬초라고도 불리며 서유럽과 중동지방이 원산지인 반상록 다년초로써 허부 중의 하나이다. 히솝은 꽃과 잎에서 달콤하고 강한 향기가 발산되어 차로 사용하며 건위작용과 심신 안정과 스트레스 해소에 도움이 된다. 히솝의 아로마 오일은 화장품의 향료로 이용되고 피부노화를 방지하고 항염증과 근육 경련에 효과가 있다. 그러나 임산부나 영유아 등에는 부작용의 가능성이 있기 때문에 유의하여야 한다.

## 19) 프랑킨센스(Frankincense)

프랑킨센스는 Frank(순수)+Incense(연기)의 합성어로 감람나무의 상처에서 얻은 수지를 수증기 증류하여 추출한 에센셜 오일이며 신선한 느낌을 주는 발삼 향기를 발산한다. 고대 이집트에서 향료 및 제사의식에 쓰이는 신성한 유향(Olibanum)을 프랑킨센스라 하였다. 프랑킨센스는 소염, 진통 작용, 항염과 세포재생 작용으로 노화 피부 주름 개선 그리고 상처 치유에 효과적이다. 또한 신경을 안정시키고 불면증 해소와 면역력을 강화시키는 것으로 알려져 있다. 또한 강력한 방부와 항박테리아 효과가 있으나 독성이 없는 장점이 있다.

### 20) 제라니움(Geranium)

제라니움은 다년생 초본으로 남아프리카가 원산지이다. 제라니움은 '천죽규'라하며 약용과 향료로 이용한다. 주로 제라니움 잎을 수증기 증류하여 채취한 에센셜오일이며 장미 향기를 발산한다. 제라니움의 에센셜오일은 진통 효과와 피부염 치유 효과가 있으며 지성피부의 정화 작용에 이용된다.

### 21) 그레이프 프루트(Grapefruit)

그레이프 프루트는 포도송이 모양으로 열매를 맺는다는 데서 유래한 자몽이라는 열매이며, 오렌지와 레몬 다음으로 비타민 C의 함량이 많다. 그레이프 프루트는 과일 껍질을 냉동 압착하여 채취한 에센셜 오일이며 산뜻하고 가벼운 포도 향기를 발산한다. 그레이프 프루트는 살균, 소독 그리고 항산화 작용과 면역력 상승 효과가 있으며 지성피부와 여드름 피부에 효과적이지만 일광 알레르기에 주의하여야 한다.

# 제 7장
# 화장품의 안전성과 유용성

## 01 서 론

화장품은 4가지 품질 특성, 즉 안전성, 안정성, 유용성, 사용성이 요구된다. 이와 같은 품질 특성은 정밀화학의 연구와 첨단 기술 개발로 인하여 개선 및 발전되어 왔다. 그중에서 생명과학을 바탕으로 바이오산업의 발전에 따라 신소재의 개발과 기능성화장품의 개발에 있어서 화장품의 안전성과 유용성에 대하여 끊임없이 연구되고 있다. 이러한 측면에서 화장품의 안전성과 유용성 및 기능성화장품의 측정과 평가 시험에 대하여 기술하고자 한다. 향후에도 화장품에 대한 유용성 및 기능성에 대한 연구가 가장 활발하게 진행될 것으로 예측된다. 우리나라 화장품의 안전성과 유효성 평가는 화장품법 제4조(기능성화장품 심사 등), 동법 제4조의 2(영유아 또는 어린이 사용 화장품의 관리)와 제8조(화장품 안전기준 등)에 따른다.

# 02
# 화장품의 안전성

화장품은 피부와 모발의 청결과 매력을 더하고 건강을 유지하기 위하여 사용하였다. 그러나 최근 기능성화장품, 맞춤형화장품 등은 미백, 여드름, 주름 개선, 자외선 차단에 도움을 주는 화장품 등 사용 목적이 보다 기능적이고 다양화 되었다. 그러나 화장품은 화장품법과 약사법에 의하여 의약품과는 구별된다. 즉 의약품은 유효성과 더불어 부작용이 일부 허용될지라도 화장품은 부작용이 허용되지 않고 안전성이 최우선이다. 화장품은 여러 가지 성분으로 구성되어 있고, 장기간 피부에 장기간 반복적으로 사용하기 때문에 자극 혹은 독성 반응 등 확인할 필요가 있다. 즉 화장품의 구성 성분 중 방부제, 향료, 색소 그리고 순수하게 정제되지 못하거나 화장품의 신규 원료가 이상피부를 유발할 수 있기 때문이다. 따라서 화장품법은 화장품 원료 사용기준 지정 및 변경 심사에 관한 규정에 의거 안전성에 대한 시험결과를 강제하고 있다. 화장품의 안전성은 단회투여독성시험, 피부자극시험, 점막자극시험, 광독성시험, 광감작성시험, 반복투여독성시험, 생식·발생독성시험, 유전독성시험 및 발암성시험, 흡입독성시험, 인체피부자극시험, 피부흡수시험 등의 시험결과로 안전성을 판단한다.

## 1. 단회투여독성시험

단회투여독성시험은 시험동물에 시험물질을 단회투여했을 때 일정시간 내에 일어나는 독성을 양적, 질적으로 판단하는 시험이다. 시험동물은 2종 이상으로 하고, 그 중 1종은 설치류, 다른 종은 토끼를 제외한 비설치류이어야 하며 1군당 암수 각각 5마리 이상으로 한다. 투여경로는 경구 및 비경구투여로 하고, 원칙적으로 임상적용경로를 포함한다. 경구투여는 원칙적으로 강제투여하고, 통상 투여 전 일정시간 동물을 절식시킨다. 비경구투여는 경피, 복강, 피하, 호흡기 등의 경로에 의한다. 관찰기간은 경구투여의 경우 통상 2주로 하고, 비경구투여시 1주로 하되 명확한 증상이 지속되거나 사망이 지연될 경우 그 이상으로 한다. 시험동물에 시험물질을 투여할 때 피시험동물이 절반이 죽게 되는 시험물질의 양을 $LD_{50}$(LD는 lethal dose의 약자로 치사량을 의미함)으로 나타내고, $LD_{50}$일 때 시험물질의 양이 독성 평가의 지표이다. 독성물질인 경우 해당 물질의 $LD_{50}$을 나타낼 때는 체중 kg당 mg으로 나타낸다.

## 2. 피부자극시험

피부자극시험은 화장품 등 시험물질의 피부 세포나 혈관계에 대한 직접적인 독성을 파악하는 것이다. 사람의 피부는 강산이나 강알칼리성의 물질에 장시간 접촉하거나 반복적으로 노출되었을 때 흔히 피부염 등 여러 가지 부작용을 유발한다. 일반적으로 피부자극시험은 토끼의 피부에 적용한 드레이즈(Draize)의 피부 1차 자극성 시험법을 이용한다. 피부자극시험은 6마리 또는 8마리의 백색 토끼를 이용하며, 백색 토끼 등 부위의 털을 제거하고 2곳에 시험물질을 적용한다. 0.5 g(0.5 ml)의 시험물질을 털을 제거한 토끼 등 부위에 도포하여 개방 또는 폐쇄 첩포한 후 24시간, 48시간, 72시간 피부의 상태를 관찰한다. 홍반과 부종을 평점화하여 산출한 피부 1차 자극지수(primary irritation index, PII) 값으로 나타내고, 드레이즈는 시험물질의 자극정도를 3단계의 PII로 구분한다. 즉 약한 자극물질의 경우 PII는 0~2, 중간정도의 자극물질의 경우 PII는 3~5, 강한 자극물질의 경우 PII는 6 이상으로 판단하였다.

## 3. 점막자극시험

점막자극시험은 샴푸나 린스 등 시험물질의 안점막에 대한 자극성을 평가하는 방법이다. 일반적으로 드레이즈(Draize)의 점막자극시험법을 이용한다. 즉, 0.1 ml(0.1 g)의 시험물질을 백색 토끼의 한쪽 눈에 떨어뜨리고 상하 안검을 약 1초간 깜박이게 하고, 다른 쪽 눈은 비교를 위해 그대로 둔다. 눈에 시험물질을 떨어뜨리고 나서 1시간, 24시간, 72시간 후 각막의 혼탁 정도, 홍채의 반응, 결막의 발적, 부종, 분비물의 정도 등 점막의 상태나 변화를 관찰하여 자극성을 평가한다.

## 4. 피부감작성시험

피부감작이란 경피감작이라고도 한다. 이는 피부에 접촉한 항원에 의하여 항체가 형성되어 항원-항체 반응이 일어난 후 알레르기를 유발하게 되는데 항원-항체 반응을 감작되었다고 한다. 피부감작성시험은 피부에 바르는 화장품 및 의약품 등을 반복적으로 접촉하였을 때 홍반이나 부종 그리고 접촉성 피부염과 같은 피부의 과민 반응을 평가하는 시험이다. 피부감작성시험은 일반적으로 확대시험법(maximization test)을 사용하지만 적절하다고 판단되는 다른 시험법을 사용할 수 있다. 시험동물은 기니픽을 이용하고 원칙적으로 1군당 5마리 이상을 적용하며 시험물질감작군, 양성감작군, 대조군을 둔다. 피부감작성시험은 면역보조제(adjuvant)를 사용하는 시험법 및 면역보조제를 사용하지 않는 시험법이 있으나 제1단계는 면역보조제를 사용하는 방법 가운데 1가지를 선택하여 시행하고, 만일 양성소견이 얻어진 경우에는 제2단계로서 면역보조제를 사용하지 않는 시험 방법을 추가해서 실시하는 것이 바람직하다. 동물의 피부반응을 시험법에 의하여 판정기준에 따라 판정한다.

## 5. 광독성시험

광독성시험은 피부에 도포된 화학물질이 일광에 노출될 때 홍반이나 피부염 등 피부의 부작용에 대한 평가시험이다. 일광에 의한 피부 부작용을 유발한 물질을 광독성 물질이라 한다. 한 예로 보통 향수를 피부에 도포하거나 분무하고 나서 자외선에 노출되면 홍반이나 색소침착이 유발되는 경우이다. 이러한 광독성을 확인하기 위해서는 광원으로 태양광을 이용해야 하지만 실질적으로는 제논램프나 블랙램프를 이용한다. 일반적으로 광독성시험은 자외선 영역, 즉 홍반을 유발하는 UVA나 피부화상을 유발하는 UVB의 흡수대를 갖는 물질을 확인한다. 광독성 시험은 백색 토끼나 몰모트를 사용한다. 실험동물 등 부위의 털을 제거하고 시험 물질을 도포하여 자외선 조사한 부위와 조사하지 않는 부위의 피부 상태, 즉 홍반이나 피부염 등을 관찰하여 광독성 유무를 평가한다.

## 6. 광감작성시험

광감작성시험은 일광에 의한 피부알레르기 반응의 유무를 판단하는 시험이다. 방부제, 향료, 자외선흡수제 등은 일광에 의하여 피부알레르기를 유발하는 것으로 알려져 있다. 자외선차단 화장품은 여름철과 야외 운동할 때 주로 사용하기 때문에 광감작성을 확인할 필요가 있다. 실험동물은 마우스 혹은 몰모트를 이용한다. 광감작성시험은 먼저 시험물질을 도포하고 나서 광조사에 의한 광감작을 유도하고, 다음은 일정 기간 후에 시험물질과 광조사를 실시하여 광감작을 유발시킨다. 광감작 유발에 의한 광조사 부위와 광을 조사하지 않은 부위의 피부반응을 비교 관찰하여 광감작성의 유무를 판단한다.

## 7. 반복투여독성시험

반복투여독성시험은 시험동물에 시험물질을 반복 투여하여 중~장기 내에 나타나는 독성을 양적, 질적으로 판단하는 시험이다. 시험동물은 2종 이상 사용해야 하고, 1종은 설치류로 1군에 암수 각각 10마리 이상, 1종은 토끼를 제외한 비설치류로 암수 각각 3마리 이상으로 한다. 투여경로는 원칙적으로 임상적용경로로 한다. 투여기간은 임상시험기간 및 시험 물질의 임상사용 예상기간에 따라 정하며, 시험물질투여는 1일 1회 주 7회 투여함을 원칙으로 한다. 3개월 이상의 반복투여독성시험을 수행하는 경우는 용량설정과 초기독성검사를 위하여 이에 앞서 보다 단기의 반복투여독성시험을 수행한다. 1개월 또는 3개월 시험에서는 독성변화의 회복성과 지연성 독성을 검토하기 위해 회복군을 두어 시험하는 것이 바람직하다. 관찰 항목은 일반증상, 사료섭취량, 물섭취량, 혈액검사, 요검사, 병리조직검사 등이 포함되어야 한다.

## 8. 생식·발생독성시험

생식·발생독성시험은 시험물질이 실험동물의 생식기능과 발생과정에서 태아에게 미치는 영향에 관한 시험이다. 즉 시험물질의 독성에 의한 위험성의 유무를 판단하기 위한 시험이다. 실험 동물은 반드시 포유동물 2종 이상, 설치류는 랫트 또는 마우스, 비설치류는 토끼를 주로 이용한다. 동물 시험은 교배 전부터 수정까지, 수정에서 착상까지, 착상에서 경구개폐쇄시기가지, 경구개폐쇄시기에서 임신 종료까지, 출생에서 이유까지, 이유에서 성성숙까지로 시기를 구분한다. 투여경로는 임상적용경로를 원칙으로 한다.

## 9. 유전독성시험

유전독성시험은 시험물질이 DNA나 염색체에 직접적으로 손상을 주어 형태적 변화나 기능 이상을 일으키는 현상을 관찰하는 시험이다. 즉 시험물질의 변이원성 및 발암성을 찾아내기 위한 시험이다.

1) 박테리아를 이용한 복귀돌연변이시험은 특정 아미노산 합성이 저해된 미생물을 이용하여 시험물질에 의한 아미노산 합성균주로 전환되는지를 확인함으로써 유전독성을 측정하는 시험이다.
2) 포유류 배양세포를 이용한 체외 염색체이상시험은 시험물질에 의한 염색체의 구조적 이상을 측정하기 위한 시험 방법으로써 일반적으로 포유동물 세포인 Chinese Hamster Lung(CHL), Chinese Hamster Ovary(CHO) 세포를 이용한다.
3) 설치류를 이용한 소핵시험은 소핵을 가진 다염구 적혁구가 증가한다면 시험 물질이 염색체를 소상시켰거나 세포분열장치에 이상을 유한 것으로 평가한 것이다. 현재 가장 널리 이용되는 것은 소핵시험이다.

## 10. 발암성시험

발암성시험은 시험물질을 시험동물에 장기간 투여하여 암의 유발 유무를 질적, 양적으로 검사하는 시험이다. 투여경로는 원칙적으로 임상적용경로로 하고, 경구투여는 강제투여 혹은 사료, 물 등에 혼입해 자유롭게 섭취하도록 한다. 사료에 혼입할 때 시험물질의 농도는 최고 5%이다. 투여는 1일 1회이고, 투여 기간은 랫트는 24~30개월, 마우스는 18~24개월이다. 용량 단계는 암수 각각 3단계 이상의 시험군을 설정하고 별도의 대조군을 둔다. 관찰 기간은 시험물질 투여 종료 시 또는 투여 종료 후 1~3개월이며, 저용량군 또는 음성대조군의 누적 사망률이 75%가 되는 경우 그 시점에서 생존동물을 도살해 시험을 종료한다.

## 11. 흡입독성시험

흡입독성시험은 기체나 휘발성 물질과 같이 호흡기를 통하여 흡입할 수 있는 물질이 포함된 공기를 실험동물에게 투여하여 독성을 검사하는 시험이다.

## 12. 인체적용시험

화장품은 장기간 혹은 반복적으로 사용함으로써 홍반, 색소침착, 구진, 피부염 등의 문제성을 유발시킬 뿐만 아니라 가려움, 화끈거림, 따가움 등의 자극성이 보고된 경우도 있다. 인체적용시험은 화장품을 신체의 일부, 즉 사람의 팔이나 등 부위에 도포하여 피부염 등 문제성피부를 유발하거나 자극성이 일어나지 않는다는 것을 확인하기 위한 예비시험 방법이다. 인체적용시험은 일반적으로 첩포시험을 행하며 휘발성 물질은 개방 첩포, 휘발성이 없는 물질은 폐쇄첩포를 실시한다. 시판하는 첩포 테스트용 반창고를 이용하는 경우도 있다. 30명 이상의 사람을 대상으로 원료에 따라서 사용 시 농도를 고려하여 여러 단계의 농도와 용량을 설정하여 실시하며, 완제품의 경우는 제품 자체를 사용한다. 첩포시험은 원칙적으로 첩포 24시간 후에 패치를 제거하고, 제거에 의한 일과성의 홍반의 소실을 기다려 관찰하고 판정한다. 판정기군은 국제 접촉피부염 연구회의 기준에 따르지만 우리나라의 경우 피부과 전문의 또는 이와 동등한 자가 판정하고 평가한다. 또한 화장품은 대체로 자극이 잘 나타나지 않기 때문에 인체누적첩포시험을 실시한다. 이는 일반적인 첩포시험과 동일한 방법으로 시행하지만 일정한 시간 간격으로 반복적인 첩포시험을 시행하여 누적된 자극으로 피부의 반응를 평가하기 위한 시험이다. 대표적인 인체누적첩포시험은 Shelanski and Shelanski법, Draize법(Jordan modification), Kilgman의 Maximization법 등이 있다. 그리고 화장품에 대한 감성적인 영역의 경우 동물로 대체할 수 없는 시험에 대하여 사람에게 직접 시험하지만 윤리적으로 저촉되지 않은 범위 내에서 시행한다.

03

# 화장품의 유용성과 기능성

화장품은 단순한 유용성을 넘어서 기능성이 요구되기 때문에 기능성화장품, 맞춤형화장품이 대두되고 있다. 즉 스킨케어 화장품, 메이크업 화장품, 모발 화장품의 유용성과 기능성이 모두 해당된 것이다. 화장품은 생리적, 물리화학적, 심리적 측면에서 유용성과 기능성을 의미한다. 즉 피부 거칠음, 미백, 여드름, 주름, 탈모 방지 등은 피부와 모발의 생리적인 개선 효과이고, 자외선 차단, 과색소침착의 은폐, 퍼머넌트 웨이브제와 염모제의 물리화학적 반응에 의한 미적 효과와 이에 대한 만족도는 심리적인 효과에 해당한다. 화장품의 유용성 및 기능성은 육안 평가, 피시험자의 설문평가 그리고 in vitro test, in vivo test 등을 측정, 평가하여 판정한다.

## 1. 피부거칠음 개선 평가

피부가 외관상 젊고 건강한 피부는 피부 결(grain)이 명료하고 고우며 규칙적이다. 반대로 각질이 일어나고 거친 피부는 피부 결(grain)이 불분명하고, 최악의 경우에는 피부 결이 없어진 경우도 있다. 이러한 방법으로 피부 표면을 확대하여 관찰하면 외관의 관찰만으로는 나타나지 않은 피부 결의 변화가 있음을 알 수 있다. 피부 표면에 나타나는 형태의 변화는 피부 내부의 변화, 즉 각화에 의한 피부 변화나 피부의 노화정도에 의하여 영향을 받기 때문에 피부의 내부에 변화가 있음을 예측할 수 있다. 피부거칠음 개선 평가는 피부 표면의 주형(negative replica), 비침습적 기기를 이용하여 경피수분손실(transepidermal water loss, TEWL)을 측정함으로써 피부거칠음개선을 평가한다. 피부표면의 주형은 실리콘 수지를 이용하여 피부 표면의 상태를 복제(replica)하여 피부 상태를 확대함으로써 피부거칠음 정도를 평점화하여 피부거칠음 개선을 평가한다.

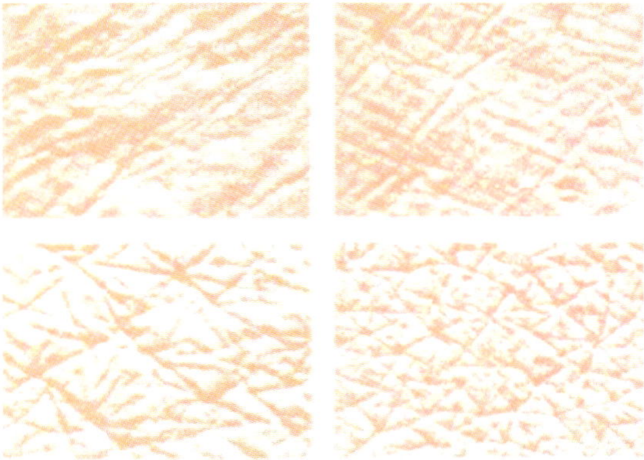


◆ 그림 7-1. 시험 제품의 피부거칠음 개선

경피수분손실(TEWL)은 피부 내부로부터 피부를 통하여 증발하는 수분량을 측정하여 피부거칠음 정도와 각질층의 피부장벽기능(skin barrier function)의 지표로 활용할 수 있다. 경피수분손실은 피부 표면상의 습도 기울기로부터 산정하여 측정하는 장치이다. 각질층의 피부장벽기능은 각질세포 내의 응집된 세포구조와 각질층의 비후한 세포막 그리고 각질 세포간 지질 등에 의해 유지된다. 피부가 거칠어질수록 경피수분손실은 커지고, 고운피부일수록 경피수분손실은 낮다. 경피수분손실은 피부의 자극, 피부 장벽 기능과 손상 후 회복, 자외선과 같은 물리적, 화학적 물질에 대한 보호 효과 등을 판정하는 경우에 이용된다. 또한 피부관리의 효용성과 화장품 및 피부관리 제품들의 적용효과 및 피부 기능 개선의 정도를 객관적으로 검증하는 경우에도 이용된다. 경피수분손실은 피부 내 수증기의 기울기에 기초하여 피부장벽 기능을 측정하는 방법으로써 몇 가지 방법이 있지만 주로 개방된 챔버(open chamber)를 이용한다. 즉 경피수분손실은 생체 내 수분이 각질층을 통하여 확산되는 값으로 나타낸다. 실제의 경피수분손실량은 땀샘을 통하여 발산되는 수분의 양과 각질층을 통하여 발산되는 수분의 양을 합한 전체 수분 발산량을 의미한다. 따라서 경피수분손실량은 각질층의 수분량이라고 말할 수 없지만 피부거칠음과 피부장벽기능과 밀접한 관계가 있다. 경피수분손실량 측정 원리는 수분이 피부 표면에서 공기 중으로 Fick의 확산 법칙에 의하여 확산된다고 가정하고 피부에서 일정한 높이에 있는 두 지점의 증기압을 측정하여 피부로부터 발산하는 수분량을 산정한 것이다. 기기의 측정 방법은 쉽지만 발한의 영향이나 공기의 흐름이 없는 조건 하에서 측정하여야 한다. Tewameter®(Courage+Khazaka, Germany)를 이용하여 경피수분손실을 측정한 결과와 피부상태를 표 7-1에 나타내었다.

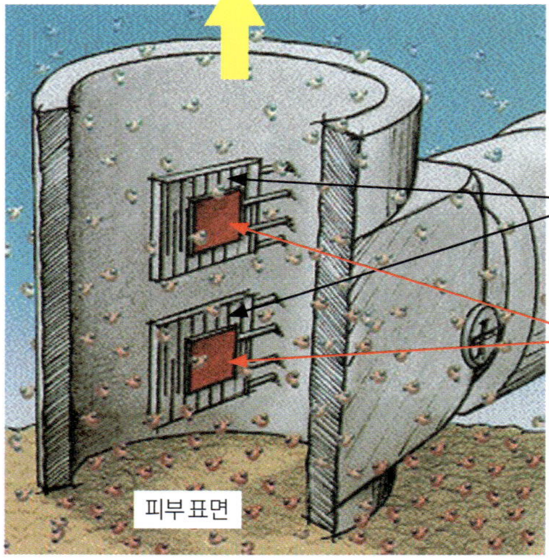


◆ 그림 7-2. Tewameter® 탐침의 모식도

피부 표면의 거친 정도에 따라서 각질층의 수분손실량이 많게 나타나고 건강한 피부의 피부표면이 고른 상태일수록 수분손실량은 적게 나타난다. 즉 경피수분손실이 많을수록 피부는 거칠고, 피부장벽기능이 훼손되었다는 것을 알 수 있다. 따라서 경피수분손실량을 평점화하여 피부거칠음 개선 효과를 판정할 수 있다.

◆ 표 7-1. 피부 상태(피부거칠음)와 경피수분손실과의 상관관계

| 피부 상태 | 매우 건강한 상태 | 건강한 상태 | 보통피부 | 긴장된상태 | 임계상태 |
|---|---|---|---|---|---|
| TEWL (g/h/㎡) | 0~9 | 10~14 | 15~24 | 25~29 | 30 이상 |

* 측정조건 : 항온항습(20~25℃, 상대습도 40~60%)조건에서 측정

## 2. 미백 효과

### 1) 비침습적 측정기기

Mexameter(Courage+Khazaka electronic GmbH, Cologe Germany)은 피부색깔을 분석하는데 가장 적합한 멜라닌과 혈색소에 대응하는 3종의 파장대를 갖는 광

원 16개를 원형으로 배열한 탐침(probe)을 피부에 접촉시켜 반사되는 빛의 흡수와 반사 장치(narrow-band reflectance spectrophotometric measurement)를 이용하여 홍반과 멜라닌을 측정하는 비침습적 측정 기기이다. 특히 피부 반사 색조의 측정 과정에서 불필요하게 과다한 압력을 주어 생기는 측정오차를 최소화하기 위하여 센서 머리부위(head)에 별도의 탄성스프링이 내장되어 있어서 피부 접촉간격과 압력이 일정하게 유지되는 기기이다. 측정결과는 피부에 센서를 접촉한 후 1초 이내에 멜라닌과 홍반 지수(index)로 표시된다.

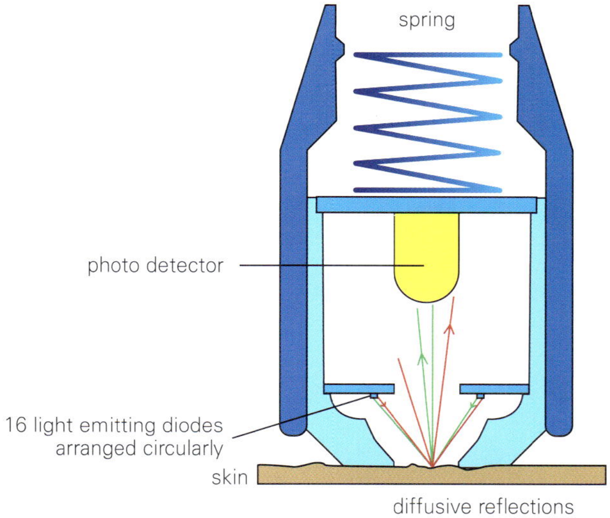


◆ 그림 7-3. Mexameter 탐침의 모식도

## 2) in vitro test

### (1) Tyrosinase 활성 억제 시험

Tyrosinase 활성 억제 시험은 in vitro test에서 기질인 Tyrosine을 Tyrosinase와 반응으로 생성되는 DOPA와 DOPA chrome의 생성량을 비교하여 효소저해제(enzyme inhibitor)에 의한 효소 활성의 억제 정도를 측정하여 미백효과를 평가한다. 미백활성시험은 Mushroom, Melanoma, Melanocyte를 사용하고, Tyrosinase에 의한 DOPA chrome의 생성은 Spectrophotometer를 이용하여 475 nm에서 흡광도를 측정하여 산출한다. 그 외에 방사성 동위원소를 이용하여 Tyrosinase 활성 억제 시험을 이용한 경우도 있다.

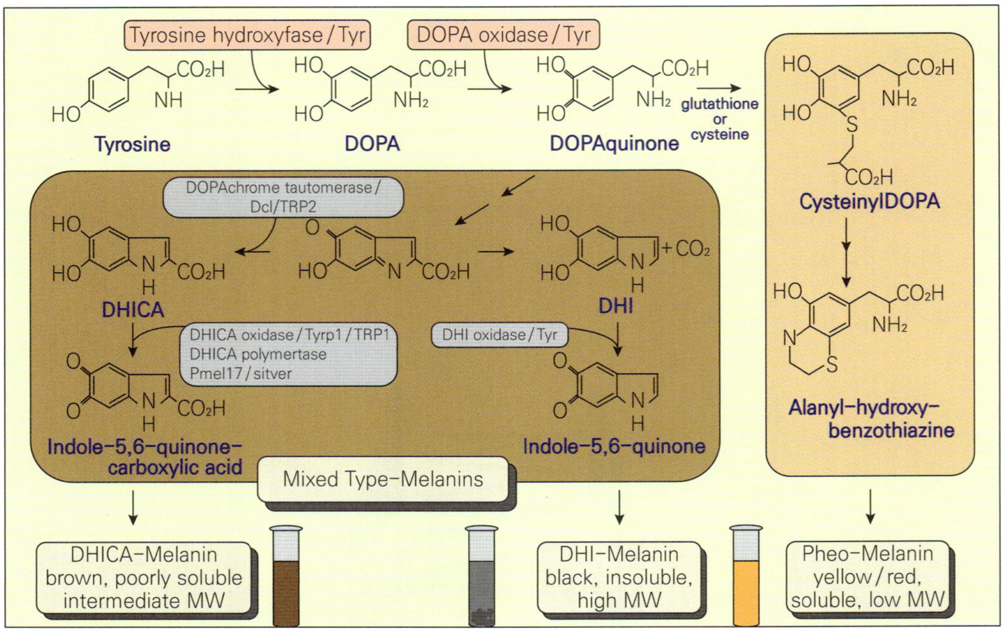


◆ 그림 7-4. 멜라닌의 생합성 과정

### (2) 피부 Melanocyte 배양을 이용한 미백효능시험

피부 Melanocyte 배양을 이용한 미백효능시험은 in vitro에서 멜라닌 세포를 배양하면서 Tyrosinase의 활성 또는 멜라닌 생성량을 측정하여 미백 효능을 평가한다. 이 시험은 멜라닌을 생성하는 동물세포는 가능하고, 주로 B16 Melanoma를 사용한다. in situ Tyrosinase inhibition assay는 멜라닌 세포 배양계에 시험물질과 방사성 동위원소로 표지한 Tyrosinase를 첨가한 후, Tyrosinase의 작용에 의하여 생성되는 물($^3H_2O$, 삼중항수소수)의 radioactivity를 액체섬광계수기로 측정한다. 또한 총 멜라닌 생성억제시험의 경우 멜라닌 세포를 시험물질과 같이 일정시간 배양한 후, 생성된 멜라닌의 양을 세포 펠렛의 색 또는 알칼리로 가용화한 뒤의 흡광도로 측정한다. 그 밖에 HPLC를 이용하여 생성되는 멜라닌의 종류, 즉 유멜라닌과 페오멜라닌의 분별 정량도 가능하다.

### 3) in vivo test

#### (1) 동물을 이용한 시험법

동물을 이용한 미백효과의 시험은 실험동물의 자연적인 색소침착이나 인위적으로 색소침착을 유도한 후, 8~10주 정도 시험물질을 적용하여 색소침착의 변화를 육안 또는 기기를 이용하여 측정하거나 피부조직을 염색하여 멜라닌 세포의 수, 크기, 멜라닌의 양 등을 조직학적으로 측정하여 미백효과를 평가한다. 실험동물은 Black mouse, Black guinea pig, Brown guinea pig 등을 이용하고, 자외선은 UV-A 램프, UV-B램프를 이용하여 0.5~1.0 MED로 2~3회 조사한다. 시험목적과 시험물질의 특성에 따라 시험물질을 도포한 후 자외선 조사 전, 자외선 조사 후 또는 색소침착 안정화 후부터 도포하는 방법 등을 선택하여 8~10주 정도 시험한다. 미백효과는 육안에 의한 평가, 피부색차계 등 기기에 의한 평가, 멜라닌 세포의 수와 크기 그리고 멜라닌의 양 등 조직학적 검사를 통하여 판정한다.

#### (2) 인체를 이용한 시험법

인체에 적용한 미백효과의 시험은 동물을 이용한 시험 방법과 거의 동일하게 실시한다. 단 사람의 피부에 적용한 시험은 동물의 피부에 비하여 유전적 특성, 흡수성, 안전성 등 차이점에서 파생하는 시험결과의 오류를 극복할 수 있는 장점이 있다. 그러나 개체 수나 환경 등 동일한 조건을 맞추기 어렵기 때문에 피검자의 수를 충분히 확보하여 시험결과의 정확도를 높이는 것이 중요하다. 인체에 적용한 시험은 그룹 당 건강한 성인 남녀 10명 이상을 선정하여 가급적 일광에 노출되지 않는 부위를 택한다. 그리고 개인의 최소홍반량(minimal erythema dose, MED)과 최소홍반량(minimal melanogenetic dose, MMD)을 고려하여 2~3회 자외선을 조사하여 색소침착을 유도하고, 1일 1~2회씩 2~3개월 동안 시험물질을 도포하여 시험한다. 미백효과는 육안에 의한 평가, 비침습적 기기에 의한 판단, 설문조사를 통하여 최종 판정한다.

## 3. 주름 개선 효과

피부 주름의 발생원인 중 하나로 콜라겐(피부교원질)의 결핍을 들고 있다. 콜라겐은 피부 진피를 구성하는 주요 단백질로서 피부구조와 탄력을 유지하는 역할을 하고 있다.

콜라겐은 나이가 들면서 생성의 감소를 보이며 분해도 증가되어 피부 진피층의 함몰을 유도하여 피부의 주름을 생성하는 것으로 알려져 있다. 따라서 콜라겐의 생성, 분해 정도를 실험하여 피부 주름개선 물질의 효력을 뒷받침할 수 있다.

### 1) 비침습적 기기에 의한 피부 탄력 측정

피부는 외부의 물리적 압력이나 인장에 의하여 복원하려는 물리적 특성을 가지고 있다. 피부가 건조하거나 노화되면 복원되는 물리적 성질이 약화된다. 피부의 탄력은 여러 가지 요인에 의하여 나타나는 노화 현상이다. 피부를 구성하고 있는 세포와 각각의 섬유조직 그리고 그 외의 기질에 의하여 피부의 탄력과 주름 등에 영향을 미친다. 이로써 나타나는 현상은 피부의 생리적 변화로 인한 형태학적 변화와 조직학적 변화 등이 유발된다. 예를 들면 교원섬유(collagenous fiber)는 교원질 사이에 가교 결합이 형성되면 경화되어 탄력성을 잃게 되고, 단백질의 분해효소에 의하여 분해가 될 때에도 탄력성을 잃게 되고 주름 형성의 원인이다.

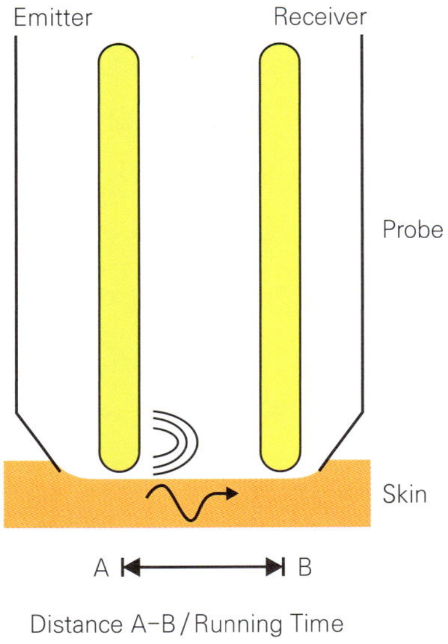


◆ 그림 7-5. Cutometer 탐침의 모식도

이와 같은 피부탄력을 측정하는 기기는 각각 측정 방법에 따라 몇 가지 종류의 기기들이 있다. 그 중 흡입법(suction method)을 이용하는 기기는 피부표면에 작은 구멍을 가지고 있는 탐침(probe)을 수직으로 접촉시켜 피부를 흡입함으로써 피부가 변형되는 정도를 측정하여 피부탄력을 측정하는 기기로서 가장 일반적으로 사용되고 있다. 그림 7-5는 Cutometer MPA 580(Courage+Khazaka electronic GmbH, Cologe Germany)의 탄력 측정원리이다.

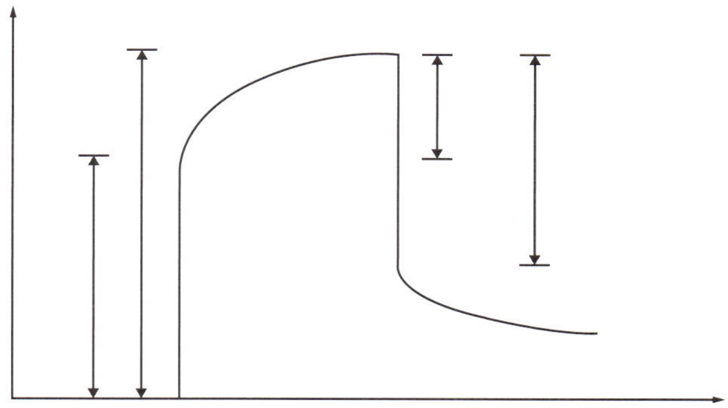


◆ 그림 7-6. The variable in Cutometer MPA 580.

- Ue : 피부를 흡입력으로 당겼을 때 바로 늘어나는 정도
- Uv : 피부의 점탄성에 의해 추가로 늘어나는 부분
- Ur : 피부를 당겼다가 놓았을 때 바로 원상태로 되돌아가는 정도
- Uf : Ue와 Uv를 합한 것으로 피부가 늘어날 수 있는 최대치이며, 흔히 신장력(distensibility, D)이라 함
- Uv/Ue : 피부의 점성
- Ur/Uf : 피부의 탄력성(피부의 두께와 무관하는 지표)

## 2) in vitro test

### (1) 콜라겐합성시험(collagen synthesis assay)

콜라겐합성시험은 시험물질에 의하여 새로이 합성된 콜라겐의 양을 측정하여 주름 개선을 평가한다. 시험 방법은 사람섬유아세포(primary cell line) 또는 이와 유사한 섬유아세포(CCD-986sk, HS68, Detroit 5116 등)를 배양접시의 바닥에 접종한 후 피니실린(100 IU/ml), 스트렙토마이신(100 μg/ml), 10% FBS(fetal bovine serum)를 함유하는 DMEM(Dulbecco's Modified Eagle's Medium) 배지 혹은 동등 이상의 성장력을 갖는 배지를 넣고 37℃를 유지하는 5% 이산화탄소를 포함하는 배양기 내에서 배양한다. 이 시험의 검액 농도는 MYY assay 또는 crystal violet assay 등을 이용한 예비실험을 통하여 세포 독성이 나타나지 않고 효력을 나타내는 농도

를 포함하여 3개 이상의 농도 범위를 결정한다. 시험물질을 녹이거나 희석시킬 때는 혈성이 함유되지 않은 DMEM 배지를 사용한다. 다만 시험물질이 DMEM 배지에 녹지 않는 경우에는 에탄올 등 적당한 용매를 사용하여 녹인다. 실험 결과의 신뢰도 향상을 위하여 TGF-$\beta$ 등을 양성대조 물질로 사용한다. 섬유아세포를 48-well plate에 well당 $5\times10^4$개로 분주한 다음 세포배양조건에서 24시간 배양한다. 배지를 버리로 10% 인산완충식염액(phosphate buffered saline, PBS)으로 세척한 다음 검액 및 새로운 배지를 넣고 24시간 배양한다. 배양액을 취하여 콜라겐 양을 측정한다. 측정된 콜라겐 양은 로우리법(Lowry assay)으로 구한 총 콜라겐 양으로 보정한다. 콜라겐 양을 측정하는 방법으로는 3가지, 즉 $^3$H-Proline incorporation assay, Collagen mRNA 양을 측정하는 방법, Enzyme-Linked Immunosorbent(ELISA) assay가 있다.

#### (2) 콜라게나아제 활성 억제 시험(collagenase inhibition assay)

콜라게나아제 활성 억제 시험은 피부의 기질 단백질의 일종인 콜라겐을 분해하는 효소인 콜라게나제의 발현 정도를 측정하여 주름 개선을 평가한다. 세포주 선택과 세포 배양은 그리고 검액의 조제는 콜라겐합성시험과 동일하다. 섬유아세포를 48-well plate에 well당 $5\times10^4$개로 분주한 다음 세포배양조건에서 24시간 배양한다. 배지를 버리로 10% PBS로 세척한 다음 검액 및 새로운 배지를 넣고 48시간 배양한다. 배양액을 취하여 콜라게나아제 양을 측정한다. 측정된 콜라게나아제 양은 로우리 법으로 구한 총 콜라겐 양으로 보정한다. 콜라겐 양을 측정하는 방법으로는 Collagen mRNA 양을 측정하는 방법, Enzyme-Linked Immunosorbent(ELISA) assay가 있다.

### 3) in vivo test

#### (1) 동물을 이용한 주름개선 시험

동물을 이용한 주름개선효과 시험은 무모생쥐를 이용하며 털이 없고 자외선이나 나이의 증가에 의하여 피부에 주름이 용이하게 발생하기 때문에 주름개선 효능이 있는 물질 및 제품의 효능 확인에 이용된다. 무모생쥐(hairless mouse)에 3~6개월 동안 자외선을 조사하여 주름을 발생시킨 후 시험물질을 도포하거나 주름발생과 동시에 도포하면서 주름발생억제 또는 주름개선효과를 판정한다. 주름개선효과는 육안평가와 피부조직 평가를 이용한다. 즉 육안평가는 주름의 정도에 따라 일정한 등급을 정하여 육안으로 평가한다. 피부조직 평가는 피부 조직 염색법으로 피부 두께, 콜라겐의 양 등을 H&E staining에 의하여 평가한다. 새로이 생성된 콜라겐, 엘라스틴, 콜라게나아제 등을 면역염색한 후에 화상분석하는 Type I collagen, elastin, collagenase immunostaining에 의하여 평가하여 주름개선 효과를 판정한다.

#### (2) 인체를 이용한 주름개선 시험

인체를 이용한 주름개선효과 시험은 그룹당 10명 이상의 건강한 성인남녀를 대상으로 실제 시험물질 또는 제품을 2~3개월 이상 주름 부위에 도포하여 주름개선효과를 평가한다. 주름개선효과는 설면조사, 육안평가, 사진판독법, 화상분석법, 탄력평가법 등을 이용한다. 즉 사용 전과 사용 후의 주름의 변화를 사용자가 설문조사를 통하여 주관적으로 판단한다. 전문가의 육안평가에 의하여 주름의 변환 상태를 수치화하여 판단한다. 사진판독법은 시험물질의 사용 전후의 피부상태를 사진으로 비교 판단한다. 화장분석은 피부 표면의 복제(replica)하여 주름의 형태나 깊이 등을 화상분석기(image analyzer)를 이용하여 측정한다. 피부 탄력은 피부 표면의 탄력을 측정기기를 이용하여 시험물질의 사용 전후의 탄력 변화를 평가한다.

## 4. 자외선 차단 효과 평가

### 1) 비침습적 기기에 의한 피부의 멜라닌과 홍반 측정

피부의 색깔을 결정하는 가장 큰 인자는 멜라닌 색소이다. Mexameter는 피부색깔을 분석하는데 가장 적합한 멜라닌과 혈색소에 대응하는 3종의 파장대를 갖는 광원 16개를 원형으로 배열한 탐침(probe)을 피부에 접촉시켜 반사되는 빛의 흡수와 반사장치(narrow-band reflectance spectrophotometric measurement)를 이용하여 홍반과 멜라닌을 측정하는 기기이다. 특히 피부 반사 색조의 측정 과정에서 불필요하게 과다한 압력을 주어 생기는 측정오차를 최소화하기 위하여 센서 머리부위(head)에 별도의 탄성스프링이 내장되어 있어서 피부 접촉간격과 압력이 일정하게 유지되는 기기이다. 측정결과는 피부에 센서를 접촉한 후 1초 이내에 멜라닌과 홍반 지수(index)로 표시된다(표 7-2).

◆ 표 7-2. 인종별 평균 멜라닌 지수

| Photo Type | 피부 유형 | 평균 멜라닌 함량 |
|---|---|---|
| Ⅰ | 켈트인(백인) 피부유형 | 0~49 |
| Ⅱ | 코카시안인 피부유형 | 50~99 |
| Ⅲ | 유럽인 혼합 피부유형 | 100~149 |
| Ⅳ | 지중해 연안 피부유형 | 150~199 |
| Ⅴ | 아시아인/인디언 피부유형 | 200~299 |
| Ⅵ | 흑인 피부유형 | 300~999 |

## 2) 자외선차단지수(Sun Protection Factor, SPF) 측정

자외선차단지수는 UVB를 차단하는 제품의 차단효과를 나타내는 지수로서 자외선차단제품을 도포하여 얻은 최소홍반량을 자외선차단제품을 도포하지 얻은 최소홍반량으로 나눈 값이다. 최소홍반량(Minimum Erythema Dose, MED)은 UVB를 사람의 피부에 조사한 후 16~24시간의 범위 내에 조사영역의 전 영역에 홍반을 나타낼 수 있는 최소한의 자외선 조사량이다. 주로 이용되는 in vitro test와 in vivo test를 설명하고자 한다.

### (1) in vitro test

SPF의 측정은 희석법, 박막법 등이 사용되었으나 in vivo test에 의한 SPF와 오차 등 여러 가지 문제가 있었다. 따라서 주로 SPF-290 Analyzer를 이용한 시험법을 이용한다. 자외선은 Xenon Arc lamp를 광원으로 사용하고, 시험물질 도포 대상물질은 표면 굴곡이 피부표면과 유사한 Transpore$^{R}$ tape을 사용한다. 측정 시료를 2mg/cm$^2$ 또는 2μg/cm$^2$를 취하여 Transpore$^{R}$ tape에 고루 도포하고 나서 15분 후에 자외선을 조사하여 측정한다. SPF analyzer는 사용 전에 30분 정도 예열시키고, 광량 및 감도를 조정한다. 시료물질을 도포하지 않은 Transpore$^{R}$ tape을 먼저 reference로 측정한 다음 시료물질을 균일하게 도포된 Transpore$^{R}$ tape을 를 측정하여 자외선 차단지수를 평가한다.

## (2) in vivo test

피검자는 피검자 선정 기준에 의거 피부질환이 없는 18세 이상의 신체 건강한 남녀로서 Fitzpatrick의 피부타입 분류에 따라 피부타입 Ⅲ, Ⅳ형에 해당하는 사람을 선정한다. 시료 당 10명 이상의 피검자를 선정하고, 광과민성 약물을 복용하는 사람은 제외한다. 시료의 도포량은 2.0 mg/cm² 또는 2.0 μL/cm²이다. 자외선은 일광 또는 인공광원을 사용하며 인공광원을 광원으로 사용할 때 태양광과 유사한 방사스펙트럼을 갖는 Xenon Arc lamp를 장착한 solar simulator를 사용한다. 이 때 290 nm 이하의 파장은 적절한 filter를 사용하여 완전히 제거한다. 피검자의 최소홍반량을 결정하기 위하여 피검자의 등 부위에 자외선을 조사한다. 자외선 조사량은 등비적으로 25% 이하에서 증가시킨다. 즉, 최초 조사되는 광량이 0.66 MED/min 이었다면 순차적으로 0.82, 1.03, 1.60, 2.00 MED/min이 되도록 광량을 증가시킨다. 시험물질의 도포 면적을 24 cm² 이상으로 하여 0.5 cm² 이상의 면적을 갖는 5개 이상의 자외선 조사 부위를 구획한다. 나머지 부위는 자외선이 조사되지 않도록 차단한다.

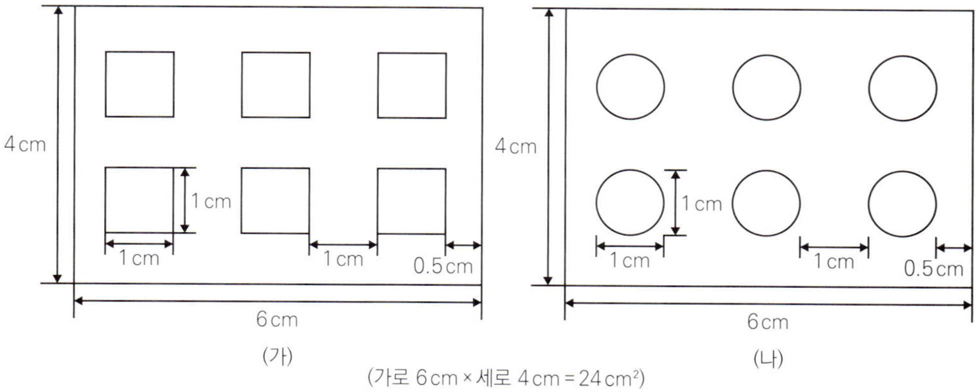


◆ 그림 7-7. 자외선 조사 부위 구획

2명 이상의 판정자가 16~20시간 후 최소홍반량(minimal erythema dose, MED)을 판정한다. 최소홍반량은 일반적으로 자외선 비조사 부위에 비하여 육안으로 구분되어질 수 있는 홍반을 유발시키는데 필요한 자외선의 최소량이다. 최소홍반량은 자외선 조사 16~20시간 후 복수의 숙련자가 판정하여 항시 자외선 조사 부위와 비조사 부위를 동시에 판정한다. 자외선차단지수(SPF)는 UVB의 차단효과를 나타내는 지수이다.

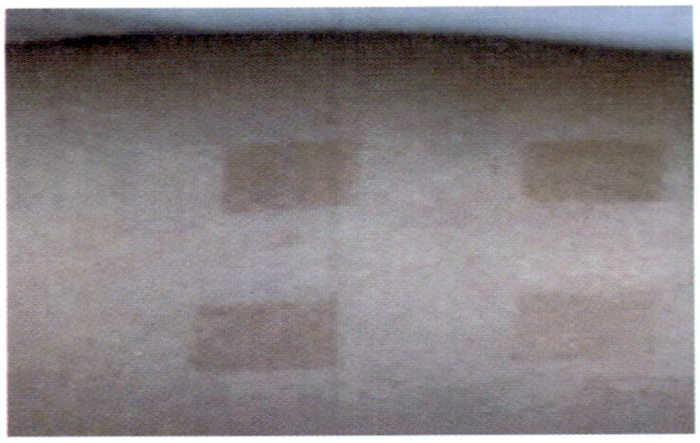

◆ 그림 7-8. 광원을 이용한 최소홍반량

$$\text{SPF} = \frac{\text{시료를 도포한 피부의 MED}}{\text{시료를 도포하지 않은 대조부위의 MED}}$$

### 3) 자외선 A 차단지수(Protection grade of UVA, PFA) 측정

자외선 A 차단지수는 UVA를 차단하는 제품의 차단 효과를 나타내는 지수로 자외선 A 차단제품을 도포하여 얻은 최소지속형즉시흑화량을 자외선 A 차단제품을 도포하지 않고 얻은 최소지속형즉시흑화량으로 나눈 값이다. 최소지속형즉시흑화량(Minimum Persistent Pigment darkening Dose, MPPD)은 UVA를 사람의 피부에 조사한 후 2~24시간 범위 내에서 자외선 조사영역의 전 영역에 희미한 흑화가 인식되는 최소 자외선 조사량이다. 자외선 A 차단등급(Protection grade of UVA, PAF)은 UVA 차단효과의 정도를 나타낸다.

#### (1) in vitro test

PFA의 in vitro test는 거칠기를 가진 플레이트에 도포한 시험 물질을 통과한 UVA 투과도에 의하여 PAF를 평가하는 시험이다. 플레이는 시험 물질을 도포하기 위한 물질로 한쪽 면에 거칠기가 있는 PMMA 플레이트를 사용한다. 시험물질 처리 전 PMMA 플레이트의 reference를 측정하여 보정한다. PMMA 플레이트(규격 5 cm × 5 cm = 25 cm²)의 거친 표면에 1.3 mg/cm² 시료를 도포 후 상온에서 약 15분간 건조시킨다. 플레이트에 시료를 일정량 균일하게 올려놓은 뒤, 약 30초 정도 시료를 바른 후 손가락 끝을 이용하여 빠르게 펴 바른다. 자외선 A(UVA)는 일광 또는 인공광원을 사용하며 인공광원을 광원으로 사용할 때 태양광과 유사한 방사스펙트럼을 갖는 Xenon Arc lamp를 장착한 solar simulator를 사용한다. 이 때 UVB, UVC 영역의 파장은 적절한 filter를 사용하여 완전히 제거한다. 시험물질을 도포하지 않는 PMMA 플레이트를 투과하는 UVA의 양을 측정하고, 시험물질을 도포한 PMMA 플레이트를 투과한 UVA의 양을 측정한다. 그 비율로 자외선 A(UVA)의 투과율을 구하여 자외선A의 차단 효과를 판정한다.

$$\text{SPF} = \frac{\text{시험물질을 도포한 플레이트의 UVA의 투과량}}{\text{시험물질을 도포하지 않은 플레이트의 UVA의 투과량}}$$

### (2) in vivo test

피검자는 피검자 선정 기준에 의거 피부질환이 없는 18세 이상의 신체 건강한 남녀로서 Fitzpatrick의 피부타입 분류에 따라 피부타입 Ⅲ, Ⅳ형에 해당하는 사람을 선정한다. 시료 당 10명 이상의 피검자를 선정하고, 광과민성 약물을 복용하는 사람은 제외한다. 시료의 도포량은 2.0 mg/cm² 또는 2.0 μL/cm²이다. 자외선 A(UVA)는 일광 또는 인공광원을 사용하며 인공광원을 광원으로 사용할 때 태양광과 유사한 방사스펙트럼을 갖는 Xenon Arc lamp를 장착한 solar simulator를 사용한다. 이 때 UVB, UVC 영역의 파장은 적절한 filter를 사용하여 완전히 제거한다. 피검자의 최소흑화량을 결정하기 위하여 피검자의 등 부위에 자외선을 조사한다. 자외선 조사량은 등비적으로 25% 이하에서 증가시킨다. 즉, 최초 조사되는 광량이 0.66 MED/min 이었다면 순차적으로 0.82, 1.03, 1.60, 2.00 MED/min이 되도록 광량을 증가시킨다. 시험물질의 도포 면적을 24 cm² 이상으로 하여 0.5 cm² 이상의 면적을 갖는 5개 이상의 자외선 조사 부위를 구획한다. 구획방법은 자외선차단지수 측정과 동일하다. 나머지 부위는 자외선이 조사되지 않도록 차단한다. 자외선 조사 후 2~4시간 사이에 MPPD를 측정한다.

$$\text{PAF} = \frac{\text{시료를 도포한 피부의 MPPD}}{\text{시료를 도포하지 않은 대조부위의 MPPD}}$$

◆ 표 7-3. 자외선 차단 등급

| UVA 차단지수(PFA) | UVA 차단 등급(PA) | UVA 차단 효과 |
|---|---|---|
| 2 이상 ~ 4 미만 | PA+ | 낮음 |
| 4 이상 ~ 8 미만 | PA++ | 보통 |
| 8 이상 ~ 16 미만 | PA+++ | 높음 |
| 16 이상 | PA++++ | 매우높음 |

## 5. 육모제의 평가

육모제의 평가는 1) 동물을 이용하는 방법, 2) 사람을 이용하는 방법, 3) 조직배양을 이용하는 방법 등이 있다.

### 1) 동물을 이용하는 육모제의 평가

동물을 이용하는 방법은 동물의 털의 성장률, 무게, 길이, 발모 면적 및 발모 개시 시기 등을 조사하는 것이다. 그러나 동물의 털의 성장은 종족, 나이, 계절, 사료 등에 유의할 필요가 있다. 쥐를 이용한 경우는 모의 길이와 발육 면적을 측정하고, 토끼의 경우 모의 길이 및 무게 그리고 발육사기 측정, 햄스터의 경우 피지선의 크기와 5α-reductase의 저해를 측정하며 원숭이의 경우 전두부의 발육을 측정하여 평가한다.

### 2) 사람을 이용하는 육모제의 평가

육모제의 최종적인 효과는 사람을 이용하는 시험이 필요하지만 개인적, 부위적인 변수, 피시험자 조절이 어려운 점, 계절적 변동 등 문제점이 많다. 그러나 실제적으로 여러 가지 방법으로 사람의 모발에 대한 육보제의 효과를 평가하고 있다.

1) 사진 판정, 발모 상태의 관찰을 이용하여 육모제의 평가한다. 그러나 객관적이고 정량적인 데이터를 얻기가 어렵지만 실제적으로 많은 피시험자에게 육모제의 평가를 실시하고 있다.
2) 트리코그람법은 두부의 각 부위로부터 100개 전후의 모발을 무작위로 뽑아 모포의 상태를 현미경 하에서 성장기, 퇴행기, 휴지기로 나누고 휴지기 모발의 비율을 조사하여 육모 효과를 판정하는 방법이다.
3) 모근의 5α-reductase 저해 판정은 육모제 사용 전후의 사람 모낭에서 5α-reductase의 활성을 측정하는 방법이다.

4) 세발 테스트는 세발에 의한 탈모 수를 측정하는 것으로 설득력이 있는 데이터를 얻기 위해서는 피시험자의 세발 관리를 엄중히 하는 것이 중요하다.
5) 두피의 혈류량 측정 테스트는 두피의 혈액 순환 활성화에 의하여 모발 성장이 촉진된다는 개념으로 육모효과를 평가한다. 혈류량 측정기로는 도플러 효과를 이용한 것과 열과 전기를 이용한 것 등이 개발되어 있다.

### 3) 조직배양을 이용하는 육모제의 평가

조직배양을 이용한 육모제의 평가는 Weterings 등이 소의 수정체 피막 상에서 모포의 케라티노사이트를 배양할 수 있다고 보고하였다. 또 모유두(demal papilla cell)는 모발의 성장에 중요한 것으로 여겨지고 있으나, 이 세포의 배양은 Jahoda와 Oliver에 의해서 시험되어 있다. 모포와 모포계 세포의 배양은 육모제의 평가법 뿐만 아니라 모발 성장의 메카니즘을 해명하기 위해서도 신뢰성 있는 육모제의 평가법으로 알려지고 있다.

# 참고문헌


- 강윤석 외7. 화장품, 생활건강용품과학 I, II. 신광출판사. 서울, 2008.
- 강은주. 네일케어 & 네일아트. 현문사. 서울, 2006.
- 김덕록. 화장과 화장품. 도서출판 답게. 서울, 1997.
- 김석만. 향장품 화학. 남산당. 서울, 1976.
- 김주덕 외5. 신화장품학 제2판. 남산당. 서울, 2008.
- 김한석. 미용과학 I (피부과학편). 청구문화사. 서울, 2007.
- 김한석. 미용과학 II (모발과학편). 청구문화사. 서울, 2010.
- 김한석. 미용생화학. 청구문화사. 서울, 2009.
- 대한피부과학회 교과서 편찬위원회. 피부과학 개정판(4판). 여문각. 서울, 2001.
- 대한화장품학회 심포지움 논문집. 자외선 차단화장품의 SPF. 대한화장품학회, 1992.
- 대한화장품학회 심포지움 논문집. 화장품과 피부노화. 대한화장품학회, 1992.
- 류경오, 이상수. 허브사전. 한국원예기술정보센터. 서울, 2002.
- 양진희. 네일아트. 훈민사. 서울, 2009.
- 양해주. 향의 세계. 화장품신문사. 서울, 1996.
- 하병조. 화장품학. 수문사. 서울, 2010.
- 한상길. 향료와 향수. 신광출판사. 서울, 2004.
- 한상길. 향료문화의 발달사. 신광출판사. 서울, 2006.
- 함주옥, 이명희, 이인호. 아로마테라피 이론 및 실습. 청구문화사. 서울, 2006.
- 식품의약안전처. 화장품원료기준. (사)대한화장품공업협회. 서울, 2000.
- 식품의약안전처. 화장품성분사전. (사)대한화장품공업협회. 서울, 2008.
- 식품의약안전처. 기능성화장품의 유효성평가를 위한 가이드라인. (사)대한화장품공업협회. 2005.
- 식품의약안전처. 기능성화장품 기준 및 시험 방법. 2013.
- 식품의약안전처. 맞춤형화장품판매업 가이드라인. 2020.
- 오선진, 김진준, 김태헌, 김명옥, 강세훈. 새로운 in vitro SPF 측정법 개발, 화장품학회지 1995; 21(2):57
- 김종일, 이병곤, 고재숙. 자외선차단제품의 SPF 측정과 안전성, 자외선차단화장품의 SPF에 관한 심포지움. 1992.
- www.kcia.or.kr(화장품성분사전)
- Dweck AC. Foundations-a guide to formulation and manufacture. Cosmetic & Toiletries 1986; 101, 4:41-44.
- A. S. Kabal'nov, A. V. Pertzov, E. D. Shchukin: Colloids & Surfaces 24, 19, (1987).
- Anthony L.L. Hunting, A Formulary of Cosmetic Preparations Vol. Two creams, Lotions, and Milks, micelle press, 1993.
- B.L. Diffey, J. Robson: J. Soc. Cosmet. Chem., 40, 127-133, (1989).
- Chemical and Physical Behavior of Human Hair, 4th deition, Clarence R. Robbins, Springer, 2002.
- Conditioning Agents for Hair and Skin, Randy Schueller and Perry Romanowski, Marcel Dekker, 1999.
- Cellular and Molecular Immunobiology, 6th edition, Abul K. Abbas, Andrew H. Lichtman, Saunders/Elsevier, 2006.
- Cosmeceuticals, Drugs vs. Cosmetics, Peter Elsner, Howard I. Maibach, New York, 2000.
- Cosmeceuticals and Actives Cosmetics, Drugs vs. Cosmetics, 2nd ed. Peter Elsner, Howard I. Maibach, New York, 2005.
- D. Van Neste, J. M. Lachapelle, J. L. Antoine: Trends in Human Hair Growth and Alopecia Research, Kluwer Academic Pub. U. K., p. 94-98, 1989.
- Dauber: Diseases of the Hair and Scalp, 2nd ed. Blackwell scientific Publications 1991.
- Delivery System Handbook for Personal Care and Cosmetic Product, Technology, Application, and

Formulations, Meyer R. Rosen, William Andrew Publishing. New York, 2005.
- G.A. Nowak, Cosmetic preparations Vol. One, Ziolkowsky KG, 1985.
- Handbook of Cosmetic Science and Technology, 2nd edition, Marc Paye, Andre O. Barel and Howard I. Maibach (Editors), Taylor & Francis, 2006.
- J. Ferguson et al.: Int. J. Cosmt. Sci., 10, 117-129, (1988).
- J. B. Hamilton: In the Biology of Hair Growth. P. 400, Academic Press, New York, 1958.
- J. F. Corbett: Cosmetics and Toiletries, 91, 21, (1976).
- J. Koyama et al.: J. Soc, Cosmet. Chemists, 35, 183-195, (1984).
- Jimbow K., Gomez P. F., Toyofuku K., Chang D., Moura S., Tsujiya H., and Park J. S.: Pigment Cell Res., 10, 206-213, 1997.
- J. Koch, K. Aitzetmuller et al.: J. Soc. Cosmet. Chemists, 33, 317, (1982).
- K. Laden, Am. Perfum. Cosmet., 82(10), 79, 1967.
- Kitamura, K. et al.: J. Cosmet. Chem. Jpn., 29, 133, (1995).
- Oka. T, et al.: J. Cosmet. Sci., 50, 171-184, (1999).
- R.M. Sayre et al.: J. Soc. Cosmet. Chem., 31, 133-143, (1980).
- R. A. Ellis: In the Biology of Hair Growth. P. 469, Academic Press, New York, 1958.
- S. D. Gershon et al.: Cosmetics-Science and Technology, p 178, Wiley-Interscience, 1972.
- Shalita A. R., Freinkel A. R.: Acne, J. Am. Acad. Dermatol., 11, 957-963, 1984.
- The Science of Hair Care, 2nd edition, Clauude Bouillon and John Wilkinson (Editor), Taylor & Francis, 2005.
- The Chemistry and Manufacture of Cosmetics, 3rd edition, Mitchell L. Scholossman(Editor), 1988.
- Naturals and Organics in Cosmetics: From R&D to the Marketplace, 2007.
- Thiboutot D., Harris G., Iles V., Cimis G., Gilliland K. and Hagari S.: J. Invest. Dermatol., 105, 209-214, 1995.
- Tatsuya Ozawa: 'New Role of Cosmetic Science in the 21st century" Proceedings of 3rd Scientific Conference of the Asian Societies of Cosmetic Scientists. (1997), 17-59.
- Knowlton JL, Pearce SEM. Decorative Cosmetics. In: Handbook of Cosmetics Science and Technology. Oxford, U.k.: Elsevier Advanced Technology, 1993; 128.
- ArmstrongG, Callelo J, Pabil A, Pagamo F, Sandewicz R. US Patent Application Published US 2002 20018759 (April 26, 2001).
- Hunting ALL. Face cosmetics, In: Decorative Cosmetics. Weymouth, Dorset, England: Micelle Press, 1991:3.
- Personal Care Formulary, Waterford, NY, GE Silicones (1996), p.151.
- Knowlton JL, Pearce SEM. Decorative products. In: Handbook of Cosmetic Science and Technology. Oxford, U.K.: Elsevier Advanced Technology, 1993:143.
- Knowlton JL, Pearce SEM. Decorative cosmetics. In: Handbook of Cometic Science and Technology. Oxford, U.K.: Elsevier Advanced Technology, 1993:145.
- Schlossman ML. Application of color cosmetics. Cosmetics & Toiletries, 1985;100(5):36-40.
- Hunting ALL. Eye cosmetics. In: Decorative Cosmetics. Weymouth, Dorset, England: Micelle Press, 1991:170~173.
- Bryce DM. Lipstick. In: Pucher's Perfumes, Cosmetics and Soaps. London, U.K.: Chapman & Hall, 1992:253, 234.
- Scholossman ML. Manicure preparations. In: Poucher's Perfumes, Cosmetics and Soaps. London: Chapman & Hall, 1992:253, 254.
- Scholossman ML. Make-up formulary. Cosmetics & Toiletries, 1994; 109(4):104.
- Mathlouthi, Physicochemical Properties of Betaine-Water Solutions and Their Possible Application to Cosmetic Formulations, final report of contract with Finnsugar Bioproducts, University of Reims (1997).
- Dweck AC. Foundations- A guide to formulation and manufacture. Cosmet Toiletr 1986; 101, 4:41-44.
- Castrogiavanni A, Sandewicz RW, Amato SW. U.S. Patent No. 5,066,484 (1991).

- Socci RL, Ismailer AA, Castrogiavanni A. U.S. Patent No. 4,832,944 (1989).
- Personal Care Formulary. Waterford, NY: GE Silicones, 1996:149.
- Schlossman ML. Application of color cosmetics. Cosmetics & Toiletries, 1985; 100(5):36-40.
- Hunting ALL. Eye cosmetics. In: Decorative Cosmetics. Dorset, England: Micelle Press, 1991:170~173.
- Nicholas J. Lowe, Nadim A. Shaath Madhu A. Pathak, Sunscreens, Development, Evaluation, and Regulatory Aspects, 2nd Ed. New york (1997).
- Nozaki T. Research and development of body cleanser. Fragrance J 1996; 8:24.
- Fukuda T. Research and development of a face cleanser of liquid type. Fragrance J 1996; 7:24.
- Packman, E. W. and Gans, E. H., J. Soc. cosmet. Chem., 1978, 29, 79~91.
- Anon., Soap, Cosmet. chem. Spec., 1978, 54(12), 20.
- Rovesti, P., Soap Perfum. Cosmet., 1968, 41, 672.
- Takashima, H., Nomura, H., Imai, Y. and Mima, H., Am. Perfum. Cosmet., 1971, 86(7), 29.
- CTFA Cosmetic Ingredient Dictionary, CTFA, Washington, 1977.
- Fox, C., Tassoff, J. A., Reiger, M. M, and Deem, D. E., J. Soc. cosmet. Chem., 1962, 13, 263.
- Packman, E. W. and Gans, E. H., J. Soc. cosmet. Chem., 1978, 29, 79.
- Toida, H., Ishizaka, T. and Koishi, M., Cosmet. Toiletries, 1979, 94(12), 33.
- DeNavarre, M. G., The Chemistry and Manufacture of Cosmetics, New York, Van Nostrand, 1941, p. 361.
- Cadicamo, P. A. and Cadicamo, J. J., Cosmet. Toilertries, 1981, 96(4), 55.
- De Navarre, M. G., Am. Perfum. Aromat., 1950, 56(1), 23.
- McCarthy, J. P. and Laryea, J. M., Cosmet. Toiletries, 1979, 94(4), 90.
- I Van Reeth and A Urrutia, New sillicone-based solutions for suncare, SEPAWA conference proceedings p53-66 (Oct 2003).
- US 60/106399, Compositions comprising silicone-in-water emulsions and fragrances and hair care preparations containing such compositions, AL Girboux, L Marteaus, J Newton and I Van Reeth, assigned to Dow Corning Corporation (Sept 2003).
- Harry's Cosmeticology, Seventh Edition, JB Wilkinson and RJ Moore, eds, New york: Chemical Publishing, (1982).
- Hair and Hair care, Dale H. Johnson, eds, New york (1997).
- Hair Care : from Physiology to Formulation, Cosmetics & Toiletries, 2008.
- Jass, H. E., The Chemistry and Manufacture of Cosmetics, Fourth Ed., Allured Publishing Corporation, Orlando (2009).
- Kraechter, H. U., McCaulley, J. A., Edison, B., Green, B., and Milora, D. J., Amphoteric Hydroxy Complexes: AHAs with Reduced Stinging and Irritation, Cosmetics & Toiletries, 116(1):47-52 (2001).
- Green, B. A., Wildnauer, G. H., Hwu, R. C., Milora, D. J., and Edison, B. L., Amphotercic Complexes Offer Unique Benefits to Alpha Hydroxyacid (AHA) Skin Care Formulations, Amer. Acad. of Derm. Poster Exhibit, Washington, DC (Mar. 2001).
- Fischbach GD, Hirokawa N, Hyman SE, Ozawa T.: Molecular Neurobiology New York: Wiley-Liss, 1994: Xiii-XiX.
- Hosoi, J. Murphy GF, Egan CL, Lerner EA, Gabbe S, Asahina A, Granstein RD : Regulation of langerhans function by nerves containing calcitonin gene-related peptide. Nature 1993, 363, 159-163.
- Tatsuya Ozawa: 'New Role of Cosmetic Science in the 21st century" Proceedings of 3rd Scientific Conference of the Asian Societies of Cosmetic Scientists. (1997), 17-59.
- Tatsuya Ozawa: 'Prologue for the 21st Century" Skin: Interface of Living System. H. Tagami, J. A. Parrish and T. Ozawa, editors 1998 Elsevier Science B.V.
- Stockdale M., A novel proposal for the assessment of sunscreen product efficacy against UVA, Int. J. Cosmey. Sci., 9, 85-89 (1987).
- Diffey B.L. and Robson J., A new substrate to measure sunscreen protection factors throughout the ultraviolet spectrum, J. Soc. Cosmet. Chem., 40, 127-133 (1989).

- Sayre Robert M., Sunscreen testing methods : in vitro protections effectiveness, J. Soc. Cosmet. Chem., 31, 133-143 (1980).
- Sayre Rovert M., Patricia P. A., Gordon J. L. and Edward M. A comparison of in vitro and in vivo testing of sunscreening formulas. Photochem. Photobiol. 1978; 29:559-566.
- Pearse A. D. Human stratum corneum as a substrate for in vitro sunscreen testing. Int. J. Cosmet. Sci. 1993; 15:234-244.

# 찾아보기

# INDEX

U



V



W



Y

# 맞춤화장품학

2022년 6월 20일 초판인쇄
2022년 6월 30일 초판발행

지은이 : 김한석

펴낸이 : 이상태
펴낸곳 : 청구문화사
주소 : (03706) 서울특별시 서대문구 성산로11길 15
전화 : 02)332-0541 FAX : 02)337-9577
등록 : 1990년 11월 2일 제9-247호

**가격 30,000원**

ISBN 978-89-5616-883-8 93590